智慧城市实践系列丛书

智慧电网实践

SMART ELECTRICITY GRID PRACTICE

主　编　苏秉华

副主编　王继业　许　军　蔡文海

人 民 邮 电 出 版 社

北　京

图书在版编目（C I P）数据

智慧电网实践 / 苏秉华主编. -- 北京 : 人民邮电出版社, 2019.6
（智慧城市实践系列丛书）
ISBN 978-7-115-51129-4

Ⅰ. ①智… Ⅱ. ①苏… Ⅲ. ①智能控制－电网－研究
Ⅳ. ①TM76

中国版本图书馆CIP数据核字(2019)第069222号

内 容 提 要

本书分为三篇，共13章：第一篇是理论篇，包括智慧电网概述和智慧电网的发展；第二篇是路径篇，讲述了智慧电网的顶层设计、智慧电网的重点领域、智慧电网设备运营管理以及智慧电网在物联网和大数据的应用，并展望了新能源发电；第三篇是案例篇，通过案例对智慧电网实践进行了解读。通过阅读本书，读者会切身体会到智慧电网建设构成的方方面面以及我国在智慧电网领域的努力方向及建设思路。

本书可供智慧电网建设企业的相关从业人员，智慧电网的研究者及方案、设备提供商的管理者阅读和参考，也可作为高等院校相关专业师生的参考书。

◆ 主　　编　苏秉华
　副 主 编　王继业　许　军　蔡文海
　责任编辑　贾朔荣
　责任印制　彭志环

◆ 人民邮电出版社出版发行　　北京市丰台区成寿寺路 11 号
　邮编　100164　　电子邮件　315@ptpress.com.cn
　网址　http://www.ptpress.com.cn
　大厂聚鑫印刷有限责任公司印刷

◆ 开本：700×1000　1/16
　印张：19.5　　　　　　2019 年 6 月第 1 版
　字数：391 千字　　　　2019 年 6 月河北第 1 次印刷

定价：99.00 元

读者服务热线：(010) 81055493　印装质量热线：(010) 81055316

反盗版热线：(010) 81055315

广告经营许可证：京东工商广登字 20170147 号

智慧城市实践系列丛书

编　委　会

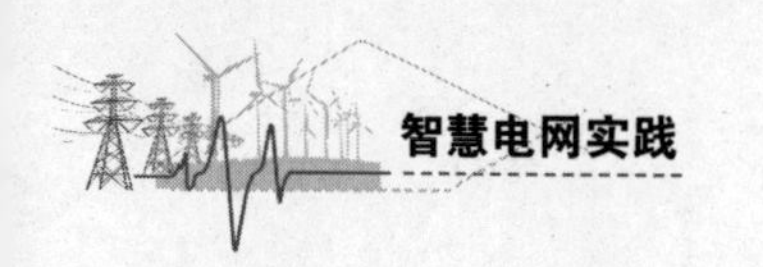

推荐序

中国生产力促进中心协会策划、组织编写了《智慧城市实践系列丛书》（以下简称《丛书》），该《丛书》被国家新闻出版广电总局纳入了“‘十三五’国家重点图书、音像、电子出版物出版规划”，这是一件很有价值和意义的好事。

智慧城市的建设和发展是我国的国家战略。国家“十三五”规划指出：“要发展一批中心城市，强化区域服务功能，支持绿色城市、智慧城市、森林城市建设和城际基础设施互联互通”；中共中央、国务院发布的《国家新型城镇化规划（2014—2020 年）》以及科技部等八部委印发的《关于促进智慧城市健康发展的指导意见》均体现出中国政府对智慧城市建设和发展在政策层面的支持。

《智慧城市实践系列丛书》聚合了国内外大量的智慧城市建设与智慧产业案例，由中国生产力促进中心协会等机构组织国内外近 300 位来自高校、研究机构、企业的专家共同编撰。《丛书》一共 40 册（1 册《智慧城市实践总论》，39 册“智慧城市分类实践”），这本身就是一项浩大的“聚智”工程。该《丛书》注重智慧城市与智慧产业的顶层设计研究，注重实践案例的剖析和应用分析，注重国内外智慧城市建设与智慧产业发展成果的比较和应用参考。《丛书》还注重相关领域新的管理经验并编制了前沿性的分类评价体系，这是一次大胆的尝试和有益的探索。该《丛书》是一套全面、系统地诠释智慧城市建设与智慧产业发展的图书。我期望这套《丛书》的出版可以为推进中国智慧城市建设和智慧产业发展、促进智慧城市领域的国际交流、切实推进行业研究以及指导实践起到积极的作用。

中国生产力促进中心协会以该《丛书》的编撰为基础，专门搭建了“智慧城市研究院”平台，将智慧城市建设与智慧产业发展的专家资源聚集在平台上，持续推动对智慧城市建设与智慧产业的研究，为社会不断贡献成果，这也是一件十分值得鼓励的好事。我期望中国生产力促进中心协会通过持续不断的努力，将该平台建设成为在中国具有广泛影响力的智慧城市研究和实践的智库平台。

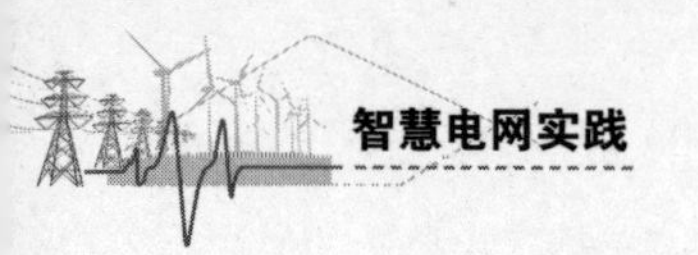

“城市让生活更美好，智慧让城市更幸福”，期望《丛书》的编著者“不忘初心，以人为本”，坚守严谨、求实、高效和前瞻的原则，在智慧城市规划建设实践中，不断总结经验、坚持真理、修正错误，进一步完善《丛书》的内容，努力扩大其影响力，为中国智慧城市建设及智慧产业的发展贡献力量，也为“中国梦”增添一抹亮丽的色彩。

中国科学院院士
科技部原部长
徐冠华

Foreword

China is now poised to become a technological and ecological leader in the world economy. Chinese leaders are laying out global development strategies with their extremely wise vision and thinking. The "Book Series Smart City Practice" (hereinafter refferred to as "Book Series") are published as the key research achievements of the "Chinese National 13th Five-Year Plan" . The project fills the gap in research of smart city worldwide. It is also the leading action to explore and guide the operation of smart cities and industrial practice. The publication of the "Book Series" proves that the vision of author and the leadership of CAPPC and the International Smart City Research Institute is very strong and focused.

In order to maintain China's ability to thrive and compete in the international marketplace, China must keep pace with a movement that is sweeping the globe. That movement is the evolution of what is being referred to as a Smart City. Chinese Government, as well as the technology researchers and developers, have already started city innovation to avoid failing behind other countries.

The purpose of developing China's Smart City is to promote economic development, to improve environmental conditions and the quality of life of citizens in China. The goal of becoming a Smart Country can only be achieved by building the proper infrastructure in which to build upon. The infrastructure will improve interoperability, security and communication across all segments of Chinese communities. Building the infrastructure will result in an " Embrace and Replace" solution. The current aging infrastructures will become more efficient and China will be able to realize a lower Total Cost of Ownership (TCO) across all segments.

Once implemented, China will realize a significant increase in the ratio of discretionary budget. The savings created by improved efficiencies in using current infrastructure means leaping economic development can occur without the need for

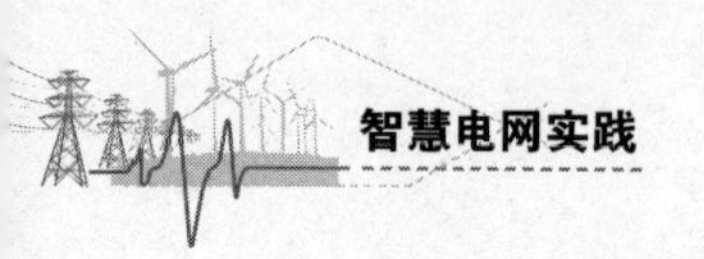

additional funds to the general budgets.

An essential element of China's development to becoming a Smart Country will be the cooperation between the public and private sectors. Each must share the common objective to reduce the carbon emission. Teamwork will be valued and community pride is instilled. Once this is accomplished, the end result will be an enhancement of the lives of citizens.

I commend the authors that produced this "Book Series", Mr. Wu Honghui, President of International Smart City Research Institute and Mr. Long Chen. By release of this "Book Series" , all cities will have a foundation to rely on that will work in unison and achieving the goals of lower carbon emissions, lower overall costs on infrastructure, reduced energy consumption, cleaner environment and a more sustainable life for all Chinese citizens. More importantly, this "Book Series" will be the reference for the smart city industrial and technology development , as well as the model template for practitioners .

Setting a smart city vision and effectively moving towards it with a foundation-based strategy is essential. A systems-based approach is critical to ensuring resource efficiency and security all while maintaining socially and environmentally inclusive growth. With the cooperation between the public and private sectors throughout China, the rewards for China's initiative to transform into a Smart Country will span economic, environmental and social bounds.

The aforementioned efforts allow China to develop in a more sound way and the ultimate benefit will be increased health and living standards for all Chinese citizens. China will be the "Beacon" for the world to referred to when they also want a better life for all.

Michael Holdmann

IEEE/ISO/IEC - 21541 - Member Working Group
UPnP+ - IOT, Cloud and Data Model Task Force
SRII - Global Leadership Board
IPC-2-17 - Data Connect Factory Committee Member
Founder, Chairman & CEO of CYTIOT, INC.

译 文

中国正成为世界经济中的技术和生态方面的领导者。中国的领导人以极其睿智的目光和思想布局着全球发展战略。《智慧城市实践系列丛书》（以下简称《丛书》）以中国国家“十三五”规划的重点研究成果的方式出版，这项工程填补了世界范围内的智慧城市研究的空白，也是探索和指导智慧城市与产业实践的一个先导行动。本《丛书》的出版体现了编著者们、中国生产力促进中心协会以及国际智慧城市研究院的强有力的智慧洞见。

为了保持中国在国际市场的蓬勃发展和竞争能力，中国必须加快步伐跟上这场席卷全球的行动。这一行动便是被称作“智慧城市进化”的行动。中国政府和技术研发与实践者已经开始了有关城市的革命，不然就有落后于其他国家的风险。

发展中国智慧城市的目的是促进经济发展，改善环境质量和民众的生活质量。建设智慧城市的目标只有通过建立适当的基础设施才能实现。该基础设施将改善中国社会所有领域的互动操作性、安全性和通信情况。建立此基础设施将带来一个“融合和替代”的解决方案。通过此解决方案，目前已老化的基础设施将重新焕发活力，中国将能够实现在各个环节的更低的所有权总成本（TCO）。

一旦实施智慧城市建设，中国将实现自由支配预算的比例大幅增加。提高当前基础设施的利用率所带来的节余，意味着在无需向预算内投入额外资金的情况下，经济仍可能会实现飞跃性发展。

中国成为智慧国家的一个重要因素是加大国有与私有企业之间的合作。它们都须有共同的目标，以减少碳排放。团队合作将会被高度评价，社区荣誉也将逐步深入人心。一旦成功，民众的生活质量和幸福程度将得到很大的提升。

我对该《丛书》的编著者们极为赞赏，他们包括国际智慧城市研究院院长吴红辉先生及其团队、中国生产力促进中心协会的领导隆晨先生。通过该《丛书》

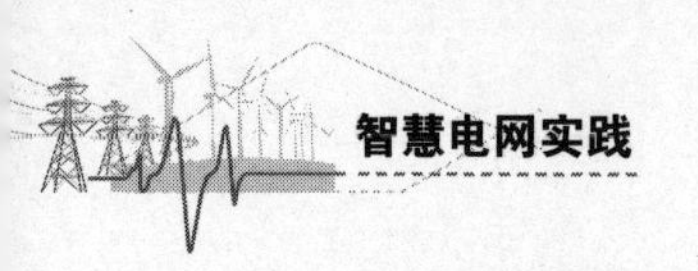

的发行，所有的城市都将拥有一套协同工作的基础，从而实现更低的碳排放、更低的基础设施总成本以及更低的能源消耗，拥有更清洁的环境，所有中国民众将过上更可持续发展的生活。更重要的是，该《丛书》还将成为智慧产业及技术发展可参考的系统依据以及从业者可以学习的范本。

设立一个智慧城市的建设愿景，并基于此有效地推进的战略是必不可少的。一个基于系统的方法是至关重要的，可以确保资源使用的效率和安全性，同时促进环境友好型社会的发展。随着中国政府和私有企业的合作，中国将跨越经济、环境和社会的界限，成为一个智慧国家。

上述努力会让中国以一种更完善的方式发展，最终的益处是国家不断繁荣，所有中国民众的生活水平不断提升。中国将是世界上所有想要更美好生活的国家所参照的“灯塔”。

迈克尔·侯德曼

IEEE/ISO/IEC – 21451 – 工作组成员

UPnP+ – IOT, 云和数据模型特别工作组成员

SRII – 全球领导力董事会成员

IPC–2–17– 数据连接工厂委员会成员

CYTIOT 公司创始人兼首席执行官

Preface 前言

信息与能源是智慧城市两大关键要素。信息与能源两大要素支撑智慧城市在经济、政务、环保及公共服务等方面的建设。智慧城市的发展需要以能源为保障，提高能源利用效率，实现智慧城市的低碳高效、可持续发展；以信息为核心，依托智能化手段，实现智慧城市的运营管理，提高居民幸福指数。

电力能源在城市发展进程中发挥着重要作用，支撑着城市智能化演变，是城市发展的重要基础。作为主要的能源载体，智能电网在促进城市绿色发展、确保城市用电安全可靠、构建城市神经系统、拉动城市相关产业发展以及在丰富城市服务内涵等方面，对城市智能化发挥着巨大的推动作用。

智慧电网（又称智能电网），是以特高压电网为骨干网架、以各级电网协调发展的坚强电网为基础，实现“电力流、信息流、业务流”的高度一体化融合，是坚强可靠、经济高效、清洁环保、透明开放和友好互动的现代电网。智慧电网通过能源与信息的综合配置，能够实现对智慧城市发展的基础支撑，这与智慧城市满足能源和信息需求的发展要素高度契合。

国家发展和改革委员会、国家能源局发布的《关于促进智能电网发展的指导意见（发改运行〔2015〕1518号）》指出：“坚持统筹规划、因地制宜、先进高效、清洁环保、开放互动、服务民生等基本原则，深入贯彻落实国家关于实现能源革命和建设生态文明的战略部署，加强顶层设计和统筹协调；推广应用新技术、新设备和新材料，全面提升电力系统的智能化水平；全面体现节能减排和环保要求，促进集中与分散的清洁能源开发消纳；与智慧城市发展相适应，构建友好开放的综合服务平台，充分发挥智慧电网在现代能源体系中的关键作用。发挥智慧电网的科技创新和产业培育作用，鼓励商业模式创新，培育新的经济增长点。”

发展智慧电网，有利于进一步提高电网接纳和优化配置多种能源的能力，实

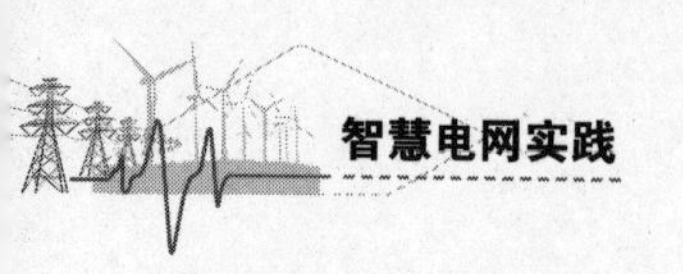

现能源生产和消费的综合调配；有利于推动清洁能源、分布式能源的科学利用，从而全面构建安全、高效、清洁的现代能源保障体系；有利于支撑新型工业化和新型城镇化建设，提高民生服务水平；有利于带动上下游产业转型升级，实现我国能源科技和装备水平的全面提升。

基于此，我们从理论上、政策上、专业上及实用性、实操性几个方面着手编写了《智慧电网实践》，供从事智慧电网实践的各级管理人员、相关从业人员、企业负责人认真阅读和使用参考。

本书分三篇，第一篇是理论篇、第二篇是路径篇、第三篇是案例篇，全书把智慧电网实践的理论和法规通过流程、图、表形式呈现，讲解通俗易懂，可以快速掌握重点，同时避免了晦涩难懂的理论归纳。

通过阅读本书，读者可以切身体会到智慧电网建设构成的方方面面以及我国在智慧电网领域的努力方向及建设思路。

智慧电网建设的政府管理者通过阅读本书，能系统全面地了解如何进行智慧电网建设的架构设计、系统规划、实现途径。

智慧电网建设企业及方案提供商、设备供应商的管理者通过阅读本书可以更系统地了解智慧电网建设的各个方面以及如何落实和在实际中的应用。

智慧城市与智慧电网的研究者通过阅读本书，可以系统地了解智慧城市的各个领域以及智慧电网建设的最新实践成果。

智慧城市、智慧电网相关专业的大学生、研究生通过阅读本书，可以系统学习智慧电网的知识体系及目前国内外智慧电网应用的最新动态。

本书在编辑整理的过程中，获得了职业院校、电力公司、企业一线电力人员的帮助和支持，在此向他们表示感谢！由于编者水平有限，错误疏漏之处在所难免，敬请读者批评指正。同时，部分图片与文字内容引自互联网媒体，由于时间比较紧，未能一一与原作者进行联系，请原作者看到本书后及时与编者联系，以便表示感谢并支付稿酬。

Contents

目 录

第一篇 理论篇

第二篇 路径篇

第三篇 案例篇

第一篇

理 论 篇

第1章

智慧电网概述

智慧电网是电网技术发展的必然趋势。通信、计算机、自动化等技术在电网中得到广泛深入的应用，并与传统电力技术有机融合，极大地提升了电网的智慧化水平。传感器技术与信息技术在电网中的应用，为系统状态分析和辅助决策提供了技术支持，使电网自愈成为可能。调度技术、自动化技术和柔性输电技术的成熟发展，为可再生能源和分布式电源的开发利用提供了基本保障。通信网路的完善和用户信息采集技术的推广应用，促进了电网与用户的双向互动。随着各种新技术的进一步发展、应用并与物理电网高度集成，智能电网应运而生。

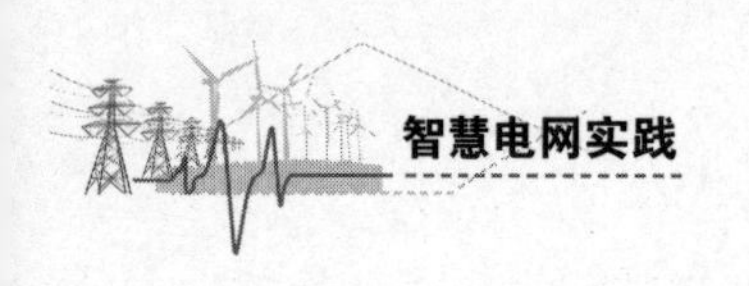

1.1 何谓智慧电网

智慧电网，又叫智能电网（smart grid、intelligent grid），是电网的智慧化，也称为“电网 2.0”，它是建立在集成的、高速双向通信网路的基础上，通过先进的传感和测量技术、先进的设备、先进的控制方法以及先进的决策支持系统的应用，实现电网的可靠、安全、经济、高效、环境友好和使用安全的目标，其主要特征是自愈、激励，包括抵御攻击、提供满足 21 世纪用户需求的电能质量、容许各种不同发电形式的接入、启动电力市场以及资产的优化高效运行。

本书中，如政策法规、专用短语中在会使用“智能电网”这一词汇。

1.1.1 智慧电网的定义

官方定义的智慧电网如下。

1.1.1.1 中国物联网校企联盟

中国物联网校企联盟定义智慧电网是由很多部分组成的，可分为智慧变电站、智慧配电网、智慧电能表、智慧交互终端、智慧调度、智慧家电、智慧用电楼宇、智能城市用电网、智能发电系统和新型储能系统。

1.1.1.2 国家电网中国电力科学研究院

国家电网中国电力科学研究院定义智慧电网是以物理电网为基础的（中国的智慧电网是以特高压电网为骨干网架、以各电压等级电网协调发展的坚强电网为基础），将现代先进的传感测量技术、通信技术、信息技术、计算机技术和控制技术与物理电网高度集成而形成的新型电网。它以充分满足用户对电力的需求和优化资源配置、确保电力供应的安全性、可靠性和经济性、满足环保约束、保证电能质量、适应电力市场化发展等为目的，实现对用户可靠、经济、清洁、互动的电力供应和增值服务。

1.1.1.3 美国能源部

美国能源部的 Grid 2030 计划定义智慧电网是一个完全自动化的电力传输网络，能够监视和控制每个用户和电网节点，保证从电厂到终端用户整个输配电过程中所有节点之间的信息和电能的双向流动。

Grid 2030计划

（1）制定Grid 2030计划的背景

美国的电力系统面临设备及基础设施老化以及机制方面的问题。近二十年来，电网更新升级的投资严重不足，其主要原因有以下几方面：技术的不确定性、监管的不确定性和金融的不确定性，吸引投资困难，难以满足不断增长的需要。

为了制定和实施美国电网升级改造的计划，组织和协调各方面的力量以及加强对计划实施的领导，美国能源部于2003年8月专门成立了负责输电和配电的办公室（OETD）。该办公室计划的任务如下：

① 实现美国电力基础设施的现代化，以满足21世纪用户的需要；

② 完成向区域电力市场的转化；

③ 改善输电系统的运行；

④ 使输电系统投资高效能；

⑤ 研究调整电力政策；

⑥ 提供有效的联邦领导以达到上述目标。

2003年4月，美国能源部召开了由电力公司、制造厂商、高校、研究和咨询单位等参加的高层研讨会，主题是展望未来的美国电力系统。该研讨会形成了Grid 2030计划的远景目标。本材料的第二部分是对该远景目标的简介。有人预计电网现代化改造的投资为1000亿美元，这个数字应与目前电力工业的规模相比较：美国电力基础设施价值大约8000亿美元（含发电资产），年收入2500亿美元。

需要说明的是，Grid 2030计划还是一个很初步的设想。在美国业界内部，也

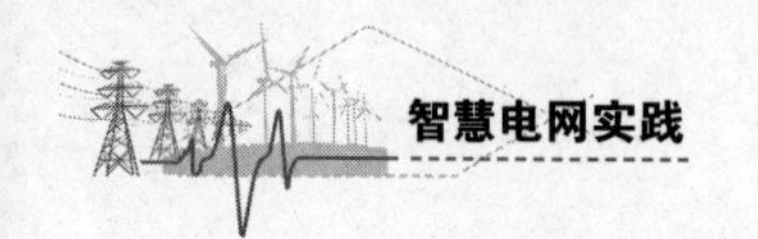

有不同的看法。但美国电网的现代化进程，Grid 2030计划正在加速进行。

（2）Grid 2030计划介绍

Grid 2030计划远景目标的未来电力系统将建立在现有电力基础设施上。今天，系统用于电力传输的设备，如输电线、变电站、变压器，将继续发挥其重要作用。但出现的新技术、新工具，如分布式的智能系统、分布式的能源，将提高现有系统的功效、质量和安全性，并使电网发展成新的结构。其结果不仅能改善输电的效率，也将改善市场运作的效能，高质量的网络保障美国安全的电源。

2030年前，美国计划有完全自动化的输配电系统，它将监视和控制每个用户及每一网络节点，确保从电厂到用电器之间双向的电力潮流及信息流。分布智慧、宽带通信、监视和控制以及自动应答使人、楼宇、工业过程与电力网络之间的接口没有缝隙，可进行实时的市场交易。

超导技术的突破使大量的电源长距离送到阻塞区域成为可能，而其压降几乎为零。新型导线材料的应用使现有的输电走廊的输电能力提高2~3倍。储能及需求侧管理技术的进步几乎将电力系统峰谷差问题消除。由于停电和电能质量扰动而造成的经济损失会变得非常的少（从来不会由于电源限制而发生），用户可以根据自己的需要得到可定制的可靠性水平和电能质量水平的供电服务，而对环境的影响降得很低。

在趸售这一级已经有可行的竞争性市场，用户也认可了它的效益。设计良好的、有公众监督的市场可以确保市场力问题保持最小。输配电运行在协调一致的稳定的监管下，而监管依赖于基于行为的原则，涉及联邦和州的监管机构、跨州的实体、非官方的业界组织、公共利益集团以执行强制性的商业规则，使用户受到保护。

Grid 2030工作组由美国最优秀的科学家、工程师、技师、商业技术人员组成。Grid 2030计划包括以下3个部分：

① 国家电力主干网；

② 区域互联网（包括加拿大和墨西哥）；

③ 地方配电系统，含小型及微型电网，向用户提供服务并可得到大陆任何发电电源的服务。

Grid 2030计划将电力选择的范围扩大。电力的消费者，从工厂、商业经理，到房主或小型商业用户有能力定制他们的能源供应，以满足其自身的需求。更加开放、可行的竞争性电力市场将帮助成本的降低，确保高质量的服务。

（3）远景目标的实现

实现此远景目标分三个阶段。

第一阶段，新技术的研究、开发和工程示范。此阶段还包括对监管的澄清及监管框架的现代化。

第二阶段，翻查电力资产股本，用先进的系统替换。此阶段还包括区域和地方网Grid 2030概念和设备的部署。

第三阶段，扩展区域和地方网Grid 2030的部署，使之进入国家和国际市场。

1.1.1.4 欧洲技术论坛

欧洲技术论坛定义智慧电网是一个可整合所有连接到电网用户所有行为的电力传输网络，可以有效提供持续、经济和安全的电力。

1.1.2 智慧电网的结构

广义上，智慧电网包括可以优先使用清洁能源的智能调度系统、可以动态定价的智能计量系统以及通过调整发电、用电设备功率优化负荷平衡的智能技术系统。

智慧电网主要由以下几个部分构成，如图 1-1 所示，智慧电网系统如图 1-2 所示。

M2M协议

M2M（Machine-to-Machine/Manprotocol）协议是一种以机器终端智能交互为核心的、网络化的应用与服务。它在机器内部嵌入无线通信模块，以无线通信等为接入手段，为客户提供综合的信息化解决方案，以满足客户对监控、指挥调度、数据采集和测量等方面的信息化需求。M2M协议根据其应用服务对象可以分为个人、家庭、企业三大类。

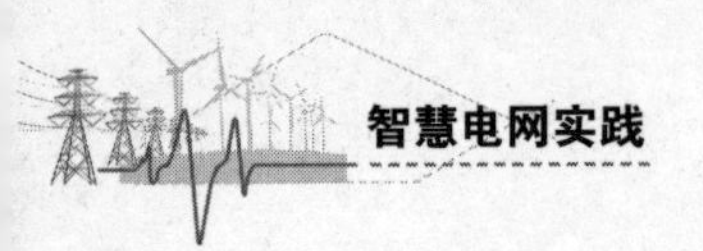

发电

电力是使用各种可再生和不可再生资源（如使用煤、气、风厂、核电站、水电站、太阳能电站等火电厂）的方式由发电厂产生的，发电机根据消费者需求及有限的资源来生产电力

配电

电力分配系统的网络将电力从电力产生器传递给消费者。配电通过配电站和输电线路，使电力在电力传输的过程中损耗最小。由于传输线所产生的热导致某部分电力慢慢流失

电力消耗

电力消耗会因不同机构的消费者而有所不同。因此，智慧电网必须确认不同机构对电力的需求，使得电力供给及分配优化。为了实施这一目标，智慧电表装置可以快速、准确地收集电力消耗的数据

智慧电表

智慧电表能收集家电的消耗资料。家电和智慧电表共同建立一个家庭局域网络

集中器/通讯闸

集中器是有效转发器数据的设备。集中器收集家庭中特定区域的智慧电表的消耗资料以及储存在缓冲器的数据。M2M的协议转换集讯器从缓冲区中取出排列第一的封包，并将封包（本地网络所产生的信号流量）传送回至电信网络的节点并进一步与电信核心网络链接传输

广域网（WAN）基地台

广域网基地台从集中器累积资料，并将这些数据经由回程有线网络传送至控制中心。广域网基地台分配带宽给每个集中器

控制中心

控制中心从WAN基地台接收储存数据后，用这些数据估算电力的需求，优化发电和配电工作

图1–1　智慧电网的结构

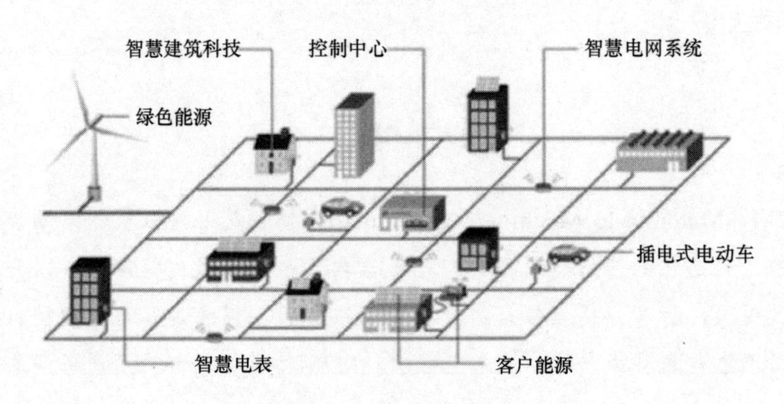

图1–2　智慧电网系统

1.1.3 智慧电网的特征

智慧电网主要有以下特征，如图 1-3 所示。

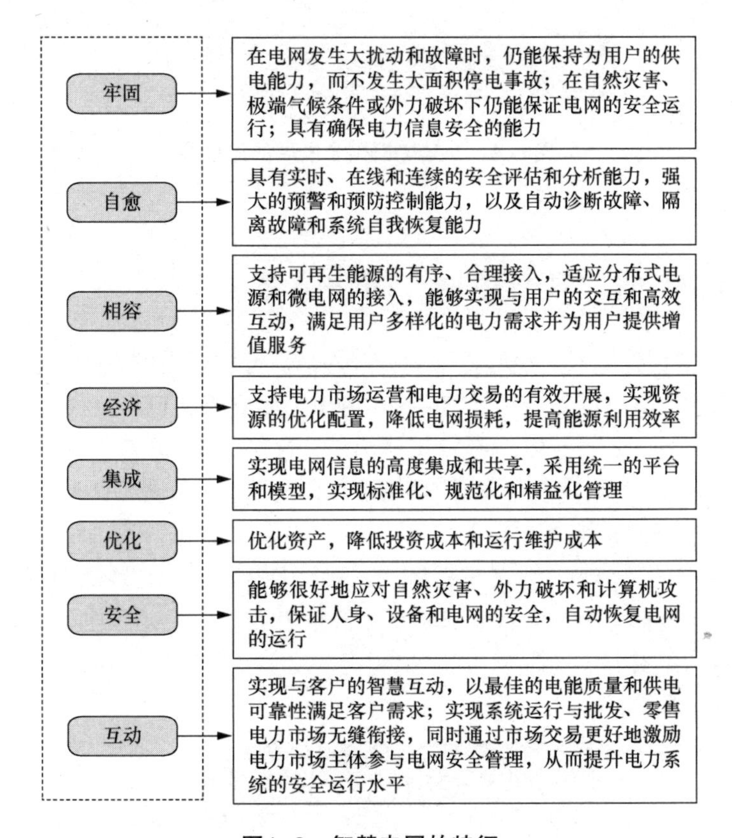

牢固
在电网发生大扰动和故障时，仍能保持为用户的供电能力，而不发生大面积停电事故；在自然灾害、极端气候条件或外力破坏下仍能保证电网的安全运行；具有确保电力信息安全的能力
自愈
具有实时、在线和连续的安全评估和分析能力，强大的预警和预防控制能力，以及自动诊断故障、隔离故障和系统自我恢复能力
相容
支持可再生能源的有序、合理接入，适应分布式电源和微电网的接入，能够实现与用户的交互和高效互动，满足用户多样化的电力需求并为用户提供增值服务
经济
支持电力市场运营和电力交易的有效开展，实现资源的优化配置，降低电网损耗，提高能源利用效率
集成
实现电网信息的高度集成和共享，采用统一的平台和模型，实现标准化、规范化和精益化管理
优化
优化资产，降低投资成本和运行维护成本
安全
能够很好地应对自然灾害、外力破坏和计算机攻击，保证人身、设备和电网的安全，自动恢复电网的运行
互动
实现与客户的智慧互动，以最佳的电能质量和供电可靠性满足客户需求；实现系统运行与批发、零售电力市场无缝衔接，同时通过市场交易更好地激励电力市场主体参与电网安全管理，从而提升电力系统的安全运行水平

图1-3 智慧电网的特征

1.2 智慧电网概念发展里程碑

智慧电网概念的发展有三个里程碑，如图 1-4 所示。

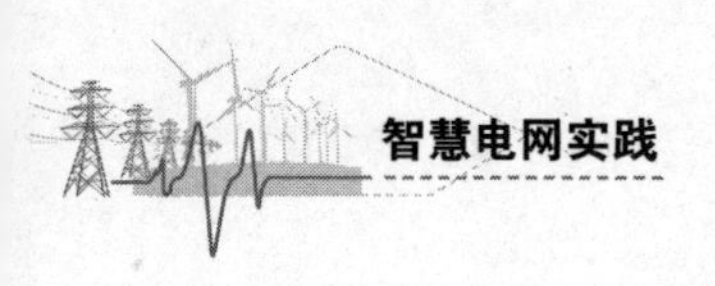

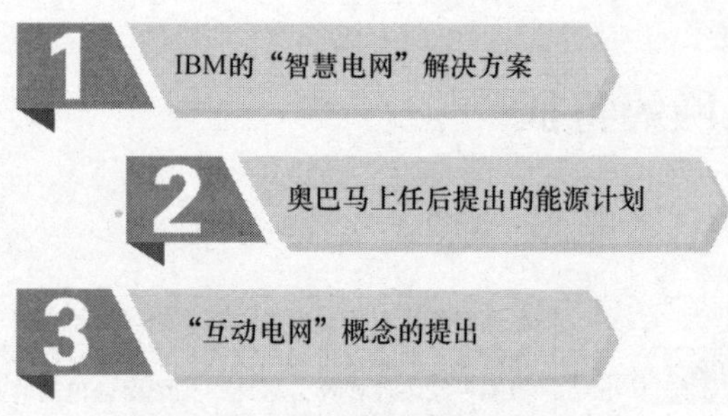

图1-4 智慧电网概念发展的里程碑

1.2.1 IBM 的“智慧电网”解决方案

IBM 的“智慧电网”主要是解决电网安全运行、提高可靠性，从其在中国发布的《建设智慧电网创新运营管理——中国电力发展的新思路》白皮书可以看出，该方案提供了一个大的框架，通过对电力生产、输送、零售等各个环节的优化管理，为相关企业提高运行效率及可靠性、降低成本描绘了一个蓝图。这时的“智慧电网”是 IBM 一个市场推广策略。

IMB 更多的是从技术角度来看智慧电网，IMB 认为，智慧电网的构成包括数据采集、数据传输、信息集成、分析优化和信息展现以及精细化、智能化运营管理 6 个方面，如图 1-5 所示。

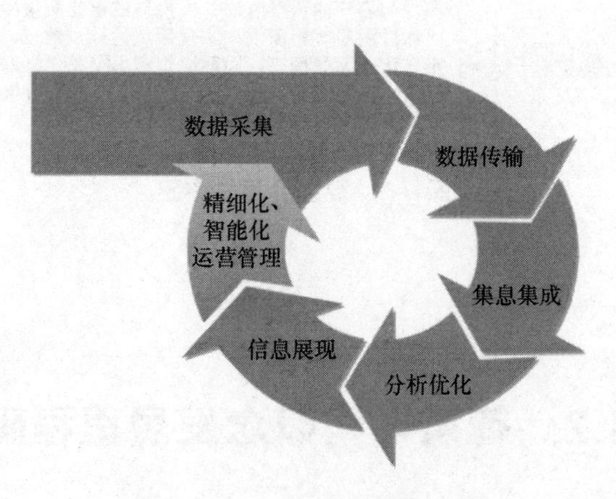

图1-5 IBM智慧电网的构成

IBM 智慧电网具备的三大特征，如图 1-6 所示，围绕这三大特征，IBM 提供了强大且成熟的产品和技术支持。

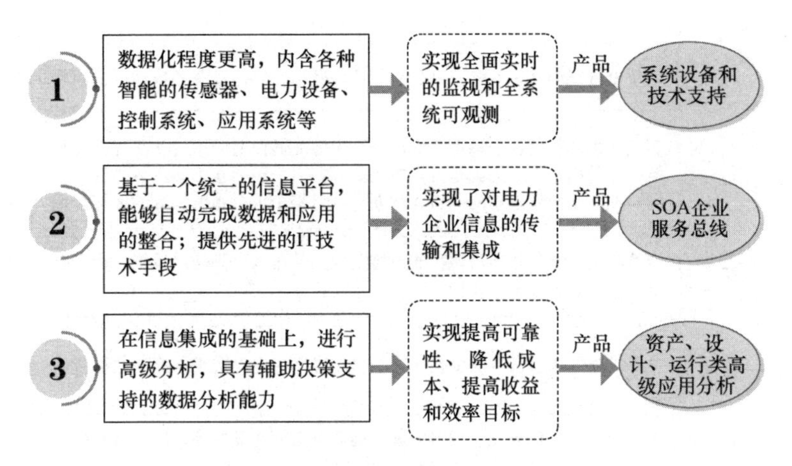

图1-6 IBM智慧电网的三大特征

1.2.2 奥巴马上任后提出的能源计划

奥巴马上任后提出的能源计划指出，美国将着重集中对每年要耗费 1200 亿美元的电路损耗和故障维修的电网系统进行升级换代，建立美国横跨四个时区的统一电网；发展智慧电网产业，最大限度发挥美国国家电网的价值和效率，将逐步实现美国太阳能、风能、地热能的统一入网管理；全面推进分布式能源管理，创造世界上最高的能源使用效率。

1.2.3 互动电网概念的提出

互动电网是中国能源专家武建生提出的。互动电网是指在开放和互联的信息模式基础上，通过加载系统数字设备和升级电网网络管理系统，实现发电、输电、供电、用电、客户售电、电网分级调度、综合服务等电力产业全流程的智能化、信息化、分级化互动管理，是集合了产业革命、技术革命和管理革命的综合性的效率变革。它将再造电网的信息回路，构建用户新型的回馈方式，推动电网整体转型为节能基础设施，提高能源效率，降低客户成本，减少温室气体排放，创造最大化的电网价值。

互动电网的本质是以信息革命的造法性标准和技术手段大规模推动工业革命的最重要资产——电网体系的革新和升级，建立消费者和电网管理者之间的互动。互动电网的功效如图 1-7 所示。

1. 智慧电网能够实现双向互动的智能传输数据，实行动态的浮动电价制度
2. 利用传感器对发电、输电、配电、供电等关键设备的运行状况进行实时监控和数据整合，遇到电力供应的高峰期时，能够在不同区域间进行及时调度，平衡电力供应缺口，从而达到对整个电力系统运行的优化管理
3. 智慧电网能够将新型可替代能源接入电网，比如太阳能、风能、地热能等，实现分布式能源管理
4. 提高供电效率，减少能量损耗，改善供电质量，促进电网商业化运转
5. 智能电表可以作为互联网路由器，推动电力部门以其终端用户为基础，进行通信、宽带业务或传播电视信号

图1-7　互动电网的功效

1.3　传统电网到智慧电网的转变

1.3.1　电网的环节

1.3.1.1　传统电网的三个环节

传统电网一般包含变电、输电和配电三个环节，如图 1-8 所示。

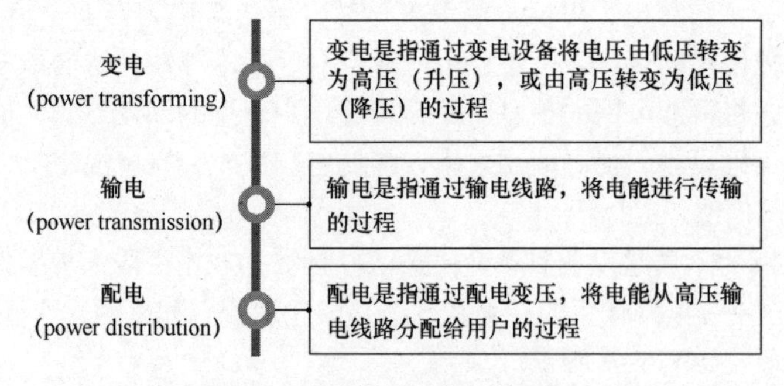

变电
(power transforming)
变电是指通过变电设备将电压由低压转变为高压（升压），或由高压转变为低压（降压）的过程
输电
(power transmission)
输电是指通过输电线路，将电能进行传输的过程
配电
(power distribution)
配电是指通过配电变压，将电能从高压输电线路分配给用户的过程

图1-8　传统电网的三个环节

1.3.1.2 智慧电网的六个环节

智慧电网一般包含发电、输电、变电、调度、配电、用电六个环节，如图 1-9 所示。

图1-9 智慧电网的六个环节

1.3.2 传统电网的运营

发电厂制造电能，通过变电升压，进入高压输电线路，再经过变电降压，给各个用户配电，如图 1-10 所示。高压输电的部分又称为主网，低压配电的部分又称为配（电）网。

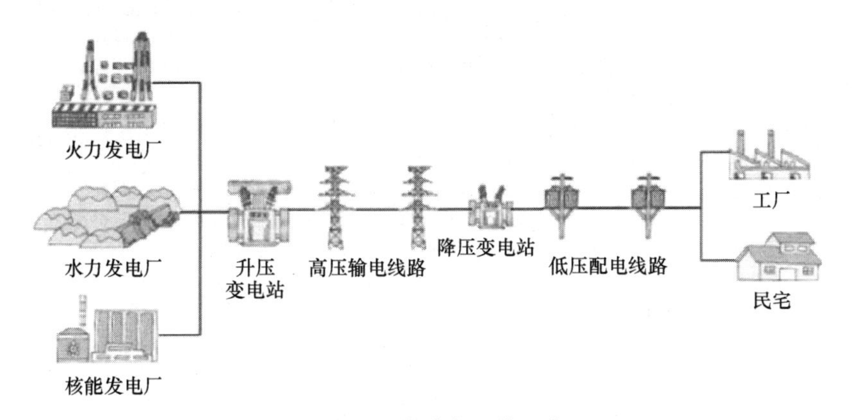

图1-10 传统电网的运营

1.3.3 智慧电网的运营

智慧电网的运营是基于传统电网，增加物联网、大数据、新能源、可再生资源，通过输电、变电、配电功能，输出为工业用电、居民用电、风光储能、电动汽车

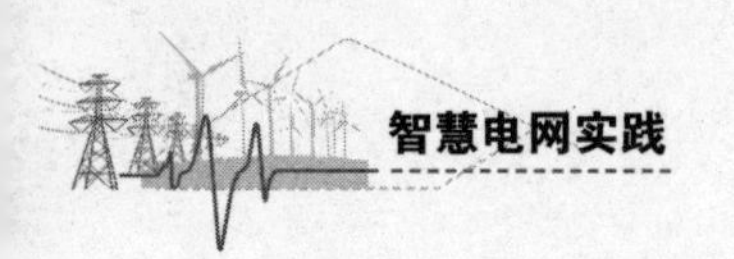

等终端客户使用的电能，如图 1-11 所示。

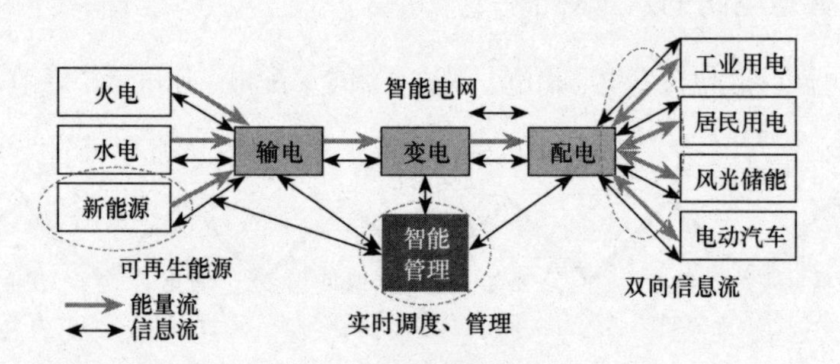

图1-11　智慧电网运营

1.3.4　智慧电网与传统电网的区别

与传统电网相比，智慧电网体现出电力流、信息流和业务流高度融合的显著特点，其先进性和优势主要表现如图 1-12 所示的 14 个方面。

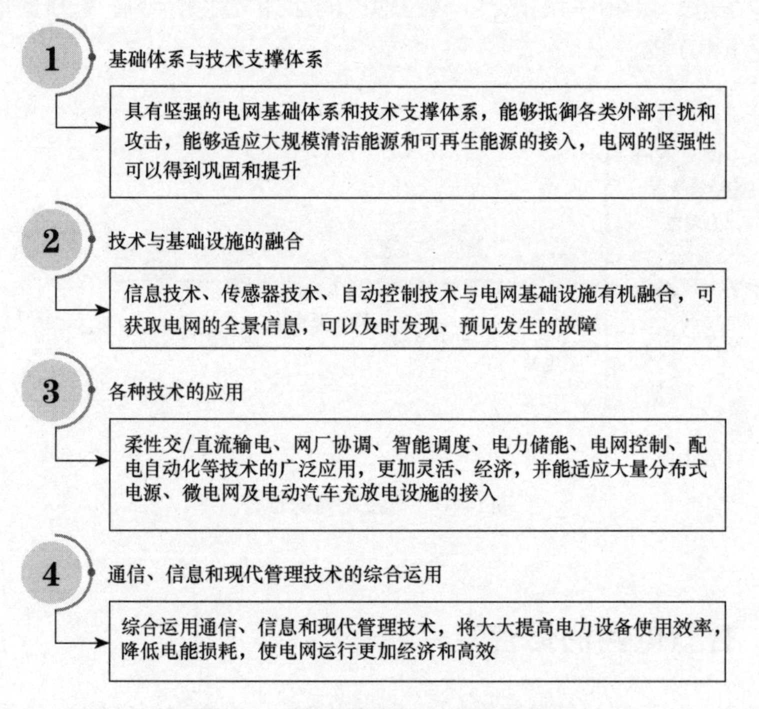

1
基础体系与技术支撑体系
具有坚强的电网基础体系和技术支撑体系，能够抵御各类外部干扰和攻击，能够适应大规模清洁能源和可再生能源的接入，电网的坚强性可以得到巩固和提升
2
技术与基础设施的融合
信息技术、传感器技术、自动控制技术与电网基础设施有机融合，可获取电网的全景信息，可以及时发现、预见发生的故障
3
各种技术的应用
柔性交/直流输电、网厂协调、智能调度、电力储能、电网控制、配电自动化等技术的广泛应用，更加灵活、经济，并能适应大量分布式电源、微电网及电动汽车充放电设施的接入
4
通信、信息和现代管理技术的综合运用
综合运用通信、信息和现代管理技术，将大大提高电力设备使用效率，降低电能损耗，使电网运行更加经济和高效

图1-12　智慧电网与传统电网的区别

5 实时和非实时信息的高度集成、共享与利用

实现实时和非实时信息的高度集成、共享与利用，为运行管理展示全面、完整和精细的电网运营状态，同时能够提供相应的辅助决策支持、控制实施方案和应对预案

6 建立双向互动的服务模式

用户可以实时了解供电能力、电能质量、电价状况和停电信息，合理安排使用电器；电力企业可以获取用户的详细用电信息，为其提供更多的增值服务

7 智慧电网是自愈电网

自愈指的是把电网中有问题的组件从系统中被隔离出来并且在很少或不用人为干预的情况下可以使系统迅速恢复到正常运行状态，从而几乎不中断对用户的供电服务。从本质上讲，自愈就是智能电网的“免疫系统”

8 智慧电网激励和包括用户

在智慧电网中，用户是电力系统不可分割的一部分。鼓励和促进用户参与电力系统的运行和管理是智慧电网的另一重要特征

9 智慧电网将抵御攻击

电网的安全性要求降低对电网物理攻击和减小网络攻击的脆弱性，并快速从供电中断中恢复的全系统的解决方案

10 智慧电网提供满足21世纪用户需求的电能质量

电能质量指标包括电压偏移、频率偏移、三相不平衡、谐波、闪变、电压骤降和突升等

11 智慧电网将减轻来自输电和配电系统中的电能质量事件

通过其先进的控制方法监测电网的基本组件，从而快速诊断并准确地提出解决各种电能质量事件的方案

12 智慧电网将容许各种不同类型发电和储能系统的接入

智慧电网将安全、无缝地容许各种不同类型的发电和储能系统接入系统，简化联网的过程，类似于“即插即用”，这一特征对电网提出了严峻的挑战

13 智慧电网将使电力市场蓬勃发展

在智慧电网中，先进的设备和广泛的通信系统可以在每个时间段内支持市场的运作，并为市场参与者提供充分的数据，因此，电力市场的基础设施及其技术支持系统是电力市场蓬勃发展的关键因素

14 智慧电网优化其资产应用，使运行更加高效

智慧电网优化调整其电网资产的管理和运行以实现用最低的成本提供用户所期望的功能

图1-12 智慧电网与传统电网的区别（续）

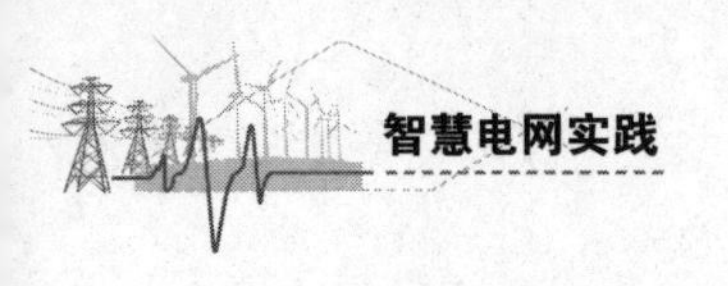

1.4 智慧电网的绿色化与信息化

1.4.1 智慧电网的绿色化

能源发展的新形势是绿色化，包括储能技术发展，绿色化就代表着新能源的应用。过去发电靠的是什么？依靠火力发电、水力发电、核电等。那么当下如何应用新能源实现智慧电网的绿色化呢？风电和光电技术的发展给我们带来了新机遇。新能源带来的影响是随机性，系统由单向可控变为随机不可控。

1.4.2 智慧电网信息化

智慧电网建设将开启电网的一次重大革新，而信息化则是这次革新中不可或缺的重要内容和变革手段，信息化与电力工业的深度融合也将随着智慧电网的建设体现得更加充分。

电网信息化建设起步较早，在生产调度自动化的基础上，各专业应用逐渐发展，形成了由信息网络、基础软硬件、应用系统、数据资源、集成平台、信息安全、IT 管理与服务等方面组成的信息化体系。

目前，电网信息化已经进入了建设与应用并行推进的阶段。在基础设施方面，铺设完成光纤主干通信网路，为设备间实现基于数字通信的交互提供了信息信道。

当前的电力信息化应用正在从专业化应用向企业信息一体化应用方向转变，在这个过程中，电网业务数字化的程度已经有大幅度的提高。当前，电网信息化建设历程是智慧电网建设的必经之路，电网企业信息化的成果给未来智慧电网的建设奠定了良好的基础。

在智慧电网建设的框架下，信息化建设将随着电网应用需求的提升而面临新的发展要求，其发展趋势表现如图 1-13 所示。

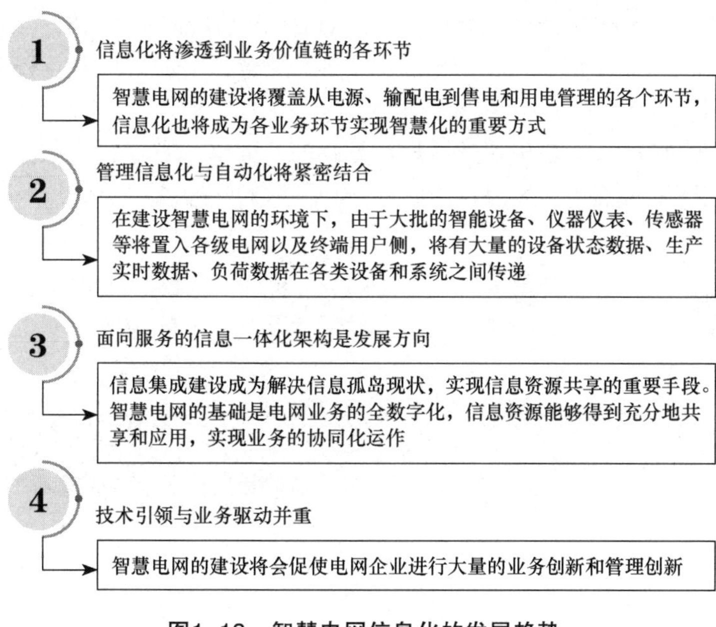

1
信息化将渗透到业务价值链的各环节
智慧电网的建设将覆盖从电源、输配电到售电和用电管理的各个环节，信息化也将成为各业务环节实现智慧化的重要方式
2
管理信息化与自动化将紧密结合
在建设智慧电网的环境下，由于大批的智能设备、仪器仪表、传感器等将置入各级电网以及终端用户侧，将有大量的设备状态数据、生产实时数据、负荷数据在各类设备和系统之间传递
3
面向服务的信息一体化架构是发展方向
信息集成建设成为解决信息孤岛现状，实现信息资源共享的重要手段。智慧电网的基础是电网业务的全数字化，信息资源能够得到充分地共享和应用，实现业务的协同化运作
4
技术引领与业务驱动并重
智慧电网的建设将会促使电网企业进行大量的业务创新和管理创新

图1-13　智慧电网信息化的发展趋势

1.5　智慧电网实现的技术支撑

我国数字化电网建设涵盖了发电、调度、输变电、配电和用户各个环节，包括信息化平台、调度自动化系统、稳定控制系统、柔性交流输电、变电站自动化系统、微机继电保护、配网自动化系统、用电管理采集系统等。目前，我国数字化电网建设已经展现出智慧电网的雏形。

1.5.1　物联网技术

1.5.1.1　物联网的定义

物联网就是物物相连的互联网，基于互联网、传统电信网等信息承载体，让所有能够被独立寻址的普通物理对象实现互联互通的网络。

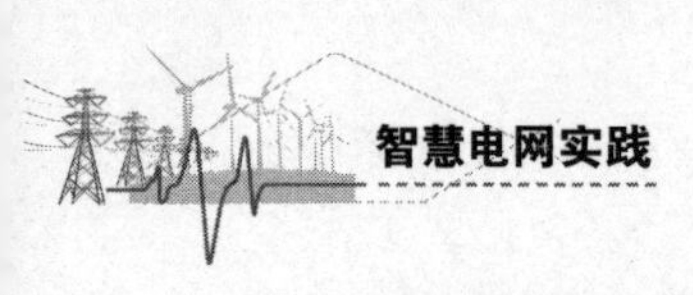

通俗地讲，物联网是指各类传感器、RFID 和现有的互联网相互衔接的一个新技术，以互联网为平台，多学科、多种技术融合，实现信息聚合和泛在网络。这有两层意思：

第一，物联网的核心和基础仍然是互联网，网络具有泛在性和信息聚合性，如图 1–14 所示，是在互联网基础上的延伸和扩展的网络；

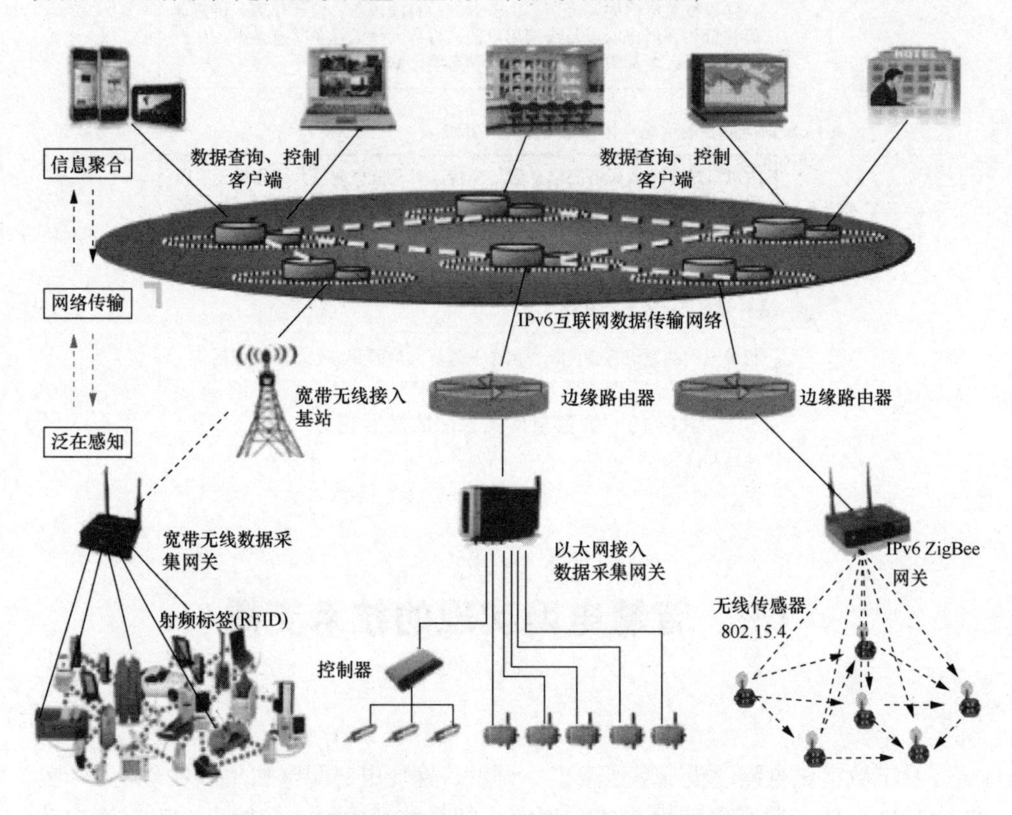

图1–14　物联网产业链——网络泛在性和信息聚合性

第二，其客户端延伸和扩展到任何物品与物品之间，进行信息交换和通信物联网就是"物物相连的互联网"，物联网是下一代互联网的发展和延伸，因为物联网与人类生活密切相关，其被誉为继计算机、互联网与移动通信网之后的又一次信息产业浪潮。

1.5.1.2　物联网的体系结构

物联网的体系结构如图 1–15 所示，它可分为感知 / 延伸层、网络层和应用层三层。

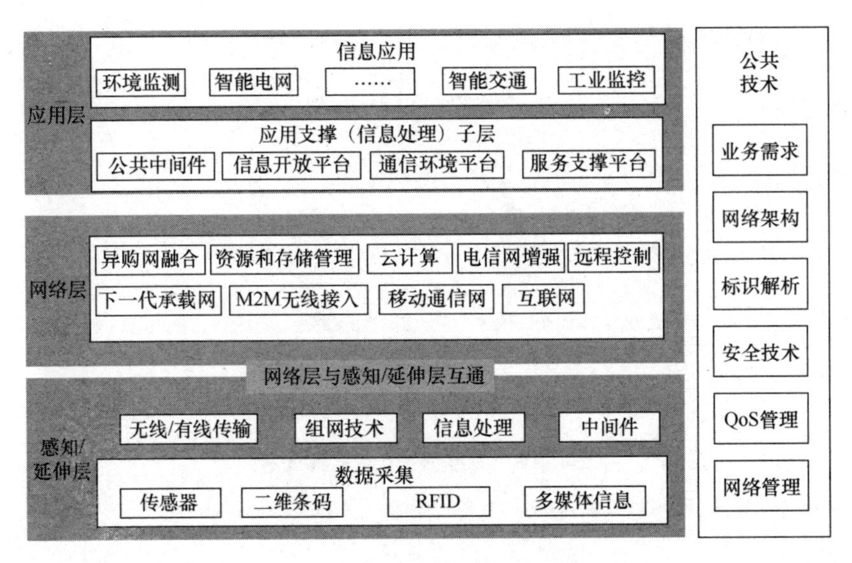

图1-15　物联网的体系结构

（1）感知 / 延伸层

感知 / 延伸层相当于人体的皮肤和五官，主要用于识别物体，采集信息包括二维码卷标和识读器、RFID 标签和读写器、摄像头、传感器及传感器网络等。

感知 / 延伸层要解决的重点问题是感知、识别物体，通过 RFID 电子卷标、传感器、智能卡、识别码、二维码等对信息进行大规模、分布式地采集，并进行智慧化识别，然后通过接入设备将获取的信息与网络中的相关单元进行资源共享与交互。

（2）网络层

网络层相当于人体的神经中枢和大脑，主要用于传递和处理信息，包括通信与互联网的融合网络、物联网管理中心、物联网信息中心和智能处理中心等。

网络层主要承担信息的传输，即通过现有的三网（互联网、广电网、通信网）或者下一代网络（Next Generation Networks，NGN），实现数据的传输和计算。

（3）应用层

应用层相当于人类社会的分工，其与行业需求结合，实现广泛智慧化，是物联网与行业专用技术的深度融合。

应用层完成信息的分析、处理和决策，以及实现或完成特定的智能化应用和服务任务，以实现物与物、人与物之间的识别与感知，发挥智慧作用。

1.5.1.3　物联网的关键技术

物联网产业链可细分为标识、感知、处理和信息传送 4 个环节，因此物联网每个环节主要涉及的关键技术包括 4 个方面，如图 1-16 所示。

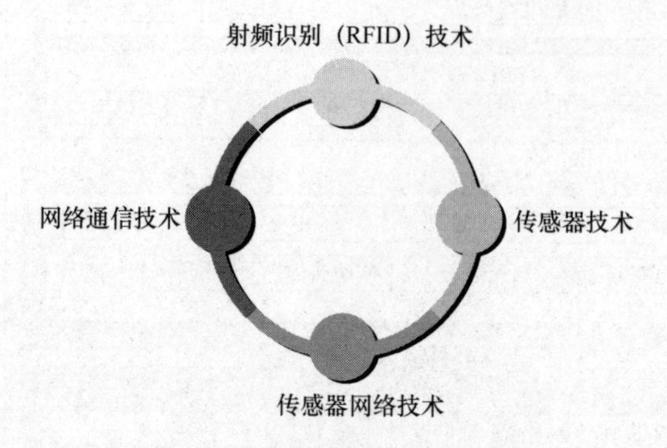

图1-16　物联网的4大关键技术

（1）RFID 技术

射频识别（RFID）是一种非接触式的自动识别技术，具有读取距离远（可达数十米）、读取速度快、穿透能力强（可透过包装箱直接读取信息）、无磨损、非接触、抗污染、效率高（可同时处理多个卷标）、数据储存量大等特点，是唯一可以实现多目标识别的自动识别技术，可工作于各种恶劣环境。一个典型的 RFID 系统一般由 RFID 电子卷标、读写器和信息处理系统组成。

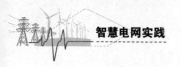

当带有电子卷标的物品通过特定的信息读写器时，卷标被读写器启动并通过无线电波将标签中携带的信息传送到读写器以及信息处理系统，完成信息的自动采集工作，而信息处理系统则根据需求承担相应的信息控制和处理工作。

现在 RFID 负责农畜产品安全的生产监控、动物识别与跟踪、农畜精细生产系统、畜产品精细养殖数字化系统、农产品物流与包装等方面已正式应用。

（2）传感器技术

传感器负责物联网信息的采集，是物体感知物质世界的“感觉器官”，是实现对现实世界感知的基础，是物联网服务和应用的基础。传感器通常由敏感组件和转换组件组成，可通过声、光、电、热、力、位移、湿度等信号来感知，为物联网的工作采集、分析、回馈最原始的信息。

（3）传感器网络技术

传感器网络综合了传感器技术、嵌入式计算技术、现代网络及无线通信技术、分布式信息处理技术等，能够通过各类集成化的微型传感器协作实时监测、感知和采集各种环境或监测对象的信息，通过嵌入式系统处理信息，并通过随机自组织无线通信网路以多跳（multihop）中继方式将所感知信息传送到用户终端，从而真正实现“无处不在的计算”理念。一个典型的传感器网络结构通常由传感器节点、接收发送器、Internet 或通信卫星、任务管理节点等部分构成，如图 1-17 所示。

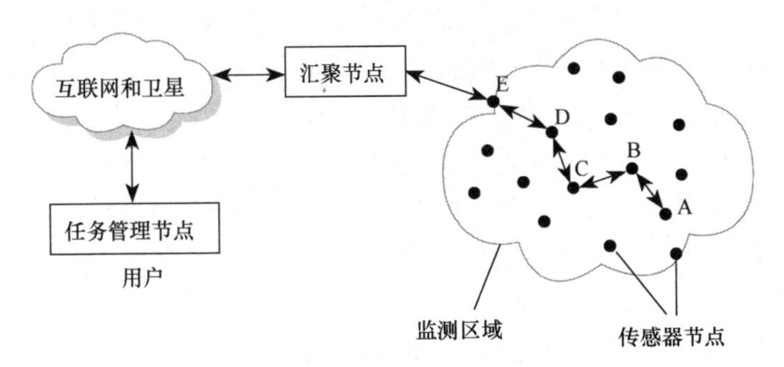

图1-17　传感器网络结构图标

（4）网络通信技术

传感器的网络通信技术为物联网数据提供传送信道，而如何在现有网络上进行增强，适应物联网业务需求（低数据率、低移动性等），是现在物联网研究的重点。传感器的网络通信技术分为近距离通信和广域网络通信技术两类。

传感网络相关通信技术，常见的有蓝牙、IrDA（Infrared Data Association）、Wi-Fi、ZigBee（基于 IEEE802.15.4 标准的低功耗局域网协议）、RFID、UWB（Ultra Wideband）、NFC（Near Field Communication，近距离无线通信技术）、WirelessHart（一种无线通信标准）等。

1.5.1.4　物联网应用的六个方面

物联网技术在智慧电网领域的应用体现在以下六个方面，如图 1-18 所示。

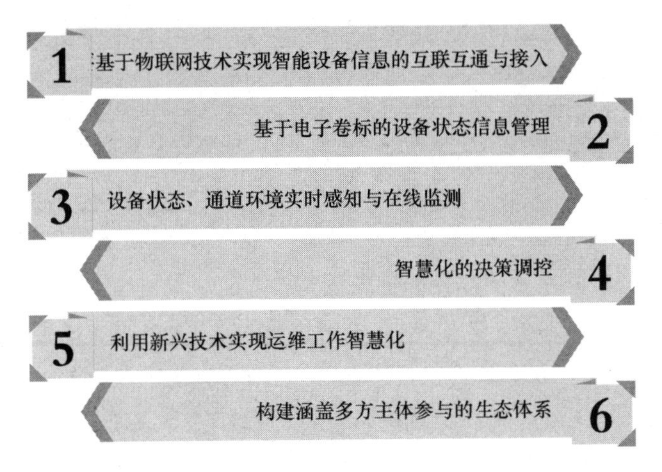

图1-18　物联网技术在智慧电网领域的应用

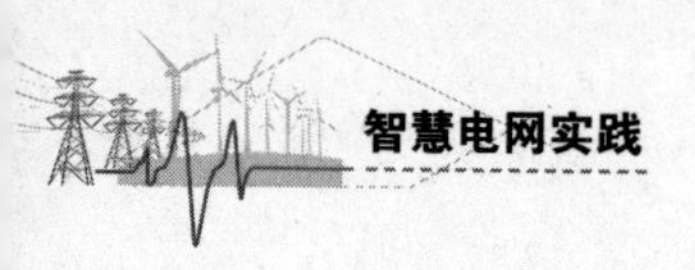

（1）基于物联网技术实现智能设备信息的互联互通与接入

物联网推进技术与设备智慧化深度融合，为智慧化运检提供设备身份识别与状态感知，通过电网信息物理融合系统及其关键技术研究，最终推进电网设备形成深度融合计算、通信、控制能力的网络化物理设备系统。

（2）基于电子卷标的设备状态信息管理

物联网利用 RFID 卡、智能芯片等技术制作电子身份卷标，实现设备与电子卷标一体化、终身化，从而及时、准确、全面获取设备全寿命周期内的台账信息。

（3）设备状态、通道环境实时感知与在线监测

物联网针对电网设备，实现设备状态的在线监测与实时感知，推进信息系统与物理系统在量测、计算、控制等多功能环节上的高效集成，实时监测各类主设备的关键状态参量。针对重要输电通道，着力提升输电通道环境监测与预警智慧化水平。

（4）智慧化的决策调控

物联网综合利用大数据、云计算等新兴技术，实现各类运检相关系统信息和数据深度融合，构建电网运检智能化管控系统，推进运检资源优化配置，实现运检管理和生产指挥决策智慧化。

物联网在深入分析海量视频、图像、设备及环境状态等数据，进行智能化挖掘的基础上，构建运检智能化管控系统，最终实现分析运检信息状态、监测预警、分析故障、辅助决策、风险管控、资源智能调配、生产指挥等高级应用功能。

（5）利用新兴技术实现运维工作智慧化

物联网广泛推广应用带电检测、智能巡检、智能可穿戴装备、移动终端等新技术，优化整合运检资源，实现设备状态实时诊断、可视化和远程感知。进一步利用机器人、直升机、无人机推进巡检技术智慧化；开发智能可穿戴装备，为巡检人员提供实时后台数据自动关联显示、查询及大数据服务功能；此外，深入推进运维可视化，加强变电站三维可视化展示，实现变电站全站场景动态可视。

（6）构建涵盖多方主体参与的生态体系

在电网企业内部，实现物资采购、设备运维、客户服务等各环节数据联动贯通。例如，结合智慧监控、故障诊断、状态运维，并不断积累大数据进行机器自主学习，进一步向上溯源，指导前期设备选型，实现从资产的开发到维护和使用等全过程资产管理的良性循环。

物联网在智慧电网中的具体应用如图 1-19 所示。

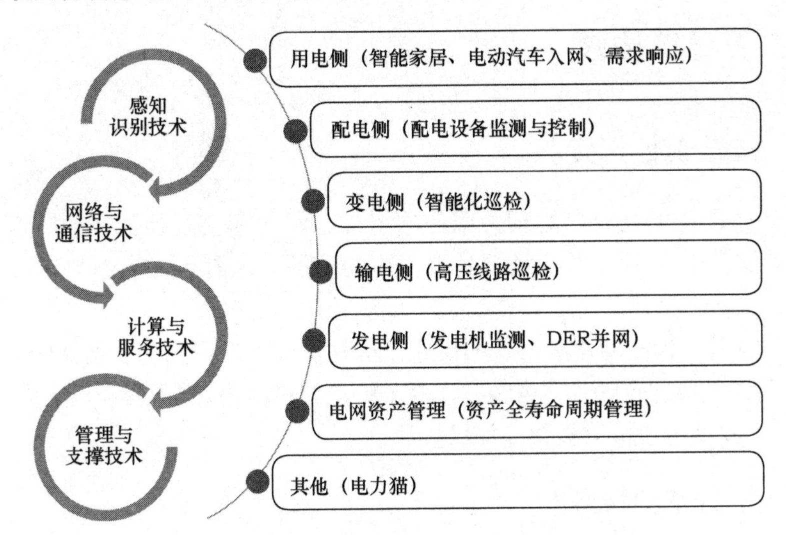

图1-19　物联网在智慧电网中的具体应用

1.5.1.5　应用物联网的意义

物联网技术对智慧电网的意义如图 1-20 所示。

1. 物联网通过全程监控电厂生产设备，对生产数据进行判断分析，诊断是否出现设备异常，实时预警
2. 物联网使输电线路可视、可控，可定时传输数据，实时传输视频信号，在监控中心对视频数据进行分析和告警
3. 物联网使配电网络更智能，实现配电自动化，并且实时监控配电网络，故障区段快速定位，隔离故障与非故障区段，快速恢复供电的功能
4. 物联网使变电设备巡检更便捷，根据基于GIS的电力网分布图查看设备、杆塔分布情况，以便快速确定问题杆塔的地理位置，为巡检人员提供有效的标识信息
5. 基于物联网的用电信息采集互动服务，实时采集电表运行指标发送抄表平台，实现对电表实时计费管理，真正实现对最终用户用电量调度管理
6. 电网与用户实时交互体现人性化的互动服务，可以基于短信、语音等方式，为客户提供高效、优质的互动沟通管道

图1-20　智慧电网使用物联网技术的意义

1.5.2 云计算技术

1.5.2.1 云计算的定义

云计算是基于互联网的相关服务的增加、使用和交互模式，通常涉及通过互联网来提供动态易扩展且经常是虚拟化的资源。云是网络、互联网的一种比喻说法。

云计算是一种按使用量付费的模式，这种模式提供可用的、便捷的、按需的网络访问，进入可配置的计算资源共享池（资源包括网络、服务器、存储、应用软件、服务）后，这些资源能够被快速提供。

1.5.2.2 云计算的特点

（1）云计算可以整合大规模异构计算资源

传统的分布式计算只能整合同结构的计算资源，而云计算则可以整合分布在广阔地域内的、属于不同组织的计算资源，并且形成一个具有强大的运算能力和储存空间的平台。因为云计算对于计算机设备的共性要求很低，所以不论是同构还是异构计算设备，都可以被云计算整合。

（2）云计算与动态扩展

传统的计算模式很难动态扩展。而可扩展性是云计算相对于传统计算模式而言最大的优势之一。因为云计算可以整合各种异构计算资源，所以当云计算需要更为强大的计算能力和存储空间时，可以短时间内实现所谓的扩展，并只需要单纯的增加新的设备即可，而不用像传统设备一样扩展即更换，这就大大地降低了硬件的购置成本。

1.5.2.3 云计算在智慧电网中的应用

云计算在智慧电网中具有广阔的应用空间和范围，在电网建设、运行管理、安全接入、实时监测、海量存储、智慧分析等方面能够发挥巨大作用，并全方位应用于智慧电网的发电、输电、变电、配电、用电和调度等各个环节。而将云计算技术引入电网数据中心，会显著提高设备利用率，降低数据处理中心能耗，扭转服务器资源利用率偏低与信息壁垒问题，全面提升智慧电网环境下海量数据处理的效能、效率和效益，云计算在智慧电网中的应用如下。

（1）构建电力信息系统的智能云

我国现有的电力系统的特点是电网分布的区域特征不同、网络的拓扑结构不同、电网的电气特点不同。每个区域的电网都由电网公司维护和管理，各个网络都针对自己所辖区域内的电网构建了较为详细的电力系统模型，而对于周边的其他电网模型则做简化记录，这样的电力系统模型可以更好地保证电力调度、运行、监控、保护、输配电，很好地解决了因为我国幅员辽阔而导致的电力系统数据资源分布广泛所形成的数据难以收集的问题，让系统仿真的复杂程度得到显著降低。但此举的缺点是这种电力系统模型适用范围不够广泛，倘若可以借助云计算以及电力系统数据的敏感性和我国电力系统网络的完整性来构建一个电力系统的私有云，使电力系统完全自主控制云端数据的储存和计算资源的访问，构建属于电力系统自己的内部私有云。

构建智慧电网的电力系统智能云，就是将云计算作为智慧电网信息平台的底层交互技术保证智慧电网的各个智能模块得以实现。其中电力系统的智能云应当具有智慧调度、运行、监控、保护、配属电等功能。

（2）云计算对于电力系统中各硬设备的整合功能

电力系统智能云借助分布式计算等云计算的功能将电力系统网络内的所有的软硬件资源共同整合在一起，然后在智能云的管理下，对各级电网和计算机终端提供相应的数据存储和运算能力服务。智能云在云端设置共享平台，保证电力系统中各个终端的数据访问和数据共享，借助软件接口为电力系统各级电网和计算机终端提供智能云服务。

（3）电力系统智能云的权限管理

我国的电力系统结果非常庞大，而且分布范围很广泛，如果所有的终端计算需求都需要提交给配置中心，那么配置中心将会面临着非常庞大的数据运算和存储需求和工作量，并且这种模式也需要非常高速的网络支持，而且很难对权限进行管理。所以在智能云模式下，可以在基础管理层对部分权限和安全机制进行管理调配。例如以电力系统中的主网和子网作为区分标准界定权限的分配，这样可以保证电力系统智能云的资源和权限更合理。

并且在电力系统智能云中设立一个高效便捷的任务分配和提交机制，应对时刻存在的多任务同时提交资源申请。这样就可以保证智能云在网络通畅的同时，还可以最大限度地使用云资源。

（4）电力系统智能云的数据安全

数据安全是系统最基本的工作要求。电力系统智能云的数据安全机制由数据加密权限、数据备份以及电网数据容灾等几项功能共同组成。电力系统智能云本身就是一个私有云，所以在这种物理上完全独立的广域网上，物理上的隔离确保

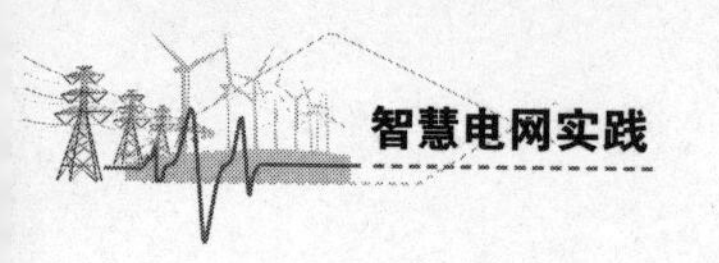

电力系统数据的安全保密性要远远高于其他行业。

（5）云计算在电力信息系统终端的应用

智能云下的电力信息系统终端无需强大的数据运算能力和储存空间，只需要满足基本的计算和存储即可，在接入电力系统广域网之后，可以通过智慧云对对应终端权限进行管理，这样电力系统终端即可运算和存储数据，同时也实现了电力信息系统在信息交互方面的良好扩展性和低成本。

因为电力信息系统的终端只负责数据的输入和输出，所以大部分数据都是存储在智慧云中，更容易对数据的安全进行监测和管理。

国家电网的“三朵云”

“三朵云”是国家电网公司在互联网领域的一个大动作。

国家电网公司将借鉴开源技术，依托国产化和自主化产品和资源，形成以三地（北京、上海、西安）资料中心为核心节点的“三朵云”（企业管理云、公共服务云、生产控制云），共同组成企业级国家电网电力云。

1. 为什么开发“三朵云”

构建全球能源互联网，会涉及诸多技术，如电源、电网、储能，特别是信息通信技术，需要对现有信息通信系统如基础架构、业务流程融合等优化升级。综上所述，国家电网公司提出建设“三朵云”，以推动构建全球能源互联网和新型智慧能源企业建设。

2. “三朵云”的主要内容

“企业管理云”以国家电网公司“三集五大”体系为基础，构建专业协同、辅助决策等分析决策系统，应用大数据平台开展精益化管理支撑企业经营管理。“公共服务云”是对外服务业务的体现，比如将业扩报装、电力服务、信息共享、实时沟通、电子商务等整合，借助云资源平台支撑对外公共服务业务。“生产控制云”主要包括调度技术支持系统、配电自动化系统、SG-UEP生产大区节点，以此支撑电网生产。

3. “三朵云”的推进计划

2015年，国家电网公司发布《信息通信新技术推动智能电网和“一强三优”

现代公司创新发展行动计划》，加快推进“大、云、物、移”等新技术在智能电网和公司经营管理中的创新应用，推动电网向全球能源互联网发展。为此，国家电网公司制定了六年计划，分三个阶段推进。2015—2016年是试点阶段，2017—2018是推广阶段，2020年是全部完善阶段。

“三朵云”是保障行动计划推进的基础，其也将按照这个步骤实施推进。目前最新进展是，“企业管理云”已建成运行，“公共服务云”和“生产控制云”正抓紧推进建设。

1.5.3 大数据技术

大数据又称巨量数据，指的是所涉及的数据及数据量规模巨大到无法通过人脑甚至主流软件工具，可在合理时间内达到撷取、管理、处理并整理成为帮助企业经营决策更积极目的的信息。

1.5.3.1 大数据的由来

大数据是继云计算、物联网之后IT产业又一次颠覆性的技术变革，对于社会的管理、发展的预测、企业和部门的决策，乃至对社会的方方面面都将产生巨大的影响。

大数据概念最初起源于美国，是由思科、威睿、甲骨文、IBM等公司倡议发展起来的。大约从2009年始，“大数据”成为互联网信息技术行业的流行词汇。事实上，大数据相关产业是指建立在对互联网、物联网、云计算等管道广泛、大量资料资源收集基础上的数据存储、价值提炼、智能处理和分发的信息服务业。

最早提出“大数据时代已经到来”的机构是全球知名咨询公司——麦肯锡。

2011年，麦肯锡在题为《海量数据，创新、竞争和提高生成率的下一个新领域》的研究报告中指出，数据已经渗透到每一个行业和业务职能领域，逐渐成为重要的生产因素；而人们对于海量数据的运用将预示着新一波生产率增长和消费者盈余浪潮的到来。

大数据是一个不断演变的概念，当前的兴起，是因为从IT技术到资料积累，都已经发生重大变化。仅仅数年时间，大数据就从大型互联网公司高管嘴里的专业术语，演变成决定我们未来数字生活方式的重大技术命题。

2012年，联合国发表大资料政务白皮书《大数据促发展：挑战与机遇》；EMC、IBM、Oracle等跨国IT巨头纷纷发布大数据战略及产品；几乎所有世界级的互联网企业，都将业务触角延伸至大数据产业；无论是社交平台逐鹿、电商价格大战还是门户网站竞争，都有大数据的影子。

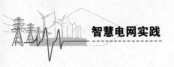

目前，大数据作为重要的战略资源已经在全球范围内达成共识。

根据GTM Research 2015年的研究分析，到2020年，全世界电力大数据管理系统市场将达到38亿美元的规模。从2012年开始，英国、法国、美国等国家相继启动了大数据发展规划。再观国内，2014年3月，大数据被写入政府工作报告；2015年7月，国务院发布了《关于积极推进"互联网+"行动的指导意见》，明确了大数据发展的战略方向；2015年8月，国务院印发《关于促进大数据发展行动纲要》，强调开发应用好大数据这一基础性战略资源；2015年10月，十八届五中全会提出，实施国家大数据战略。

1.5.3.2 大数据的特点

大数据具备Volume、Variety、Velocity和Value四个特征，简称为"4V"（见图1-21），即数据体量巨大、数据类型繁多、处理速度快和价值密度低。

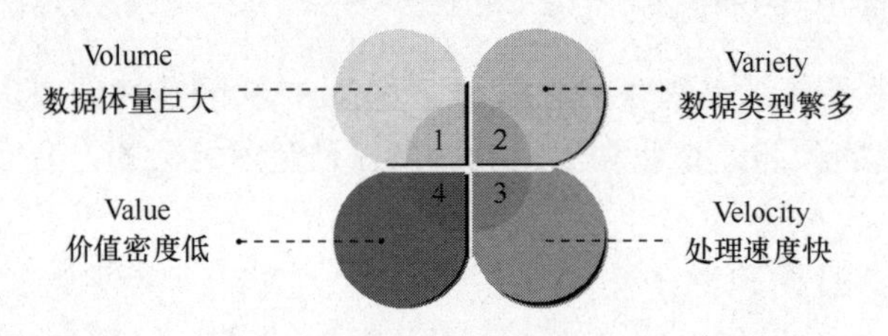

图1-21　大资料的4V特点

（1）Volume——数据体量巨大

数据集合的规模不断扩大，已从GB到TB再到PB级，甚至开始以EB和ZB来计数。比如一个中型城市的视频监控摄像头每天就能产生几十TB的数据。

（2）Variety——数据类型繁多

以往，我们产生或者处理的数据类型较为单一，大部分是结构化数据。而如今，社交网络、物联网、移动计算、在线广告等新的管道和技术不断涌现，产生大量半结构化或者非结构化数据，如XML、邮件、博客、实时消息等，导致了新数据类型的剧增。企业需要整合并分析来自复杂的传统和非传统信息源的数据，包括企业内部和外部的数据。随着传感器、智慧设备和社会协同技术的爆炸性增长，数据的类型无以计数，包括文本、微博、传感器资料、音频、视频、点击流、日志文件等。

（3）Velocity——处理速度快

数据产生、处理和分析的速度在持续加快，数据流量大。加速的原因是数据创建的实时性天性，以及需要将流数据结合到业务流程和决策过程中的要求。数据处理速度快，处理能力从批量处理转向流处理。业界对大数据的处理能力有一个称谓——“1 秒定律”，这充分说明了大数据的处理能力，体现出它与传统的数据挖掘技术有着本质的区别。

（4）Value——价值密度低

大数据由于体量不断加大，单位数据的价值密度在不断降低，但是数据的整体价值在提高。有人甚至将大数据等同于黄金和石油，表示大数据当中蕴含了无限的商业价值。

大数据到底有多大

一组名为“互联网上一天”的数据告诉我们：

一天之中，互联网产生的全部内容可以刻满1.68亿张DVD；

发出的邮件有2940亿封之多（相当于美国两年的纸质信件数量）；

发出的小区帖子达200万个（相当于《时代》杂志770年的文字量）；

卖出的手机为37.8万台，数量高于全球每天出生的婴儿数量37.1万人……

截至2012年，资料量已经从TB（1024GB=1TB）级别跃升到PB（1024TB=1PB）、EB（1024PB=1EB）乃至ZB（1024EB=1ZB）级别。

IDC研究结果表明，2008年全球产生的资料量为0.49ZB，2009年的资料量为0.8ZB，2010年增长为1.2ZB，2011年的数量更是高达1.82ZB，相当于全球每人产生200GB以上的数据。而到2012年为止，人类生产的所有印刷材料的数据量是200PB，全人类历史上说过的所有话的数据量大约是5EB。

IBM的研究称，整个人类文明所获得的全部数据中，有90%是在过去两年内产生的。预计2020年，全世界所产生的数据规模将达到目前数据量的44倍。每一天，人类会上传超过5亿张图片，每分钟有20小时时长的视频被分享。然而，即使是人们每天创造的全部信息——包括语音通话、电子邮件和信息在内的各种通

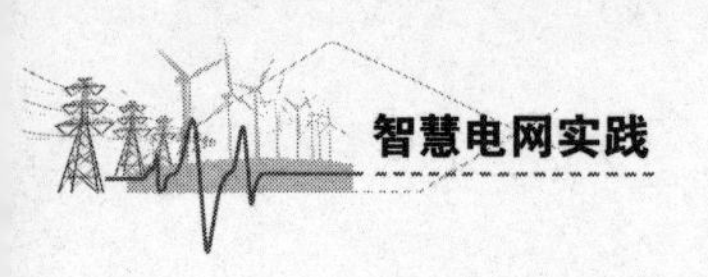

信，以及上传的全部图片、视频与音乐，其信息量也无法匹及每一天人们创造出的关于自身数字的信息量。这样的趋势也将会持续下去。

1.5.3.3 大数据的应用发展

智慧电网的建设离不开大数据，大数据是智慧电网领域能够实现“智慧化”的关键性支撑技术。

（1）大数据解决方案逻辑层和架构

大数据解决方案的逻辑层提供了一种设置组件的合理方式，这些层提供了一种方法来组织执行特定功能的组件，它通常由大数据来源、数据改动和存储层、分析层、使用层 4 个逻辑层组成。下面我们分别介绍各个层级的详细内容及内在逻辑关系。

1）大数据来源

大数据来源需要考虑来自所有管道的、所有可用于分析的数据。其要求组织中的数据科学家阐明执行需要的分析类型所需的数据。这些数据的格式和起源又各不相同，如图 1-22 所示。

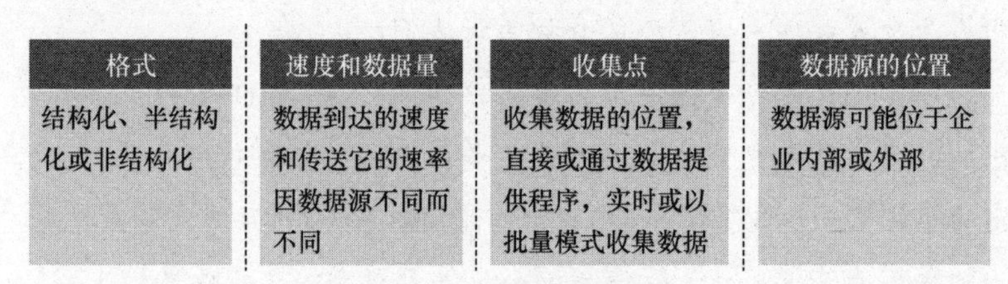

图1-22 大数据来源

2）数据改动和存储层

数据改动和存储层负责从数据源获取数据，并在必要时将它转换为适合数据分析的格式。

例如，可能需要把数据转换成一幅图，才能将它存储在相关存储或关系数据库管理系统（RDBMS）的仓库中，以供进一步处理。合规性制度和治理策略要求为不同的数据类型提供合适的存储。

3）分析层

分析层读取数据改动和存储层整理（digest）的数据。在某些情况下，分析层直接从数据源访问数据。分析层需要认真地进行事先筹划和规划，必须制定如何管理以下任务的决策：生成想要的分析；从数据中分析结果；找到所需的实体；定位可提供这些实体的数据源；理解执行分析需要哪些算法和工具。

4）使用层

此层使用了分析层所提供的数据和信息，这些数据和信息可以应用在可视化应用程序、业务流程或服务中。

（2）大数据分析的五个基本方面

要做好大数据分析就要注意五个基本方面，如图 1–23 所示。

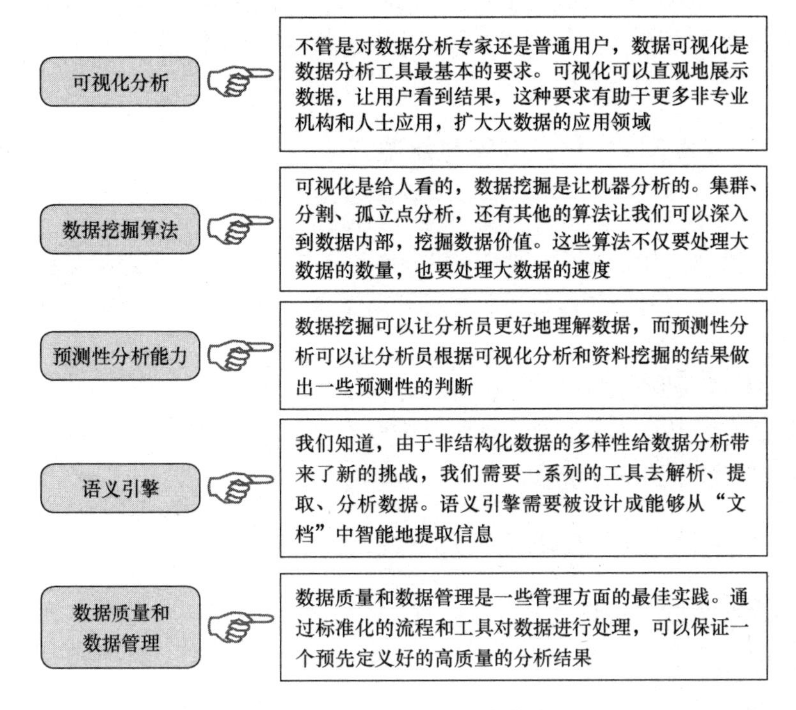

图1–23　大数据分析的五个基本方面

1.5.4 “互联网 +” 技术

1.5.4.1 何谓“互联网+”技术

什么是“互联网 +”？阿里研究院在《“互联网 +”研究报告》中指出：“‘互联网 +’的本质是传统产业在线化、数据化。”有专业机构认为，“互联网 +”就是以互联网为主的一整套信息技术在经济、社会生活各部门的扩散、应用过程。

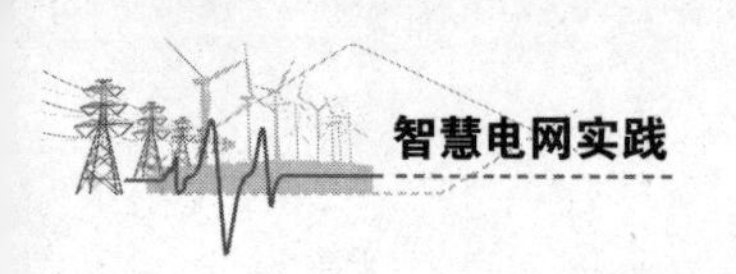

综合各方面专家和机构的观点，“互联网 +”就是“互联网 + 各个传统行业”，但这并不是简单的二者相加，而主要是指利用信息通信技术和互联网平台，让互联网和传统行业进行全方位、全系统的深度融合，它是互联网发展的新形态、新业态，是知识社会创新推动下的互联网形态演进及其催生的经济社会发展新形态，是互联网思维的进一步实践成果，代表了一种先进的生产力，推动着经济形态不断地发生演变。

此外，“互联网 + 医疗”“互联网 + 交通”“互联网 + 公共服务”“互联网 + 教育”等新兴领域也呈现方兴未艾之势，随着“互联网 +”战略的深入实施，互联网必将与更多传统行业进一步融合。

1.5.4.2 “互联网+”技术与智慧能源

2016 年 2 月 24 日，国家发展和改革委员会、国家能源局、工业和信息化部印发《关于推进“互联网 +”智慧能源发展的指导意见》，为促进能源互联网健康有序发展，将分为两个阶段推进，先期开展试点示范，后续进行推广应用，确保取得实效。

其实早在 2015 年就有不少业内人士表示，在电改背景下，“互联网 + 智慧能源”将引领能源生产与技术的革命，助推新型电力治理体系的形成，并将衍生出众多具有广阔投资前景的细分市场。

1.5.4.3 “互联网+”技术与电力系统

国家能源局的“互联网 + 智慧能源”行动计划课题组成员王强认为，能源互联网是以电力系统为核心与纽带，多类型能源网络和交通运输网络的高度整合，具有“横向多能源体互补，纵向源—网—荷—储”协调和能量流与信息流双向流动特性的新型能源供用体系。

在这一大背景下，电网企业将面临新的使命，或者说电网的任务将发生很大的变化。首先，电网将成为大规模新能源电力传输和分配的网络。其次，电网和分布式电源、储能装置、能源综合高效利用系统有机融合，成为灵活、高效的智能能源网络。同时，智慧电网还将具有极高的供电可靠性和功能的可靠性，基本排除大面积停电的风险。特别是随着电网和信息通信系统的广泛融合，进一步建成能源电力和信息综合的全新服务体系，使智慧电网承担新的使命，发挥更大的作用。

此外，在电力行业，商业模式也是基于电力这一单一产品而产生的。未来互联网能够支持新的基于信息的能源互联网应用，比如，在电力消费者和电力生产者之间，以及消费者和消费者，生产者和生产者之间的信息共享，设施共享，实时合作，费用实时和跨期分摊，动态电价和计费服务等。

电网企业还能够利用大数据分析技术，分析不同电力消费群体的用能习惯，制定针对不同消费群体的精细差别电价，奖励那些节能用户，惩罚那些浪费用户，而不是像现在那样，仅仅根据用电量的绝对数进行一刀切的电力阶梯定价。

而从用户的层面来讲，与会专家认为，“互联网＋智慧能源”的核心是帮助用户完成能源价值实现，包括电费降低、能源投资等，最终将降低用户的能源综合利用成本。

湖北电力“互联网＋”提升电网智能化水平

湖北荆门供电公司不断应用“互联网＋”技术，上线运行智能电管家系统、远程费控系统等，拓宽支付宝、掌上电力等服务方式，提升荆门电网智慧化水平，提高用户的生活质量。

“一到抄表日，远程费控系统自动抄表、开票一次性全到位，以前要干一个星期的工作现在仅需30分钟就能搞定！”2016年7月15日，湖北荆门供电公司金山供电所员工郭维富轻点几个按键，大峪口台区516户的用电量就都出现在计算机显示屏上，挨家挨户抄电表的日子终于过去了。

（1）平台管控服务提升

2016年5月30日，荆门供电公司配网运维班员工苏浩来到办公室，登录配电网综合管理系统。很快，荆门城区82条10千伏线路和305个台区实时电流、电压、功率因子、三相负荷平衡率等运行数据便尽收眼底。

苏浩介绍，该系统是以荆门配电网地理信息GIS系统为支撑，集自动制图、设备管理和地理信息为一体的管理平台。运维人员只需单击鼠标，就能做到对供区每条线路、每台配变、每个台区的地理分布、实时电流、电压、功率因子、三相平衡率等运行数据一目了然。

3月2日晚20时25分，10千伏象山线动作跳闸后，FTU（配电网自动化系统）判断故障点在8号杆分断开关后的分支线路上。接到FTU短信通知的抢修队员立刻赶到8号分断开关处，沿分支线仔细排查，30分钟内排除了故障点。

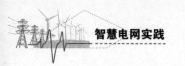

为确保荆门首届国际马拉松供用电万无一失，4 月 28 日，该公司通过配电网综合管理系统，对涉及的 6 座变电站、38 条输配电线路、27 处客户专线进行巡视。该公司发现 10 千伏掇刀线 23 号杆 A 相瓷瓶破损后，马上指令配电带电作业班消缺；采用远程视频监控和无线对讲系统，对保电现场蹲守人员、抢修车辆、重点线路设备实施全程网络监管，使保电人员对“保什么”“怎么保”了然于心，实现了对重点地段保电纵向到底、横向到边的管控，提高了保电工作的预见性和有效性。

（2）在线监测提质增效

5 月 20 日，荆门供电公司量价费损在线监测系统监控到荆门国际大酒店 B 相负荷偏高，有烧坏设备的趋势。监控员邹静立即通过短信平台告知客户，同时指令抢修人员开展故障排查。隐患被快速消除后，酒店负责人许为民深有感触地说：“我们自己都没察觉，你们却提前监控到了，现在的供电服务越来越高科技了，也越来越贴心了！”

该公司应用“互联网 +”，创新荆门电网智能化管理模式，优化业务流程，以集成营销、配网、调控信息资源共享为切入点，开发出集生产运维、营销服务、管理执行、绩效评价为一体的量价费损在线监测系统。该公司对已有的营销运维管理系统、配电网综合管理系统、调控 PMS 管理系统等各平台存量数据进行梳理、比较和治理，采取基础数据运维与日常工作紧密结合的方法，从电网设备基础信息、采集接入信息、营配调交互应用等入手，夯实管理基础。该公司还根据实际情况，对客户基础资料、线路运维的一致性、准确性、完整性等多项考核指标进行修订完善，有力保证了营销系统与采集系统在线路、配变和台区名称等基础参数关系一致，累计核查整理采集系统档案 2723 条、营销系统档案 3235 条，系统数据准确率和一致率达到 100%。

量价费损在线监测系统实现了基于 Web 和 GIS 地理背景一览无遗式的展现，可对企业电网线损、供电可靠性、电压合格率和负荷运行情况等关键指针进行可视化管理，还实现了用电信息采集电量监测、线损管理、配变在线监测、计量装置运行监测、调控服务、电子化移交及基础档案管理、营配调信息系统监测运行管理、电网生产及营销客户服务异常派工及管理等工作。

目前，量价费损在线监测系统在荆门电网生产和营销管理中全面应用，供区内 7181 台专变、12871 个台区、1014023 个高低压客户，皆实现了 24 小时在线监测、数据分析和运维管理派工，累计完成营销稽查监控工单 95 份，查实异常电量 3.26 万千瓦时，涉及异常电费 9.17 万元；派发营销类协同工作单9份，涉及“客户日用电超容”“配变台区电压异常”“客户表计失压”等各类异动状况78项，极大提升了服务客户质量和员工工作质效。

（3）资料共享运作最优

随着“互联网+”技术的深入应用，荆门供电公司还在调研中发现：电网系统中存在同一设备要在多套信息系统中进行录入、电网设备的异动管理在县区公司与市公司之间不同步、部分供电所人员缺乏专业缺陷分析能力，尤其是电网主要专业间资料不共享，营销、配电网和调控业务和专业不贯通等问题，这些都成为制约当前供电服务水平提升的重要原因。

针对营配调业务和专业“三张图”（单线图、网络图、地理图）各自独立，现有抢修指挥、移动作业、停电分析等业务智慧化支撑不足，营配调运营监控和决策分析能力不足，跨专业的业务端到终端流程追踪困难等问题，该公司创新打造“全景、全程、实时”的营配调一体化系统，建立完善《营配调一体化集成应用管理规定》等10多项配套制度规范，切实保障系统数据共享，流程死循环贯通，实现“整体运作最优化、实用效果最大化”。

营配调一体化系统将荆门电网线路、设备等图形和用电情况等融汇贯通，简化系统操作接口，全方位对变电站、线路、配变、客户的电量信息进行实时监控，提供统一、专用的图形化、直观的实时监测数据模块和分析，并对异常事件进行统计、分析，利用移动掌上GIS现场处理，达到工作死循环。此外，该公司还通过可靠的运维数据进行专业分析，极大保障了电网设备的安全运行，并从系统派工、班组二次派工，再到工单处理、汇报和归档，形成可控的、流程化的、死循环的跟踪处理机制。

福建：“数字化”助力“智能电网”提速升级

福建电力近年来在用电服务、电能替代、电力供应安全等领域，运用“数字化”助力“智慧电网”提速升级，为地方经济、社会和环境发展提供了良好能源支持。

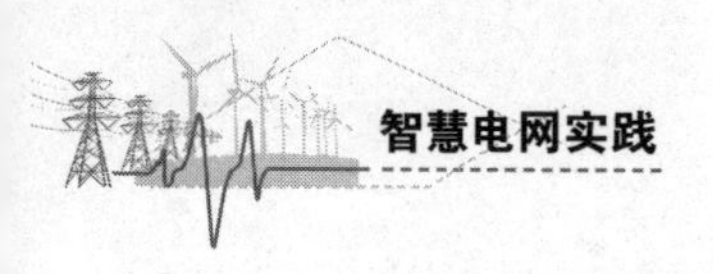

（1）“互联网 +”用电服务让客户足不出户

电力微信、电 e 宝、掌上电力 APP、95598 互动网站……为方便客户办理用电业务，福建电力近年来积极推广“互联网 +”用电服务，实现全业务“在线线下一体化”服务。

为减少用电办理过程中客户来回跑的情况，国网漳州常山开发区供电公司推广智慧缴费，目前智能缴费用户累计达 1 万多户，几乎覆盖全开发区所有用户。龙岩供电公司实现“线上 + 线下”业务全流程快捷办理，一星期就接到 15 单电话、31 单 App 申请和预约装表，居民足不出户就完成办电业务。

福建电力还运用信息化技术组建供电服务指挥中心，全面提升供电服务智慧化水平。2017 年，福建省实现 14 项用电常规业务“一趟不用跑”，全年故障平均复电时长同比缩短 36%，客户用电报装接电时长同比降低 21%。

为方便市民办理各项用电业务，福建电力还将推出全新的“一码办电”系统，通过该系统，客户扫描二维码，就能直接办理用电业务，实现 19 项用电常规业务“一趟不用跑”，8 项业务“最多跑一趟”。

（2）智慧电网助力“电能替代”促节能减排

以电代油、以电代煤、以电代柴……借助智慧电网，福建大力推进“电能替代”，提高清洁电能在终端能源消费中的比重，促进节能减排。

电动汽车是低碳生活、绿色出行的重要选择。据福安供电公司介绍，目前全市城区公交线路已有一半以上完成电动化改造。同时，福安供电公司在城区建成 3 座电动汽车充电站，24 个充电桩。福清供电公司近年来也在三山高速公路和部分小区建设充电设施，以大力推广电动汽车的普及。

为服务好电动汽车发展，福建电力大力推广智慧车联网平台，为电动汽车客户提供充电站点一键导航、充电计划优选、充电预约、充电便捷支付等全方位一体化服务。

福建电力还借助用电信息采集系统帮助用户节约电能。据介绍，这一系统是供电链条最末端的信息系统，能够实现用电信息的自动采集和分析管理。依托该系统，可以帮助用电客户分析用能效率，提供节能建议。

（3）依托智能化系统保障电力供应安全

宁化供电公司将于近期全面完成该县 10 千伏 74 条线路杆上真空开关的改造任务，从而实现全县智能配电网运行自动化全覆盖。

为确保电网输送能力和供电可靠性，福建电力构建以 1000 千伏特高压电网为支撑，500 千伏超高压电网为主干，各级电网协调发展的智慧电网。

据介绍，福建电力运用先进信息化、数字化技术，建成国内领先的调度控制云平台，运用云计算与大数据技术，整合全网电量数据等信息，为电网运营监控、调控运行和电网规划提供精准决策支持。

各种自然灾害是电网安全运行的重大威胁。闽北山区光泽县多次遭遇雨雪冰冻灾害，为应对其对电力线路的影响，光泽供电公司在线路上安装了二遥故障指示器、三遥开关。二遥故障指示器具备遥测功能，只要线路出现故障就会自动报警。同时，在线路出现故障的第一时间通过三遥开关可以智慧断开故障线路，避免故障范围进一步扩大，保障大部分用户正常用电。

据介绍，福建电力在国内率先研发出电网灾害监测预警与应急指挥管理系统，大规模集成各种资源信息，可实时进行灾害监测、预测、预警、分析、资源调配、指挥决策等，从而大大降低灾害带来的损失。在应对“莫兰蒂”“尼伯特”等强台风期间，这一系统为最短时间恢复供电发挥了重要作用。

1.5.5 ICT 信息通信技术

ICT（Information Communication Technology）是信息、通信和技术三个英文单词的词头组合。它是信息技术与通信技术相融合而形成的一个新的概念和新的技术领域，也是在线测试仪的简称。

智慧电网以坚强网架为基础，以信息通信技术为支撑，以智用电能控制为手段，覆盖所有电压等级的各个环节，实现“电力流、信息流、业务流。

ICT 对智慧电网各环节的支撑如图 1-24 所示。

ICT应用贯穿发、输、变、配、用、调度各环节，全面支撑智能电网

发电	输电	变电	配电	用电	调度
电力市场交易	输电生产管理	变电生产管理	配电生产管理	智能用电设备管理	关口电量采集
环保管理	安全监督	安全评估与监督	安全监督	用电信息采集	实时监控与预警
水情预报与水库调度	可靠性	可靠性	可靠性	高级计量管理	PMU/WAMS
运行监控	输电走廊保护	可视化运行	可视化运行	营销业务应用	安全校核
新能源并网接入	GIS	巡检	巡检	TCM故障抢修管理	调度计划
购电决策分析	应急	现场作业管理	现场作业管理	市场分析	调度管理
	雷电定位	GIS	GIS	有序用电	气象信息管理
	数字化勘测	设备状态检修	停电管理	95598	节能发电调度
	可视化设计	数字化变电站	智能故障抢修	客户关系管理	综合生产计划
	巡检		配网线损	互动营销服务	调度技术支持系统
	现场作业管理		配网自动化	多渠道智能缴费	
	状态检修		分布式电源及储能系统接入	智能化需求侧管理	
	输电监测		电源质量监测	营销辅助决策分析	
	安全预警系统				

图1-24 ICT对智能电网各环节的支撑

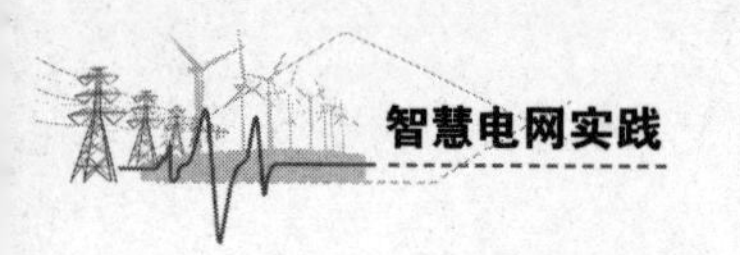

可以利用信息技术和新能源技术对传统电网进行改造，如图1-25所示。

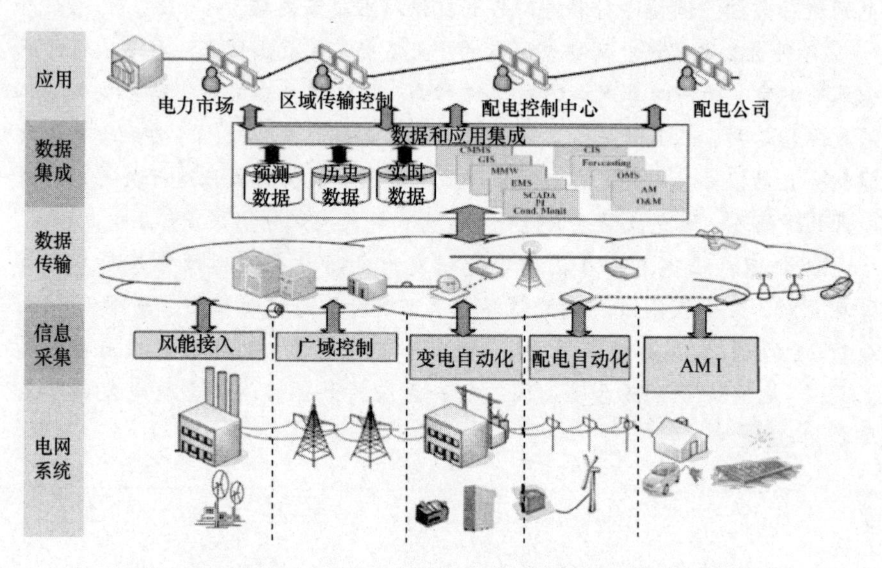

图1-25 利用信息技术和新能源技术对传统电网进行的改造

第2章

智慧电网发展

智慧电网是智慧城市不可或缺的重要组成部分，同时也为智慧城市的建设创造了必要的基础条件，是电力产业发展的必然趋势。智慧电网的建设与发展，有助于促进清洁能源的开发利用，减少温室气体排放，推动低碳经济发展；有助于优化能源结构，实现多种能源形式的互补，确保能源供应的安全稳定。

各国政府已开始认识到智慧电网在促进开发低碳技术方面的重要意义，将智慧电网建设当作一项战略性基础设施投资。

美国推动智慧电网发展的目的是进一步提升和改善客户体验，欧洲各国则侧重通过智慧电网减少碳排放，新加坡和韩国更看重智慧电网发展带来的技术出口商机，而在中国和印度，智慧电网的重要性则体现在促进能源基础设施快速发展上。

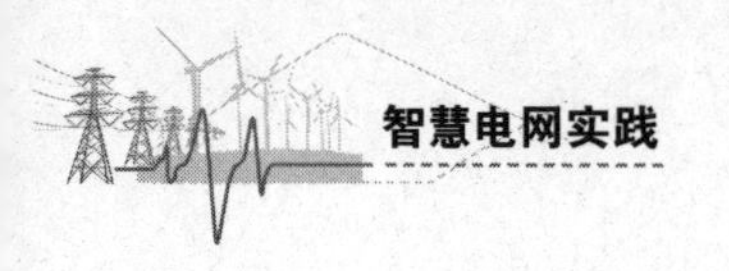

2.1 世界各国智慧电网的发展

智慧电网战略已成为国家重要战略，智慧电网建设在政府统一主导和支持下，集国家及相关企业的力量来推动发展。智慧电网战略已成为各个国家抢占未来低碳经济制高点的重要战略措施。

2.1.1 美国智慧电网的发展

2.1.1.1 美国智慧电网发展的基础

美国的智慧电网又称统一智慧电网，是指将基于分散的智慧电网结合成全国性的网络体系。这个体系主要包括：通过统一智慧电网实现美国电力网格的智慧化，解决分布式能源体系的需要，以长短途、高低压的智能网络联结客户电源；在保护环境和生态系统的前提下，营建新的输电电网，实现可再生能源的优化输配，提高电网的可靠性和清洁性；这个系统可以平衡跨州用电的需求，实现全国范围内的电力优化调度、监测和控制，从而实现美国整体的电力需求管理，实现美国跨区的可再生能源提供的平衡。

这个体系的另一个核心是解决太阳能、氢能、水电能和车辆电能的存储，它可以帮助用户出售多余电力，包括解决电池系统向电网回售富余电能。实际上，这个体系就是以美国的可再生能源为基础，实现美国发电、输电、配电和用电体系的优化管理。

2.1.1.2 美国智慧电网发展的三个阶段

美国智慧电网发展战略推进过程，较清晰地表现为三个阶段，可归纳为“战略规划研究 + 立法保障 + 政府主导推进”的发展模式，如图 2-1 所示。

（1）前期战略研究与规划阶段（2001—2007 年）

2006 年，美国 IBM 公司与全球电力专业研究机构、电力企业合作开发了“智慧电网”解决方案。这一方案被形象地比喻为电力系统的“中枢神经

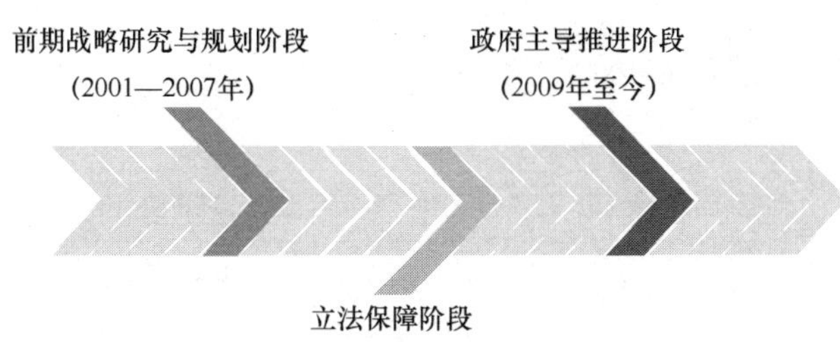

图2-1 美国智慧电网发展阶段

系统”，电力公司可以通过使用传感器、计量表、数字控件和分析工具，自动监控电网，优化电网性能，防止断电和更快地恢复供电，消费者对电力使用的管理也可细化到每个联网的装置。近年来，为振兴经济，美国从节能减排、降低污染角度提出绿色能源环境气候一体化振兴经济计划，智慧电网是其中的重要组成部分。

（2）立法保障阶段（2007—2009 年）

在美国智慧电网发展进程中，两份法案起到了至关重要的作用，分别是 2007 年年底由美国前总统布什签署的《能源独立与安全法案》（EISA 2007）和 2009 年年初由美国前总统奥巴马签署的《美国恢复和再投资法案》（ARRA2009）。EISA2007 第 13 章标题就是智慧电网，它对于美国智慧电网发展具有里程碑意义。

第一，用法律的形式确立了智慧电网发展战略的国策地位。

第二，设计了美国智慧电网整体发展框架，就定期报告、组织形式、技术研究、示范工程、政府资助、协调合作框架、各州的职责、私有线路法案影响以及智慧电网安全性等问题进行了详细和明确的规定。

（3）政府主导推进阶段（2009 年至今）

在两份法案指导下，以美国能源部为首，美国政府相关部门从 2009 年起采取了一系列行动来推动智能电网建设，主要可以归纳为 5 个方面，如图 2-2 所示。

经过采取上述一系列行动，目前美国在组织机构、激励政策和标准体系、关键技术研发、宣传和人力资源保障等方面已经取得了重要进展，为后续开展较大规模智慧电网建设打好了基础。

2.1.1.3 美国智慧电网的实现情况

（1）智慧电网的标准化框架

美国政府围绕智慧电网建设，重点推进了核心技术研发，着手制定发展规划。

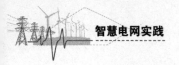

1 建立组织机构和工作体系

2 落花流水实激励政策与资金安排，特别是加快部署智慧电网投资补助计划和智慧电网示范推广计划这两项核心计划

3 加快智慧电网标准体系研究，由美国国家标准与技术研究院（NIST）牵头协调相关机构推动智慧电网标准制定工作

4 完善相关辅助措施，包括构建智慧电网信息交流平台和启动人力资源培训等

5 加大对电网基础设计规划与建设的支持力度，破除有关体制障碍等

图2-2　美国推动智慧电网建设的方法

美国政府为了吸引各方力量共同推动智慧电网的建设，积极制定了《2010—2014年智慧电网研发跨年度项目规划》，旨在全面设置智慧电网研发项目，以进一步促进该领域技术的发展和应用。美国标准与技术研究院提出将分三个阶段建立智慧电网标准，现已公布“智慧电网”的标准化框架——75 个标准规格、标准和指导方针。

（2）解决方案

美国 Silver Spring Networks 公司为电力公司提供面向智慧电网的高级电表架构的搭建与运行的解决方案。美国埃森哲公司承担科罗拉多州博尔德智慧电网试点项目“智能电网城市”与荷兰阿姆斯特丹、日本横滨智慧城市项目的项目管理。

（3）第一个大规模智慧电网投入运行

2013 年 6 月，第一个大规模智慧电网在佛罗里达州投入运行，由佛罗里达州电力照明公司负责实施。该智慧电网系统使用 450 万个智能电力仪表及 1 万多个其他仪器设备，该系统突出特点是实现了仪器仪表的联网，从而提高电网的灵活性和恢复力。

（4）智能电表投入使用

2013 年 11 月，美国已有数百万智能电表投入使用，美国标准与技术研究院对智慧电网技术安装实施指南进行修订，推进智慧电网的建设。

比尔·盖茨投资美国智慧电网公司Varentec

2016年8月10日，美国智慧电网创业公司Varentec获得了比尔·盖茨、硅谷投资者维诺德·科斯拉和3M旗下风险投资部门总额数百万美元的投资。

Varentec开发的算法和智能电网设备可以帮助公用事业公司迅速管理电网边缘的电力。公用事业公司可以利用数字技术来提升电网效率，并更好地管理太阳能和风能等新能源。

盖茨和科斯拉在开发计算机和互联网技术的过程中扮演了关键角色，所以也就难怪他们对能源行业的计算技术颇感兴趣。

盖茨是科斯拉的风险投资公司Khosla Ventures的有限合伙人，而这位微软创始人与科斯拉一同投资的情况也并不罕见。

电网公司和公用事业公司都希望能够在电网基础设施的各个方面充分利用计算机、软件、传感器和无线网络。

甲骨文收购的Opower已经将算法和网络服务增加到公用事业客户的电费账单中。通用电气也在开发软件，更好地控制燃气和风力涡轮等连接式电力设备。

Varentec销售的设备可以控制栅极电压，反应速度远快于传统的电压控制器。夏威夷电力等公用事业公司正在测试这些控制器，以便在居民和企业将新的屋顶太阳能面板接入电网时，最大化地降低电压波动。

几年前，Varentec从美国能源部ARPA-E项目获得了500万美元拨款，这是一个专门投资早期能源技术的高风险基金。

2016年8月10日的这笔融资是Varentec总额1300万美元C轮融资的第二部分。该公司在A轮和B轮融资中分别获得770万和800万美元投资。

Varentec表示，该公司将利用这笔资金生产和销售更多设备，他们的试点项目之前已经测试了一段时间。

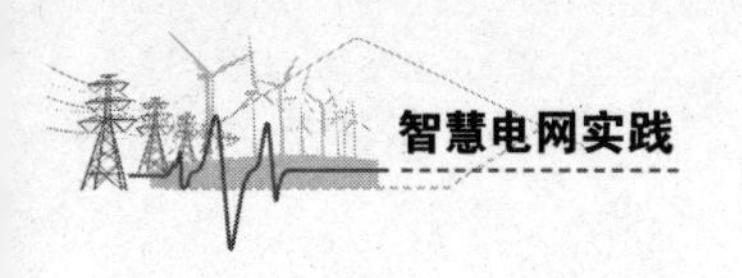

2.1.2 欧洲各国智慧电网发展模式

与全球其他区域主要由单一国家为主体推进智能电网建设的特点不同，欧洲智慧电网的发展主要以欧盟为主导，由其制定整体目标和方向，并提供政策及资金支撑。

2.1.2.1 欧洲智慧电网发展的目标

欧洲智慧电网发展的最根本出发点是推动欧洲的可持续发展，减少能源消耗及温室气体排放。围绕该出发点，欧洲的智慧电网目标是支撑可再生能源以及分布式能源的灵活接入，以及向用户提供双向互动的信息交流等功能。欧盟计划在2020年实现清洁能源及可再生能源占其能源总消费20%的目标，并完成欧洲电网互通整合等核心变革内容。

2.1.2.2 欧洲智慧电网的推进

欧洲智慧电网的主要推进者有欧盟委员会、欧洲输电及配电运营公司、科研机构以及设备制造商，分别从政策、资金、技术、运营模式等方面推进研究试点工作，如图2-3所示。

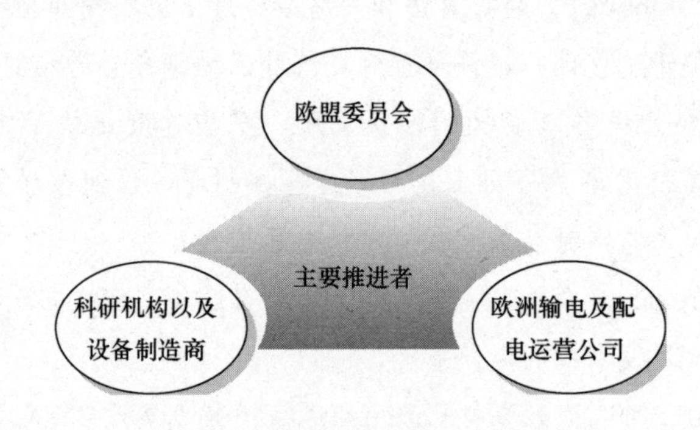

图2-3 欧洲智慧电网的主要推进者

2.1.2.3 欧盟对智慧电网的促进

在2012年，欧盟27个成员国（当时英国未提出脱欧，故此处欧盟包含英国在内）及其联系国克罗地亚、瑞士和挪威共30个国家投入智慧电网研发创新活动的总资本量达到18亿欧元，共资助了281项有关智慧电网的研发创新项目。英国、德国、法国和意大利是欧盟智慧电网技术应用开发示范项目的四大主要投资国家，而丹麦是欧盟智慧电网技术研发创新活动最活跃的国家。

欧盟第七研发框架计划（FP7）及欧盟层面的创新基金资助了 95% 的多国参与及紧密合作研发项目。

欧盟第七研发框架计划资助支持的研发项目主要集中在三大领域，如图 2-4 所示。

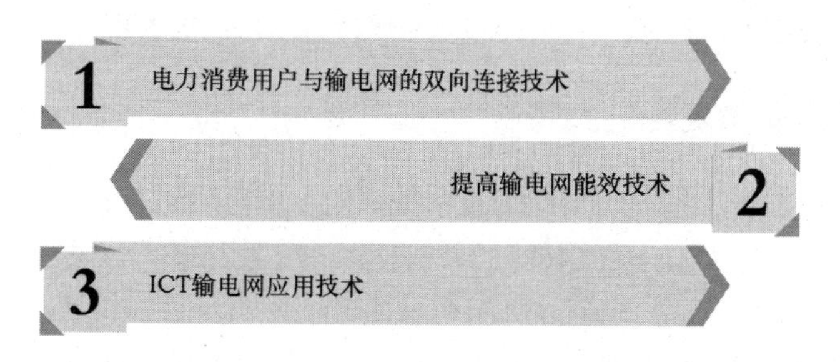

图2-4 FP7支持的研发项目的领域

2.1.2.4 欧盟智慧电网的发展趋势

欧盟委员会根据 2011 年 4 月出台的《智慧电网：从创新到部署》指导欧洲各国的智慧电网建设，要求其成员国制定旨在实施智慧电网的行动计划。

为保证零售市场的透明性和竞争力，欧盟委员会将监测一体化能源市场立法的执行情况。并通过能源服务指令引入对用户信息的最低限度需求的条款。

欧洲智能电网技术研究主要包括网络资产、电网运行、需求侧和计量、发电和电能存储四个方面如图 2-5 所示。

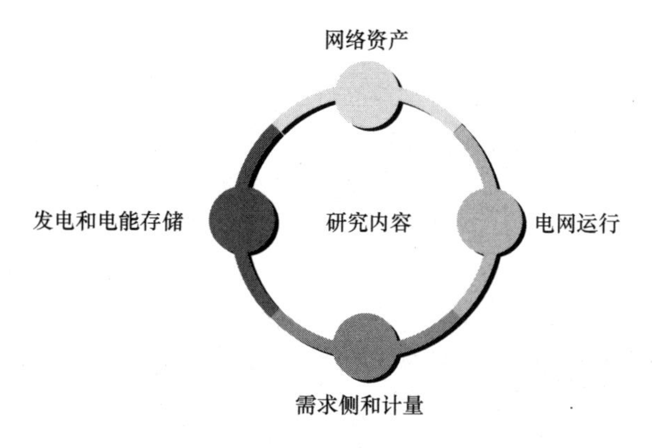

图2-5 欧洲智慧电网技术研究内容

在欧洲，智慧电网建设的驱动因素可以归结为市场、安全与电能质量、环境等三方面。欧洲电力企业受到来自开放的电力市场的竞争压力，亟须提高用户满意度，争取更多用户。因此提高运营效率、降低电力价格、加强与客户互动就成为了欧洲智慧电网建设的重点之一。

欧洲各国结合各自的科技优势和电力发展特点，开展了各具特色的智慧电网研究和试点项目，英法德等国家着重发展泛欧洲电网互联，意大利着重发展智慧电表及互动化的配电网，而丹麦则着重发展风力发电及其控制技术。

2.1.2.5 英国智慧电网的发展

为落实 2009 年出台的《英国低碳转型计划》国家战略，2009 年 12 月初，英国政府首次提出要大力推进智慧电网的建设，同期发布《智慧电网：机遇》报告，并于 2010 年初出台详细智慧电网建设计划。英国天然气和电力市场办公室从 2010 年 4 月起，五年内共动用 5 亿英镑进行加大规模的实验。英国政府也正在支持一些领域的匹配性发展，其中包括投资 3000 万英镑的“插入场”框架，用以支持电动汽车充电基础设施的建设。

1. 英国智慧电网发展现状

英国智慧电网的发展现状如图 2-6 所示。

1 加大力度安装智慧电表

据英国能源和气候变化部透露，2020年前，英国家庭正在使用的4700万个普通电表将被智慧电表全面替代，这一升级工程预计耗资86亿英镑，但英国在未来20年或可因此受益146亿英镑

2 组建智慧电网示范基金

英国在2009年10月和2010年11月分别为智慧电表技术投入600万英镑的科研资金，资助比例最高可达项目总成本的25%。此外，英国天然气和电力市场办公室（Ofgem）还将提供5亿英镑，协助相关机构开展智慧电网的试点工作

3 规范智慧电网产业运作模式

智慧电网将由政府全权负责，智慧电表则按市场化经营，但所有供货商必须取得政府颁发的营业执照

图2-6 英国智慧电网的发展现状

2. 英国智慧电网的发展线路图

英国已制定出“2050年智慧电网线路图”，并开始加大投资力度，支持智慧电网技术的研究和示范，之后的工作将严格按照路线图执行，具体如图2-7所示。

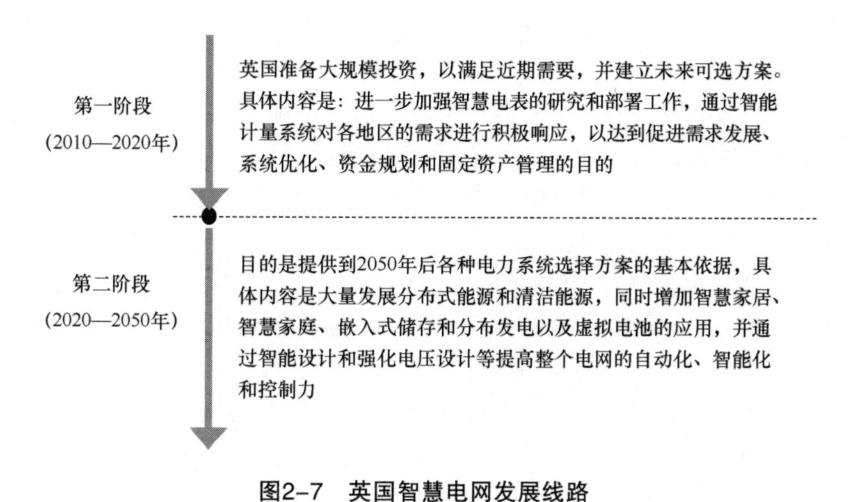

图2-7 英国智慧电网发展线路

2.1.2.6 德国智慧电网的发展

在德国使用E-Energy表示智慧电网，译为“信息化能源”。为推进E-Energy的顺利进展，德国联邦政府经济和技术部专门开设了一个网站，用以公布信息化能源的进度，向公众宣传信息化能源建设的益处。

1. 德国智慧电网的发展现状

2008年12月以来，德国投资1.4亿欧元实施E-Energy计划，在6个试点地区开发和测试智慧电网的核心要素。

针对E-Energy项目，德国启动了不同的示范工程，对智能电网从不同层面进行展示和研究。

例如，在莱茵－鲁尔区，德国安装了20个微型热电联产机组。在必要的时候这些热电联产机组可用作分散的小型发电厂，并形成盈利能力。借助信息通信技术，实地测试的消费者可以积极参与市场活动。

2. 德国智慧电网的发展趋势

（1）确立发展清洁能源的长远目标

自2011年日本核危机以来，德国积极响应并成功“弃核”，决定2022年前关闭所有核电站，成为首个“弃核”的先进工业国家。

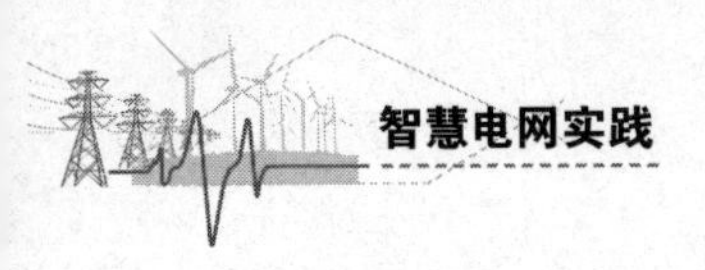

2013 年 1 月，德国联邦经济技术部、联邦环境部和联邦教研部提出“未来可实现的电力网络”联合倡议，倡议资助的研发计划明确限定在电网领域，重点包括智慧配电网、传输网络以及离岸风电的连接和相关的接口等的应用解决方案，同时也考虑能源相关的创新研究、系统分析、标准化和环境方面的问题。

（2）利用先进的储能技术大力发展太阳能和电动汽车产业

德国在太阳能热利用和光伏发电领域处于世界领先地位。可以预见，未来越来越多的居民将既是电能的生产者又是电能的消费者。另外，德国利用其在传统汽车行业的技术优势大力发展电动汽车产业。德国政府已明确表示要在未来十年内成为世界电动汽车的引领者。

（3）积极推进信息技术与能源产业的结合

德国当前正在利用计算机技术调配各种可再生能源的供给，从调峰效果来看是非常理想的。德国全境到处都建设了风力发电机组，当一个局部地区的风力不足导致风电生产下降时，电网或者自动调度其他风力充足地区的风电，或者自动增大太阳能光伏电的比例，如果遇到阴雨天气光伏电不足或夜间没有太阳能光伏电时，电网的计算机监控软件将立即自动启动当地的生物能发电，确保居民时刻有电可用。

2.1.2.7 法国智慧电网的发展

1. 法国对智慧电网的政策支持

法国是能源资源相对匮乏的国家，石油和天然气储量有限，煤炭资源已趋于枯竭。鼓励发展可再生能源及智慧电网，提高可再生能源在能源消耗总量中的比例，已成为法国政府在制定相关政策时优先考虑的问题。同时，法国政府还通过征收二氧化碳排放税以及承诺投入 4 亿欧元资金用于研发清洁能源汽车等措施来促进智慧电网建设工作的开展。

2. 法国智慧电网的发展现状

法国计划到 2020 年风电达到 20GW，推进智慧电网建设，以便更好地消纳清洁能源是其未来工作的重点。

（1）加强企业合作

法国电力公司选择和阿海珐旗下的输配电公司 T&D 合作发展智慧电网。根据法国能源监管条例的要求，用户可每周或每月向 RTE 了解用电数量，也可通过远程访问方式直接读取计量数据。为此，RTE 开展了广泛的表计及相关业务处理工作，开发了 T2000 系统，设立了 7 个远程读表中心，主要包括表计、结算及出单（发票）等功能。远程读表中心将数据汇总到总部表计及结算系统，进行相关结算以及出单处理。随着 T2000 的应用，错误率逐年下降，实时出单的比例逐年上升，提高了效率，减少了纠纷。

（2）更换智慧电表

法国配电公司正逐步把居民使用的普通电表全部更换成智慧电表，这种节能型的智慧电表使用户能跟踪自己的用电情况，并能远程控制电能消耗量，其更换工程的总投资为 40 亿欧元。

3. 法国智慧电网的发展趋势

法国智慧电网的发展趋势如图 2–8 所示。

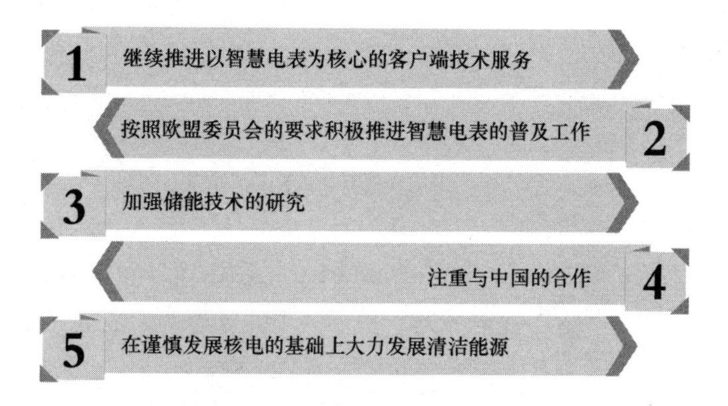

1
继续推进以智慧电表为核心的客户端技术服务
2
按照欧盟委员会的要求积极推进智慧电表的普及工作
3
加强储能技术的研究
4
注重与中国的合作
5
在谨慎发展核电的基础上大力发展清洁能源

图2–8　法国智慧电网的发展趋势

2.1.3　日本智慧电网发展模式

2.1.3.1　产官学结合

日本智慧电网由日本经济产业省主导，产官学结合，2009 年 11 月在经产省设立"下一代能源社会系统协议会"，以构筑环境和经济的协调可持续发展的低碳社会、大幅度引进新能源、满足下一代汽车的新需求、实现电力的稳定供给为宗旨，经产省内设 12 个相关研究会，对智慧电网的相关问题在经产省内进行广泛的研究和讨论。

日本智能电网多层面发展的具体内容如下。

（1）行业层面

日本电气事业联合会发表了"日本版智慧电网开发计划"，以 2020 年为目标，着重开发太阳能发电输出预测与蓄电池系统。在该机构敦促下，日本的10大电力企业正在共同实施太阳能发电资料测算与分析工作，开展蓄电池与太阳能相组合的小规模电源试验。

（2）研究机构层面

2009年3月，东京工业大学成立“综合研究院”，智慧电网是其主要研究任务之一；2009年7月，日本电力中央研究所设立了“智慧电网研究会”；2010年开始，日本东京电力、东京工业大学、东芝公司和日立制铁所等单位将在东京工业大学校园内联合开展日本智能电网示范工程试验，试验期为三年，一方面利用家用太阳能电池板供电，另一方面将剩余的电量储存在蓄电池中并转卖给电力企业。

产官学结合

产官学结合（the Combination of Industry， Official and University）“产”是指产业界、企业，“官”是指政府，“学”是指学术界，包括大学与科研机构等。日本政府及学者专家与企业通力合作，实行产官学三结合的体制。

2.1.3.2　智慧电网联盟

2010年以后，随着智慧电网和智慧小区进入实证阶段，为掌握巨大智慧电网主导权，由日本经产省和超过500家企业以及团体成立官民协议会——“智能电网联盟”。联盟的会长单位是东芝公司，干事单位由伊藤忠商事、东京燃气、东京电力、丰田汽车、日挥、松下、日立制作所、三菱电机组成，下设国际战略、国际标准化、发展路线、智慧家居等4个工作组，开展智慧电网战略研究和技术提携。

2.1.3.3　重点推进项目

经产省根据日本企业在智慧电网的技术先进性，选出了7领域26个重要技术项目作为发展重点。如输电领域的输电系统广域监视控制系统、配电领域的配电智能化、储能领域的系统用蓄电池的最优控制、电动汽车领域的快速充电和信息管理和智能电表领域的广域通信等列入其中。

2.1.3.4 进一步发展

2013 年 2 月，日本电气公司与意大利 Acea 公司签订协议，开发锂离子储能系统，安装在 Acea 公司的一次变电站和二次变电站中。日本电气公司将交付两套储能系统，并为储能充放电状态及温度提供实时监控系统。

2013 年 8 月，东芝和东京电力公司共同出资成立新公司，开展从智慧电表、蓄电池等设备到系统运用、维护保养的技术研究，连手推进海外智慧电网业务。东芝收购全球最大的智慧电表生产商瑞士兰吉尔，在美国新墨西哥州应用智慧电表开展夏季动态响应验证实验项目，使用的系统主要以东芝的电网控制监视系统为核心，由东芝集团智慧电表综合管理系统、仪表数据管理系统以及东芝解决方案株式会社的顾客信息管理系统组成。

2.1.3.5 智慧电网的普及计划

日本计划在 2030 年全部普及智慧电网，同时官民一体全力推动在海外建设智慧电网。在蓄电池领域，日本企业的全球市场占有率目标是力争达到 50%，获得约 10 万亿日元的市场。日本经济产业省已经成立“关于下一代能源系统国际标准化研究会”，日美两国已确立在冲绳和夏威夷进行智慧电网共同实验的项目。

2.1.4 智慧电网在其他国家的发展

2.1.4.1 智慧电网在丹麦的发展

丹麦在 2013 年启动新的智慧电网战略，以推进消费者自主管理能源消费的步伐。该战略将综合推行以小时计数的新型电表，采取多阶电价和建立数据中心等措施，鼓励消费者在电价较低时用电。目前，丹麦在智慧电网的研发和演示方面处于欧盟领先地位。

2.1.4.2 智慧电网在加拿大的发展

加拿大标准委员会公布的智慧电网标准路线图中建议建立一个指导委员会，来推进智慧电网标准化和政策目标制定工作。该路线图的制定是在加拿大自然资源部和国际电工委员会下属加拿大国家委员会的监管下完成的。

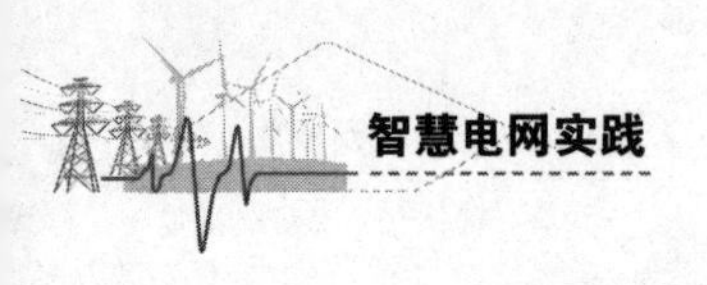

2.1.4.3 智慧电网在巴西的发展

巴西电力公司Eletropaulo在2013年8月宣布其智慧电网项目将采用无线城域网技术，这个项目是巴西最大的智能电网项目。到2015年，智慧电网的触角伸及巴西圣保罗的各个城市区，满足6万家用户的电力需求。

2.1.4.4 跨国合作

2013年6月，法国阿尔斯通公司与美国英特尔公司签署全球合作协议，将在智慧电网与智慧城市等领域携手合作，开发相关技术和解决方案，将重点关注嵌入式智能和IT系统安全，将推出未来电网新架构。

2.1.4.5 智慧电网在韩国的发展

韩国智慧电网协会正在发起一项国家计划，以鼓励和支持符合国际标准的智慧电网专利发展。该协会支持申请国际专利的公司、大学和研究机构，并主持开发未来可转化为专利的技术和标准。

2013年1月，美国ZBB能源与韩国Honam石化开展合作，以改善50千瓦时至500千瓦时模块的V3型锌溴电池的制造过程。同时，ZBB存储系统原型将运至韩国研发实验室，V3型电池将应用在韩国智能电网示范项目中。

2.2 我国智慧电网发展的现状

我国在2009年5月正式提出智慧电网的建设概念和目标，和其他国家基本上是同等发展，如特高压输电，大电网运行控制，高级调度中心，灵活交流输电技术，SG186信息系统建设，数字化变电站，城乡电网安全可靠供电，电网环保与节能等。

2.2.1 我国智慧电网建设的阶段

我国智慧电网建设分为三个阶段，如图2-9所示。

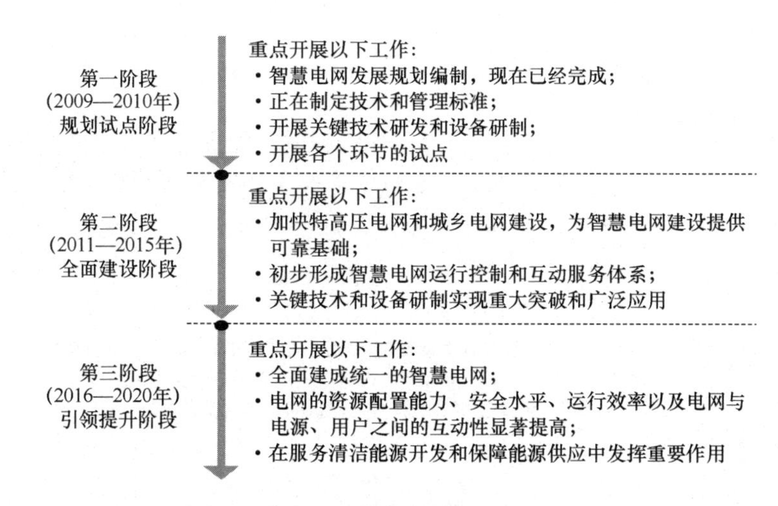

第一阶段
(2009—2010年)
规划试点阶段
重点开展以下工作:
• 智慧电网发展规划编制，现在已经完成;
• 正在制定技术和管理标准;
• 开展关键技术研发和设备研制;
• 开展各个环节的试点
第二阶段
(2011—2015年)
全面建设阶段
重点开展以下工作:
• 加快特高压电网和城乡电网建设，为智慧电网建设提供可靠基础;
• 初步形成智慧电网运行控制和互动服务体系;
• 关键技术和设备研制实现重大突破和广泛应用
第三阶段
(2016—2020年)
引领提升阶段
重点开展以下工作:
• 全面建成统一的智慧电网;
• 电网的资源配置能力、安全水平、运行效率以及电网与电源、用户之间的互动性显著提高;
• 在服务清洁能源开发和保障能源供应中发挥重要作用

图2-9　我国智慧电网建设的三个阶段

2.2.2　智能电网各个环节的目标

2.2.2.1　发电环节

在发电环节，要实现大规模可再生能源发电的预测，需加强发电运行控制技术的研究；电网接纳大规模可再生能源能力及其对电网安全稳定影响等关键技术研究，制定并网技术标准；建立风、光、储一体化仿真分析平台。阶段性具体目标如图 2-10 所示。

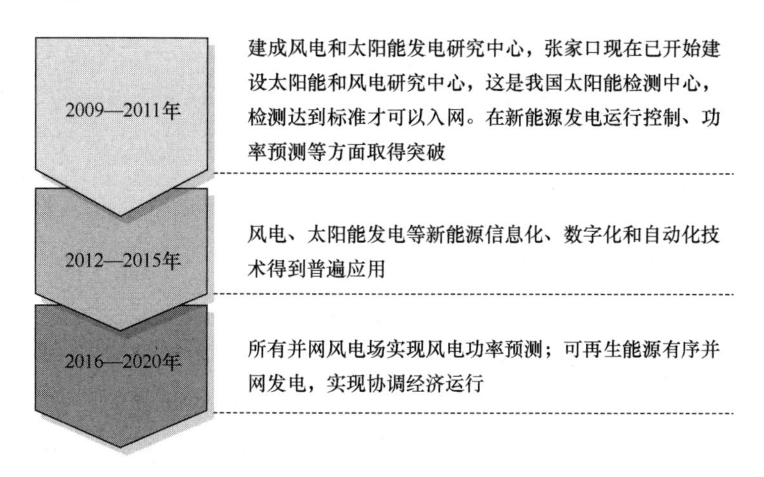

2009—2011年
建成风电和太阳能发电研究中心，张家口现在已开始建设太阳能和风电研究中心，这是我国太阳能检测中心，检测达到标准才可以入网。在新能源发电运行控制、功率预测等方面取得突破
2012—2015年
风电、太阳能发电等新能源信息化、数字化和自动化技术得到普遍应用
2016—2020年
所有并网风电场实现风电功率预测；可再生能源有序并网发电，实现协调经济运行

图2-10　发电环节的具体目标

2.2.2.2 输电环节

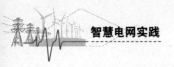

在输电环节，全面掌握特高压交、直流输电技术，加快特高压和各级电网建设；开展分析评估诊断与决策技术研究，实现输电线路状态评估的智慧化；加强线路状态检修、全寿命周期管理和智能防灾技术研究应用；加强灵活交流输电技术研究。输电环节的具体目标如图 2–11 所示。

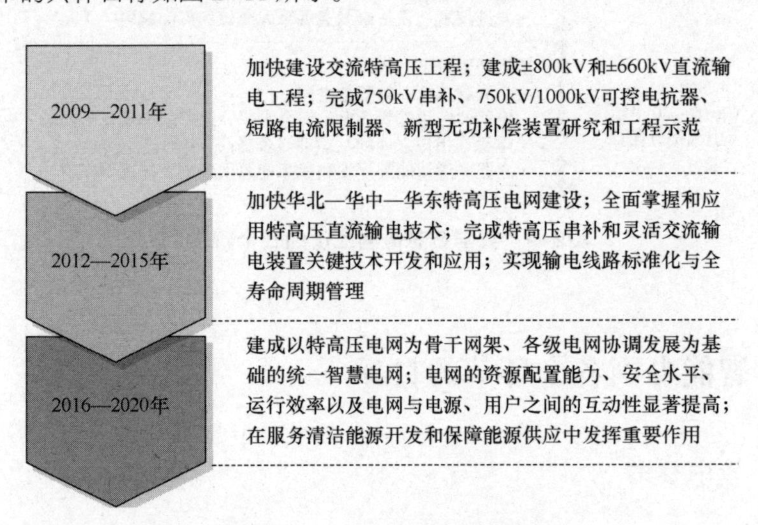

2009—2011年
加快建设交流特高压工程；建成±800kV和±660kV直流输电工程；完成750kV串补、750kV/1000kV可控电抗器、短路电流限制器、新型无功补偿装置研究和工程示范
2012—2015年
加快华北—华中—华东特高压电网建设；全面掌握和应用特高压直流输电技术；完成特高压串补和灵活交流输电装置关键技术开发和应用；实现输电线路标准化与全寿命周期管理
2016—2020年
建成以特高压电网为骨干网架、各级电网协调发展为基础的统一智慧电网；电网的资源配置能力、安全水平、运行效率以及电网与电源、用户之间的互动性显著提高；在服务清洁能源开发和保障能源供应中发挥重要作用

图2–11　输电环节的具体目标

2.2.2.3 变电环节

在变电环节，首先要制定智慧变电站和智慧装备技术标准和规范、建设广域同步信息采集系统、构建综合测控保护体系；然后研究各类电源规范接纳技术、开展智慧设备及设备智慧化改造技术研究；再转变检修模式，实现资产全寿命综合优化管理。

变电环节的具体目标如图 2–12 所示。

2.2.2.4 配电环节

在配电环节，建成高效、灵活、合理的配电网络，具备灵活重构、潮流优化能力和可再生能源接纳能力，在发生紧急状况时支撑主网安全稳定运行；实现集中/分散储能装置及分布式电源的兼容接入与统一控制；完成实用性配电自动化系统的全面建设；全面推广智能配电网示范工程应用成果，配电网主要技术装备达到国际领先水平。

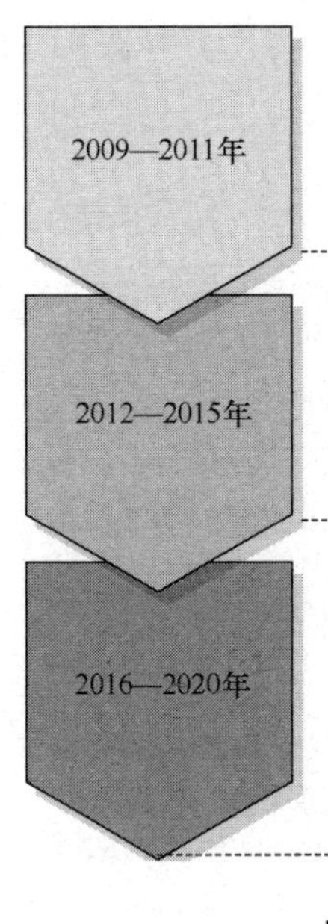

制定技术标准规范体系；初步实现信息统一采集；支持大型能源基地、可再生能源规范接入；初步形成基于风险控制检修模式；完成智慧变电站建设及改造试点

跨域实时信息初步共享；各类电源的规范接入；实现智慧设备对优化调度和运行管理的信息支撑；建立资产全寿命周期管理和检修工作体系；电网重要枢纽变电站智慧化建设和改造

枢纽及中心变电站完成智慧化建设和改造；超过50%的关键变电站实现关键设备的智慧化；建立面向智慧电网和智慧化设备的运行管理体系；基本实现基于企业绩效管理的设备检修模式；形成基于状态的全寿命周期综合优化管理

图2-12 变电环节的具体目标

配电环节的具体目标如图 2-13 所示。

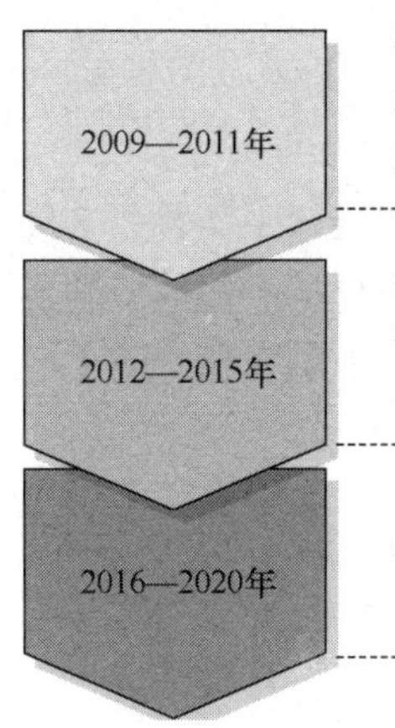

研究智慧配电网的总体框架和技术发展规划；开展重点科研项目攻关和试点工程建设；建立智慧配电网仿真实验平台；智能配电网示范工程建设

完善智慧配电网技术架构体系；继续优化完善配电网架；在全面总结试点经验的基础上，研究建立智能配电系统的成熟度评估模型和实验平台

在重点城市建成具有自愈、灵活、可调能力的智慧配电网

图2-13 配电环节的具体目标

2.2.2.5 用电环节

在用电环节，要全面开展智能用户管理与服务；推广应用智慧电表；实现电网与用户的双向互动，提升用户服务质量，满足用户多元化需求；通过智慧电网

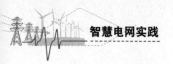

建设推动智慧楼宇、智慧家电、智慧交通等领域技术创新；改变终端用户用能模式，提高用户用电效率。

用电环节的具体目标如图 2-14 所示。

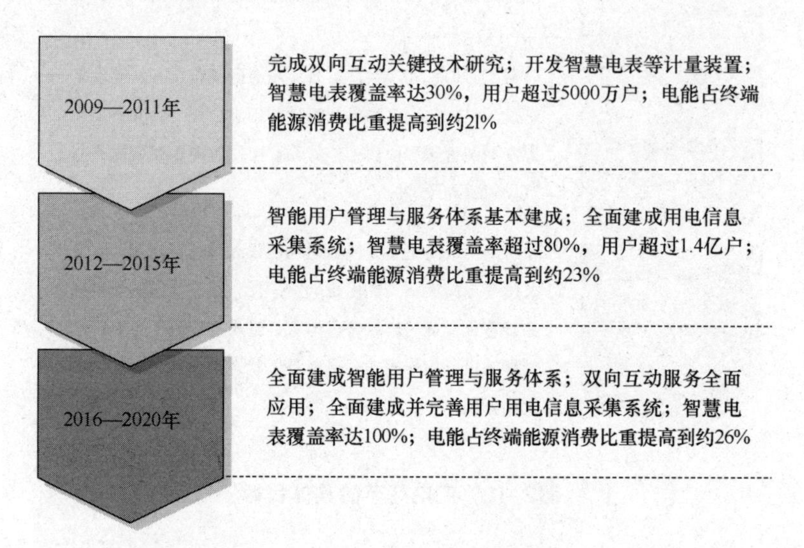

2009—2011年
完成双向互动关键技术研究；开发智慧电表等计量装置；智慧电表覆盖率达30%，用户超过5000万户；电能占终端能源消费比重提高到约21%
2012—2015年
智能用户管理与服务体系基本建成；全面建成用电信息采集系统；智慧电表覆盖率超过80%，用户超过1.4亿户；电能占终端能源消费比重提高到约23%
2016—2020年
全面建成智能用户管理与服务体系；双向互动服务全面应用；全面建成并完善用户用电信息采集系统；智慧电表覆盖率达100%；电能占终端能源消费比重提高到约26%

图2-14　用电环节的具体目标

2.2.2.6　信息平台环节

信息是非常重要的基础手段，要建立智慧电网信息体系架构，实现信息高度共享，为发电到用户的各个应用环节提供安全的信息化平台支撑；满足系统协调优化控制、电网企业与用户间灵活互动的要求；充分利用智慧电网多元、海量信息的潜在价值，增强智能分析和科学决策能力；全面建成国家电网资源计划系统，实现信息化与电网的高度融合。

信息平台环节的具体目标如图 2-15 所示。

2.3　我国智慧电网存在的问题

我国智慧电网发展至今，还存在以下问题。

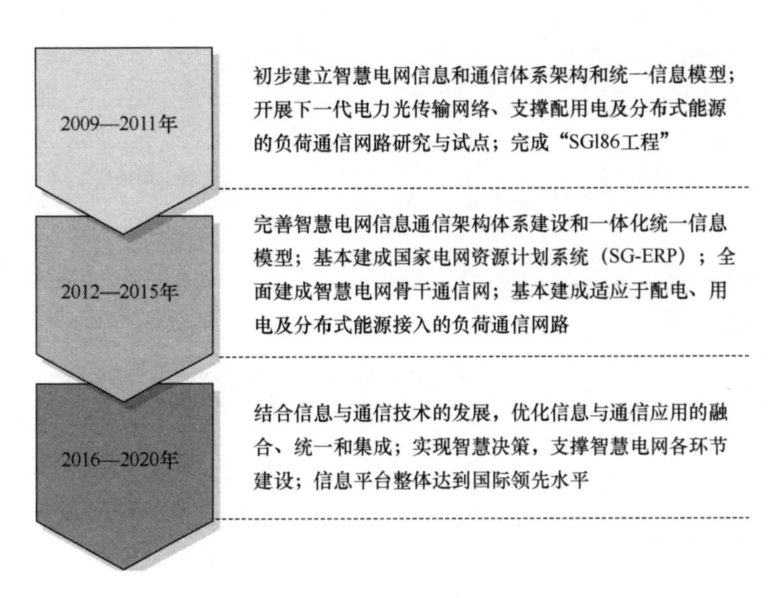

图2-15　信息平台环节的具体目标

2.3.1　电力与资源配置不平衡

中国一次能源分布及区域经济发展的不均衡性，决定了资源大规模跨区域调配、全国范围优化配置的必然性。随着中国经济的高速发展，电力需求持续快速增长，就地平衡的电力发展方式与资源和生产力布局不均衡的矛盾日益突出。缺电与窝电现象并存，跨区联网建设滞后，区域间输送及交换能力不足，电力资源配置范围和配置效率受到很大限制，更大范围优化资源配置能力亟待提高。另外，由于环境问题日益突出，尤其是东部地区频繁出现的雾霾天气带来的环保压力，也要求加快建设以电为中心，实现“电从远方来”的能源配置体系。

2.3.2　新能源接入与控制不足

中国风电、光伏等新能源发展迅猛。一方面，风电基地正在加快建设，呈现大规模、集约化开发的特点。另一方面，分布式新能源及其他形式发电方兴未艾，未来存在爆发式增长的可能。这给电网运行带来了重大的挑战，这要从四个方面改进，如图 2-16 所示。

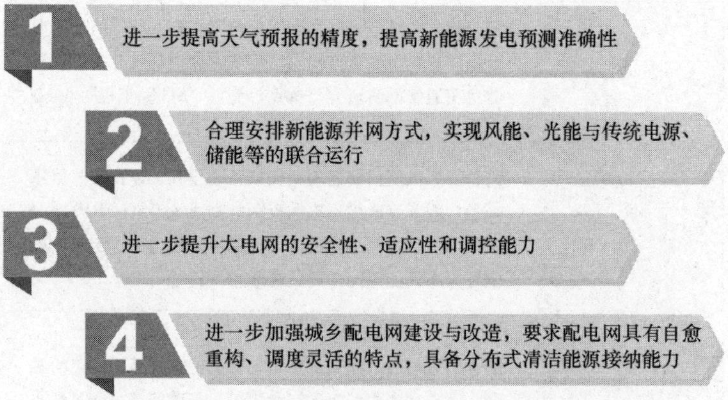

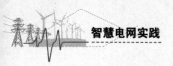

1 进一步提高天气预报的精度，提高新能源发电预测准确性

2 合理安排新能源并网方式，实现风能、光能与传统电源、储能等的联合运行

3 进一步提升大电网的安全性、适应性和调控能力

4 进一步加强城乡配电网建设与改造，要求配电网具有自愈重构、调度灵活的特点，具备分布式清洁能源接纳能力

图2-16 对新能源接入与控制的改进

2.3.3 智慧电网技术应用不够完善

自 2009 年以来，国家电网公司启用了输变电设备状态监测、故障综合分析告警、配电网自愈等一批先进适用技术，但整体来说，这些技术应用的规模、范围和深度仍较低，需要进一步加大推广。同时，需更加注重应用先进的网络信息和自动控制等基础技术，进一步提升电网在线智慧分析、预警、决策、控制等方面的智慧化水平，满足各级电网协同控制的要求，支撑智慧电网的一体化运行。

2.3.4 缺乏与客户的智慧互动

随着用户侧、配网侧分布式电源的快速发展，尤其是随着屋顶太阳能发电、电动汽车的大量使用，电网中电力流和信息流的双向互动不断加强，对电网运行和管理将产生重大影响。双向互动可以通过电子终端将用户之间、用户和电网公司之间形成网络互动和实时连接，实现电力数据读取的实时、高速、双向的总体效果，实现电力、电信、电视、智能家电控制和电池集成充电等的多用途开发，实现用户富余电能的回收，可以整合系统中的数据，完善中央电力体系的集成作用，实现有效的临界负荷保护，实现各种电源和客户终端与电网的无缝互连，优化电网的管理，形成电网全新的服务功能，提高整个电网的可靠性、可用性和综合效率。

2.4 我国智慧电网的发展趋势

经历了100多年的发展，电网的规模和结构形态发生了很大的变化，从最初的局域小规模电网发展到区域中等规模电网，进而发展到今天的跨区互联大电网。如今，电网已经为人类供应了大约四分之一的终端能源，成为现代能源体系的重要组成部分，电力在终端能源消费结构中的比例已经成为一个国家发达程度的标志之一。

未来，智慧电网将呈现以下重要发展趋势，如图2-17所示。

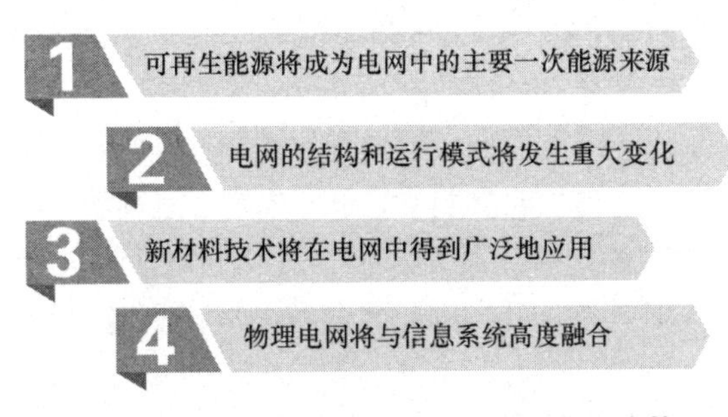

1 可再生能源将成为电网中的主要一次能源来源
2 电网的结构和运行模式将发生重大变化
3 新材料技术将在电网中得到广泛地应用
4 物理电网将与信息系统高度融合

图2-17 智慧电网将呈现的重要发展趋势

2.4.1 可再生能源在智慧电网中的应用

可再生能源将成为智慧电网中的主要一次能源来源。人类已经认识到化石能源是不可持续的能源，有必要大力发展可再生能源来替代之。

可再生能源成为智慧电网主要能源主要有四个原因，如图2-18所示。

① 核能在21世纪中叶前难以成为主导能源。

核裂变能的原料也属于有限资源，且利用存在安全风险，核废料处理也比较复杂。由于核裂变能的利用还涉及国际安全环境，当前的核裂变能技术出口是受到国际有关条约严格控制的。尽管核聚变能可满足人类长期发展需求，但其应用前景尚不明朗，国际热核聚变堆（ITER）计划到21世纪中叶才能建成首个示范电站。

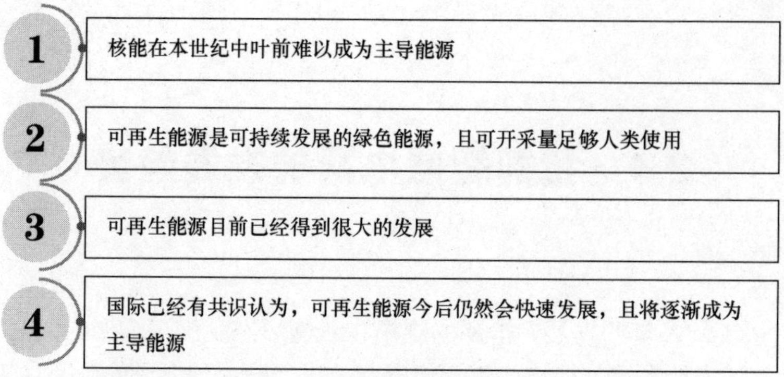

1 核能在本世纪中叶前难以成为主导能源

2 可再生能源是可持续发展的绿色能源，且可开采量足够人类使用

3 可再生能源目前已经得到很大的发展

4 国际已经有共识认为，可再生能源今后仍然会快速发展，且将逐渐成为主导能源

图2–18　可再生能源成为智慧电网主要能源的原因

② 可再生能源是可持续发展的绿色能源，且可开采量足够人类使用。

据统计分析，地球上接收的太阳能是人类目前能源需求总量的10000倍。地球上的风能总量也达到了目前人类能源需求总量的5倍，如果再算上水力资源、生物质能源、地热能、海洋能，那么可再生能源的总量更大。由此可见，可再生能源发展潜力巨大。

③ 可再生能源目前已经得到很大的发展。

随着技术不断进步，可再生能源发电的单位成本已呈逐年下降趋势。根据欧洲、美国和日本等国家和地区的预计，到2020年，光伏发电基本上可以实现平价上网。

④ 国际已经有共识认为，可再生能源今后仍然会快速发展，且将逐渐成为主导能源。

2012年，国际能源署发布的《2012年世界能源展望》，对2035年前的全球能源趋势做出了预测：到2035年，可再生能源将成为接近第一大电力来源——煤炭的发电量是全球第二大电力来源。

欧盟委员会联合研究中心预测认为：到2050年，可再生能源将占总能源需求的52%。由于可再生能源的主要利用方式是发电，如果未来人类使用的能源将主要来自可再生能源，则电网中的一次能源也将主要来自可再生能源。

2.4.2　电网的结构和运行模式将发生重大变化

现代电网存在结构不尽合理和交流电网的固有安全稳定性等问题，亟待解决。随着可再生能源越来越多地接入电网，也将对电网带来一系列新的严峻挑战，这主要是由可再生能源具有不可调度性、波动性、分散性、发电方式多样性和时空互补性等特点决定的。

电网的结构和运行模式发生重大变化的原因主要如图 2–19 所示。

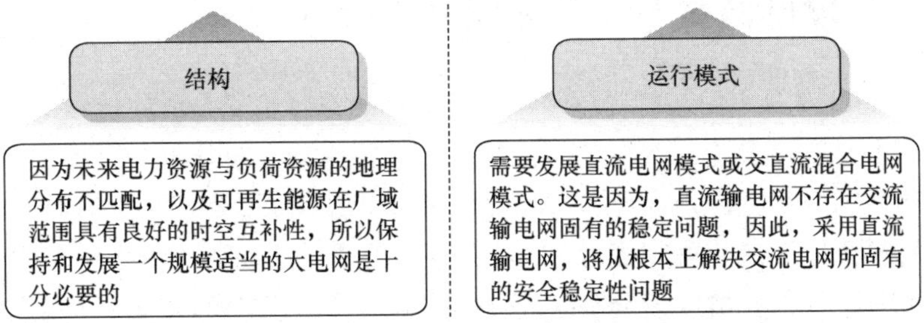

结构	运行模式
因为未来电力资源与负荷资源的地理分布不匹配，以及可再生能源在广域范围具有良好的时空互补性，所以保持和发展一个规模适当的大电网是十分必要的	需要发展直流电网模式或交直流混合电网模式。这是因为，直流输电网不存在交流输电网固有的稳定问题，因此，采用直流输电网，将从根本上解决交流电网所固有的安全稳定性问题

图2–19　电网的结构和运行模式发生重大变化的原因

2.4.3　新材料技术将在电网中得到广泛的应用

在电网的结构和模式确立以后，电网的运行性能在很大程度上取决于电气设备，而电气设备是由各种材料按照特定的结构制造而成的，材料的特性在很大程度上直接决定了电气设备的性能。过去，对电网发展影响最大的创新来自新材料技术——电力电子器件的发明及其在电网中的应用，而像氧化锌避雷器、六氟化硫断路器、碳纤维复合芯导线等技术发明，其创新根本之处在于新材料的应用。展望未来，随着新材料技术的不断发展，新材料技术将在电网中得到广泛的应用，如图 2–20 所示。

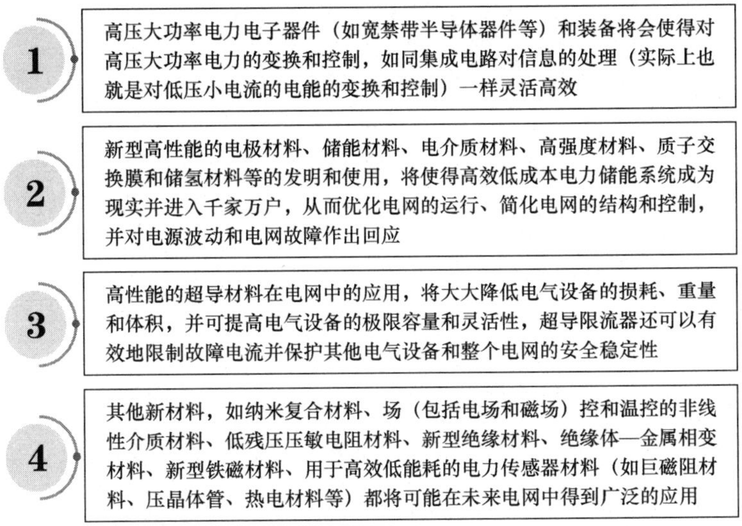

1. 高压大功率电力电子器件（如宽禁带半导体器件等）和装备将会使得对高压大功率电力的变换和控制，如同集成电路对信息的处理（实际上也就是对低压小电流的电能的变换和控制）一样灵活高效
2. 新型高性能的电极材料、储能材料、电介质材料、高强度材料、质子交换膜和储氢材料等的发明和使用，将使得高效低成本电力储能系统成为现实并进入千家万户，从而优化电网的运行、简化电网的结构和控制，并对电源波动和电网故障作出回应
3. 高性能的超导材料在电网中的应用，将大大降低电气设备的损耗、重量和体积，并可提高电气设备的极限容量和灵活性，超导限流器还可以有效地限制故障电流并保护其他电气设备和整个电网的安全稳定性
4. 其他新材料，如纳米复合材料、场（包括电场和磁场）控和温控的非线性介质材料、低残压压敏电阻材料、新型绝缘材料、绝缘体—金属相变材料、新型铁磁材料、用于高效低能耗的电力传感器材料（如巨磁阻材料、压晶体管、热电材料等）都将可能在未来电网中得到广泛的应用

图2–20　新材料在智慧电网中的应用

2.4.4 物理电网将与信息系统高度融合

当前的电网，不仅在物理层是不完善的，而且其信息系统的建设要满足未来需求还有很长的路要走。改变电网的结构和运行模式、提升电气设备的性能和采用新型功能的电气设备，对于解决未来电网的问题同样重要甚至是更为根本性的。从创新材料入手发展具有自适应功能的电力设备和保护设备，就可以显著降低电网对于传感、通信和数据处理的技术要求，这对于提高电网的安全可靠性和综合效益是非常有益的。

世界首座750千伏智能变电站

2011年3月1日，（当时）世界最高电压等级的智能变电站——国家电网陕西750千伏延安变电站竣工投产，这标志着国家电网智慧变电站试点工程取得突破性进展，对我国智慧电网建设具有标杆引领作用。

一、世界首座最高电压等级智能变电站

750千伏延安变电站作为国家电网公司首批智慧变电站试点工程，是目前世界上首座电压等级最高的智能变电站。2009年开始，以美国为代表的发达国家开始大力倡导发展智慧电网，国家电网公司站在世界电网发展的高度，高瞻远瞩，超前谋划，积极展开智慧电网研究和试点建设。放眼世界，在智慧电网发展中，变电站是为数不多的，能够集中体现智慧电网技术成就和水平、并具有示范作用的重要设施之一，作为世界上本就极少的750千伏电网，750千伏延安变电站在如此高的电压等级上实现智能化，创出了世界第一。

1. 设备健康看得见

750千伏延安智能变电站首次在世界上研制应用“测量数字化、控制网络化、状态可视化、功能一体化、信息互动化”的电子式互感器、智慧断路器和变压器。750千伏电子式互感器、智慧主变压器和智慧断路器为世界首台首套，引导推动了我国电工装备业技术创新和进步。

全站采用的电子式互感器，集成了目前世界上三种原理制作的电流互感器，方便维护检修，改善互感器电磁特性，提高保护测控装置性能，提高安全可靠性。将世界上全部三种原理制作的互感器集于一身，也是世界首创。

750千伏变电站首次采用统一的状态监测系统。在设备变压器等的监测方面，嵌入了变压器油色谱、局放等传感器和智能终端（类似于肝功、心电图等化验），统一了状态监测装置数据采集和诊断分析平台，实现各监测参量由“单项诊断”向“综合诊断”的转变，实现一次设备的状态检修。

通俗地讲，750千伏延安智能变电站设备的有没有病，随时可以通过这些监测设备看得见。

2. 设备全说普通话

750千伏延安智能变电站统一了通信网路标准。采用DL860（IEC61850），实现了二次系统设备之间的通用互换和互操作。通俗地讲，原来的电力设备，在执行国家标准中，各生产厂家都有自己的一套信息采集模式，各说各的语言，影响设备的信息连接和通畅，在统一到DL860（IEC61850）通信网路标准后，站内成百上千的设备，实现了统一语言，统一为普通话，特别是在交直流一体化电源、保护、计量及测控装置等方面，有效地实现智慧变电站的信息通畅。

3. 在180多亩（1亩≈666平方米）的大变电站中，可以实现无人值班

在750千伏延安智能变电站中，采用一体化全景信息平台，优化整合全站数据，提高了变电站运行水平，实现了一次设备可视化、状态检修、智能告警等高级应用功能，达到了750千伏变电站无人值班的要求。

特别是变电站的电力线路切换中，改变了传统倒闸操作方式，综合应用顺序控制、智能告警、故障推理与分析决策等高级应用，实现了“一键”式倒闸自动操作。

4. 低碳环保，节省电能损耗7%，节约土地30多亩

由于在设计、施工等方面采取了众多高新的技术，750千伏延安智能变电站在经济效益、社会效益和环境效益等方面效益显著，变电站建成投运后，能够节省电能损耗7%，节约全寿命周期建设成本6%。在主变压器方面采用智能通风系统，能够节能15%。

由于750千伏延安智能变电站优化了变电站接线和间隔布置，优化了配电装置型式和道路设置，应用超跨距构架大联合技术，取消了全站构架温度伸缩缝，显著减少变电站占地，节约土地30多亩。仅330千伏电子式互感器与刀闸静触头安装在一个柱子上的创新改进，就节约占地约4亩。750千伏延安变也因此成为了在

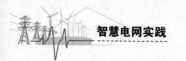

同等规模下，占地最小的750千伏变电站。

同时750千伏智能变电站根据智能站和无人值班的特点，整合了二次系统功能配置，优化房间设置，首次在750千伏变电站采用单层结构主控通信楼，减少建筑面积15%，成为了厂房面积最小的750千伏变电站。

750千伏智能变电站针对湿陷性和大荷载对桩基的不同要求，首次在最高等级湿陷性黄土地区，采用挤密桩和灌注桩复合地基处理技术，减少了桩基数量，节省了投资。同时由于实现了数据采集信息化，相比常规变电站，控制电缆减少50%，电缆沟截面减少三分之一。

二、750千伏延安智能变电站的亮点

750千伏延安智慧变电站主要在一次设备智能化、电子式互感器的应用、变电站自动化配置、二次系统整合、高级应用等方面，均有重大创新和突破，其技术水准达到国内外领先水平。主要亮点如下。

1. 世界上电压等级最高的智慧变电站

满足智慧电网“自动化、信息化、互动化”功能需求，世界首座全面实现变电站“状态可视化、操作程序化、检修状态化、运行智能化”的750千伏超高压智能变电站。

2. 技术含量最高、创新技术最多的智慧变电站

大量集成应用国产智能一次设备、电子互感器、一体化全景信息平台等智能化关键技术，以及“三通一标”“两型一化”等标准化成果，统筹安全、效能、寿命期成本关系，节能、节地、节水、节材。工程建设成果涵盖多项原始创新和集成创新，引导推动了我国电工装备业技术创新和进步。

3. 同等规模占地最小的750千伏变电站

在变电站安全可靠前提下，优化变电站接线和间隔布置、优化配电装置型式和道路设置，应用超跨距构架大联合技术、一次设备组合技术，显著减少变电站占地。

4. 厂房面积最小的750千伏变电站

根据智能站和无人值班特点，整合二次系统功能配置，优化房间设置，减少冗余，首次在750千伏变电站采用单层结构主控通信楼，显著减少变电站厂房面积。

5. 750千伏电子式互感器、智慧主变压器和智慧断路器为世界首台首套

立足本站强电磁干扰、冬季严寒、温差大等特殊环境要求，集成创新、原始创新，首次在世界上研制应用“测量数字化、控制网络化、状态可视化、功能一体化、信息互动化”的电子式互感器、智慧断路器和变压器。

6. 首次在一个变电站采用所有类型的电子式电流互感器

首次采用330千伏电子式电流互感器与隔离开关组合方式。针对不同类型电子式互感器产品性能特点、成熟度，在不同电压等级分别采用了罗氏线圈、光纤环、光玻璃等电子式互感器。

7. 首次采用750千伏变压器智能通风系统

采用节能电机和风扇，根据变压器负载匹配冷却器投入，实现通风系统经济运行，减少站用负荷，节能降耗。

8. 首次在750千伏变电站采用统一的状态监测系统

统一了状态监测装置数据采集和诊断分析平台，实现各监测参量由“单项诊断”向“综合诊断”的转变，实现一次设备的状态检修。

9. 首次开展系统级数位动模试验

充分利用数字仿真试验建模调整方便、计算速度快、效率高、安全可靠的特点，充分验证全站保护装置各项功能和性能。

10. 全站设备工厂联调及系统级数位动模试验规模最大、技术最复杂、设备最多、用时最短

750千伏智能变电站历时43天完成全站二次系统108面348套装置的工厂联调和数字动模试验，大大提高现场安装调试效率和工作质量，显著缩短整体工期。

11. 首次在750千伏变电站采用交直流一体化电源

750千伏智能变电站采用基于DL860标准的站用交直流一体化电源系统，减少屏柜和蓄电池数量，节约建筑面积，实现站内交流、站内直流、通信、UPS电源系统一体化监控和远程维护管理。

12. 首次在超高压变电站全面应用基于DL860标准的保护、计量及测控装置

750千伏智能变电站首次在超高压变电站研制采用统一开关量、模拟量采集传输标准的测量、计量、保护和安全自动装置。

13. 首次在750千伏变电站全面采用构架大联合技术

750千伏智能变电站取消了全站构架温度伸缩缝，节省占地，减少钢材耗量。

14. 首次在最高等级湿陷性黄土地区，采用挤密桩和灌注桩复合地基处理技术

750千伏智能变电站针对湿陷性和大荷载对桩基的不同要求，采用挤密和灌注复合桩，减少桩基数量，节省投资。

第二篇

路 径 篇

第3章

智慧电网的顶层设计

智慧电网与现代电网，尽管二者名称不同，但都有相同的内涵，指的都是不同于传统电网而由第三次工业革命催生的以“绿色、高效、互动、智能”为基本特征的新一代电网。因此智慧电网就是现代电网，智慧电网建设的顶层设计就是现代电网建设的顶层设计。

电网建设的顶层设计决定电网的发展方向和模式，为电网近期以及中长期规划的编制提供基本的指导原则。

继 2010 年政府工作报告之后，“加强智慧电网建设”再次写入 2011 年政府工作报告，并纳入国家国民经济和社会发展“十二五”规划纲要。这表明，智慧电网早在多年前就已作为国家战略予以推进实施。

3.1 国家对智慧电网的政策支持

智慧电网，作为国家“十二五”期间物联网产业发展的十大重点应用领域之一，得到各地政府的大力关注，在已经出台的地方规划中，上海、江苏、广东等省市都已经将智慧电网列入地方物联网 3 ~ 5 年发展规划中的重点发展领域之一。

自 2009 年提出的推进 TD 与传感网的两网融合，尽快建立“感知中国”中心，加快物联网研究以来，我国物联网高速发展、迈向产业化的序幕已经被揭开。在党中央、国务院的政策推动下，各省市政府也于近期纷纷响应中央号召，出台各地物联网发展的相关规划，明确未来 3 ~ 5 年物联网发展目标和重点应用领域，推动地方物联网产业发展。

本章内容将对部分国家政策与部分省实施智慧电网的政策进行分析。

3.1.1 《电力发展“十三五”规划》(2016—2020 年)

“十三五”时期是我国全面建成小康社会的决胜期、全面深化改革的攻坚期。电力是关系国计民生的基础产业，电力供应和安全事关国家安全战略，事关经济社会发展全局，面临重要的发展机遇和挑战。

为深入贯彻落实党的十八大和十八届三中、四中、五中、六中全会精神，根据《中华人民共和国国民经济和社会发展第十三个五年规划纲要》《能源发展“十三五”规划》制定《电力发展“十三五”规划》(2016—2020 年)。

规划指出，促进智慧互联，提高新能源消纳能力，推动装备提升与科技创新，加快构建现代配电网。有序放开增量配电网业务，鼓励社会资本有序投资、运营增量配电网，促进配电网建设平稳健康发展。

规划强调，推进“互联网 +”智慧电网建设。全面提升电力系统的智能化水平，提高电网接纳和优化配置多种能源的能力，满足多元用户供需互动。全面建设智慧变电站。全面推广智能调度控制系统，应用大数据、云计算、物联网、移动互联网技术，提升信息平台承载能力和业务应用水平。

3.1.1.1 指导思想与原则

（1）指导思想

《电力发展“十三五”规划》（2016—2020年）的指导思想可以概括为以下几点内容，如图3-1所示。

1 以“四个革命、一个合作”发展战略为引领

2 以创新、协调、绿色、开放、共享发展理念为核心

3 加强统筹协调，加强科技创新，加强国际合作

4 着力调整电力结构，着力优化电源布局，着力升级配电网，着力增强系统调节能力，着力提高电力系统效率，着力推进体制改革和机制创新

5 构建清洁低碳、安全高效的现代电力工业体系，惠及广大电力用户，为全面建成小康社会提供坚实支撑和保障

图3-1　指导思想

四个革命、一个合作

“四个革命、一个合作”是习近平总书记在中央财经领导小组召开的第六次会议上提出的。

“四个革命”具体内容为：能源消费革命、能源供给革命、能源技术革命和能源体制革命。

“一个合作”指要全方位加强国际合作，实现开放条件下的能源安全。

（2）基本原则

根据《电力发展“十三五”规划》（2016—2020年），电力工业发展要遵循六个基本原则，如图3-2所示。

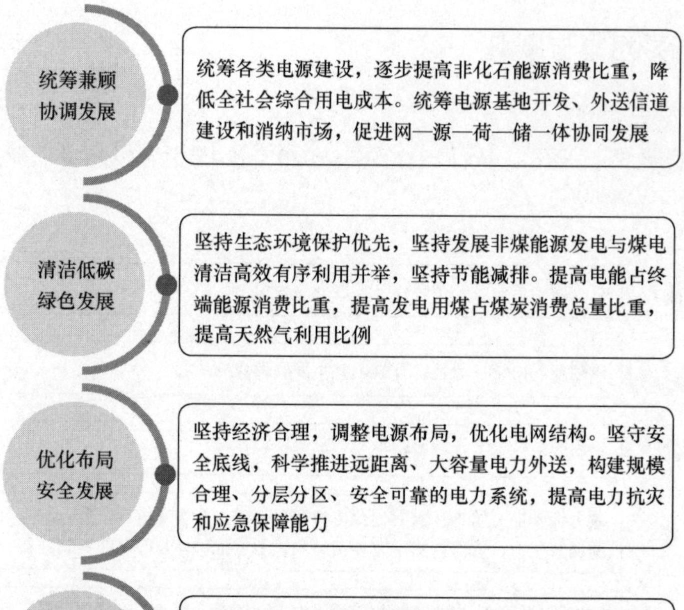

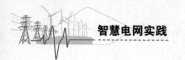

统筹兼顾协调发展	统筹各类电源建设，逐步提高非化石能源消费比重，降低全社会综合用电成本。统筹电源基地开发、外送信道建设和消纳市场，促进网—源—荷—储一体协同发展
清洁低碳绿色发展	坚持生态环境保护优先，坚持发展非煤能源发电与煤电清洁高效有序利用并举，坚持节能减排。提高电能占终端能源消费比重，提高发电用煤占煤炭消费总量比重，提高天然气利用比例
优化布局安全发展	坚持经济合理，调整电源布局，优化电网结构。坚守安全底线，科学推进远距离、大容量电力外送，构建规模合理、分层分区、安全可靠的电力系统，提高电力抗灾和应急保障能力
智慧高效创新发展	加强发输配用交互回应能力建设，构建“互联网+”智慧电网。加强系统集成优化，改进调度运行方式，提高电力系统效率。大力推进科技装备创新，探索管理运营新模式，促进转型升级
深化改革开放发展	坚持市场化改革方向，健全市场体系，培育市场主体，推进电价改革，提高运营效率，构建有效竞争、公平、公正、公开的电力市场。坚持开放包容、政府推动、市场主导，充分利用国内国外两个市场、两种资源，实现互利共赢
保障民生共享发展	围绕城镇化、农业现代化和美丽乡村建设，以解决电网薄弱问题为重点，提高城乡供电质量，提升人均用电和电力普遍服务水平。在革命老区、民族地区、边疆地区、集中连片贫困地区实施电力精准扶贫

图3-2　基本原则

3.1.1.2　电力发展目标

（1）生产供应能力目标

为保障全面建成小康社会的电力电量需求，预计 2020 年电力生产供应能力目标如图 3-3 所示。

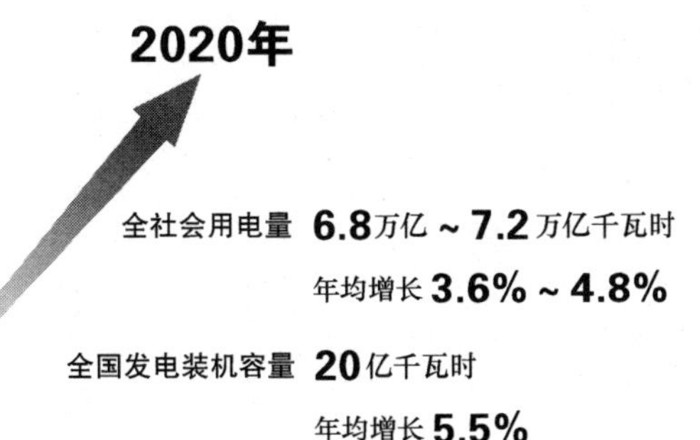

图3-3 生产供应能力目标

考虑到避免出现电力短缺影响经济社会发展的情况和电力发展适度超前的情况，在预期2020年全社会用电需求的基础上，按照2000亿千瓦时预留电力储备，以满足经济社会可能出现加速发展的需要。

（2）电源结构目标

按照非化石能源消费比重达到15%的要求，到2020年，非化石能源发电装机达到7.7亿千瓦，占比约39%，比2015年提高4个百分点，发电量占比提高到31%；气电装机增加5000万千瓦，达1.1亿千瓦，占比超过5%；煤电装机力争控制在11亿千瓦以内，占比降至约55%。如图3-4所示。

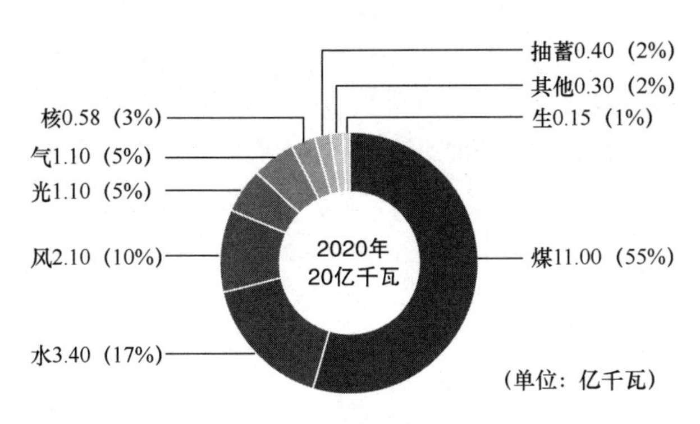

图3-4 电源结构目标

其中，抽蓄为抽水蓄能电站，生为生物能发电，核为核电，气为空气发电，光为光伏发电，风为风力发电，水为水力发电，煤为煤电。

（3）电网发展目标

“十三五”期间，合理布局能源富集地区外送，建设特高压输电和常规输电技术的“西电东送”输电信道，新增规模1.3亿千瓦，达2.7亿千瓦；电网主网架进一步优化，省间联络线进一步加强，形成规模合理的同步电网。严格控制电网建设成本。全国新增500千伏及以上交流线路9.2万千米，变电容量9.2亿千伏安。供电可靠率及电压合格率目标如图3-5所示。

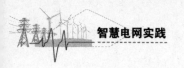

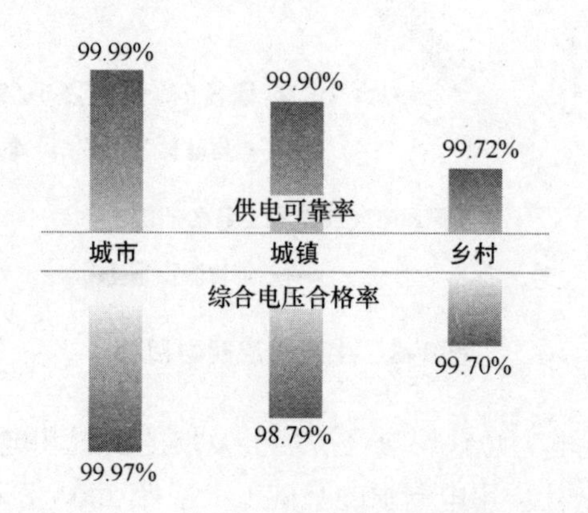

图3-5　供电可靠率及电压合格率目标

（4）综合调节能力目标

抽水蓄能电站装机新增约1700万千瓦，达4000万千瓦，单循环调峰气电新增规模500万千瓦。

热电联产机组和常规煤电灵活性改造规模分别达1.33亿千瓦和8600万千瓦。落实全额保障性收购制度，将弃风、弃光率控制在合理水平。

（5）节能减排目标

力争淘汰火电落后产能2000万千瓦以上。新建燃煤发电机组平均供电煤耗低于300克标煤/千瓦时，现役燃煤发电机组经改造平均供电煤耗低于310克标煤/千瓦时。火电机组二氧化硫和氮氧化物年排放总量均力争下降50%以上。30万千瓦级以上具备条件的燃煤机组全部实现超低排放，煤电机组二氧化碳排放强度下降到865克/千瓦时。火电厂废水排放达标率实现100%。电网综合线损率控制在6.5%以内。

（6）民生用电保障目标

2020年，电能替代新增用电量约4500亿千瓦时。

力争实现北方大中型以上城市热电联产集中供热率达60%以上，逐步淘汰管网覆盖范围内的燃煤供热小锅炉。

完成全国小城镇和中心村农网改造升级、贫困村通动力电，实现平原地区机井用电全覆盖，东部地区基本实现城乡供电服务均等化，中西部地区城乡供电服务差距大幅缩小，贫困及偏远地区农村电网基本满足生产生活需要。

3.1.1.3 重点任务

《电力发展“十三五”规划》(2016—2020 年)规划了十八项重点任务，如图 3-6 所示。

重点任务

· 积极发展水电，统筹开发与外送
· 大力发展新能源，优化调整开发布局
· 鼓励多元化能源利用，因地制宜试点示范
· 安全发展核电，推进沿海核电建设
· 有序发展天然气发电，大力推进分布式气电建设
· 加快煤电转型升级，促进清洁有序发展
· 加强调峰能力建设，提升系统灵活性
· 筹划外送信道，增强资源配置能力
· 优化电网结构，提高系统安全水平
· 升级改造配电网，推进智慧电网建设
· 实施电能替代，优化能源消费结构
· 加快充电设施建设，促进电动汽车发展
· 推进集中供热，逐步替代燃煤小锅炉
· 积极发展分布式发电，鼓励能源就近高效利用
· 开展电力精准扶贫，切实保障民生用电
· 加大攻关力度，强化自主创新
· 落实“一带一路”倡议，加强电力国际合作
· 深化电力体制改革，完善电力市场体系

图3-6 电力发展的重点任务

3.1.2 《关于促进智慧电网发展的指导意见》

智慧电网是在传统电力系统基础上，通过集成新能源、新材料、新设备和先进传感技术、信息技术、控制技术、储能技术等新技术，形成的新一代电力系统，具有高度信息化、自动化、互动化等特征，可以更好地实现电网安全、可靠、经济、高效运行。发展智慧电网是实现我国能源生产、消费、技术和体制革命的重要手段，是发展能源互联网的重要基础。为促进智慧电网发展，国家发展和改革委员会、国家能源局提出了《关于促进智慧电网发展的指导意见》(发改运行〔2015〕1518号)。

3.1.2.1 发展目标

到 2020 年，初步建成安全可靠、开放相容、双向互动、高效经济、清洁环保的智慧电网体系，满足电源开发和用户需求，全面支撑现代能源体系建设，推动我国能源生产和消费革命；带动战略性新兴产业发展，形成有国际竞争力的智慧电网装备体系。《关于促进智慧电网发展的指导意见》提出的发展目标如图 3-7 所示。

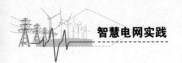

1 实现清洁能源的充分消纳

构建安全高效的远距离输电网和可靠灵活的主动配电网，实现水能、风能、太阳能等各种清洁能源的充分利用；加快微电网建设，推动分布式光伏、微燃机及余热余压等多种分布式电源的广泛接入和有效互动，实现能源资源优化配置和能源结构调整

2 提升输配电网络的柔性控制能力

提高交直流混联电网智慧调控、经济运行、安全防御能力，示范应用大规模储能系统及柔性直流输电工程，显著增强电网在高比例清洁能源及多元负荷接入条件下的运行安全性、控制灵活性、调控精确性、供电稳定性，有效抵御各类严重故障，供电可靠率处于全球先进水平

3 满足并引导用户多元化负荷需求

建立并推广供需互动用电系统，实施需求侧管理，引导用户能源消费新观念，实现电力节约和移峰填谷；适应分布式电源、电动汽车、储能等多元化负荷接入需求，打造清洁、安全、便捷、有序的互动用电服务平台

图3-7 《关于促进智慧电网发展的指导意见》提出的发展目标

3.1.2.2 主要任务

《关于促进智慧电网发展的指导意见》提出了十大任务，如图 3-8 所示。

01 建立健全网源协调发展和运营机制，全面提升电源侧智慧化水平

02 增强服务和技术支撑，积极接纳新能源

03 加强能源互联，促进多种能源优化互补

04 构建安全高效的信息通信支撑平台

05 提高电网智慧化水平，确保电网安全、可靠、经济运行

06 强化电力需求侧管理，引导和服务用户互动

07 推动多领域电能替代，有效落实节能减排

08 满足多元化民生用电，支撑新型城镇化建设

09 加快关键技术装备研发应用，促进上下游产业健康发展

10 完善标准体系，加快智慧电网标准国际化

图3-8 主要任务

1. 建立健全网源协调发展和运营机制，全面提升电源侧智慧化水平

加强传统能源和新能源发电的厂站级智慧化建设，开展常规电源的参数实测，提升电源侧的可观性和可控性，实现电源与电网信息的高效互通，进一步提升各类电源的调控能力和网源协调发展水平；优化电源结构，引导电源主动参与调峰调频等辅助服务，建立相应运营补偿机制。

2. 增强服务和技术支撑，积极接纳新能源

推广新能源发电功率预测及调度运行控制技术；推广分布式能源、储能系统与电网协调优化运行技术，平抑新能源波动性；开展柔性直流输电技术试点，创新可再生能源电力送出方式；推广具有即插即用、友好并网特点的并网设备，满足新能源、分布式电源广泛接入要求。

加强新能源优化调度与评价管理，提高新能源电站试验检测与安全运行能力；鼓励在集中式风电场、光伏电站配置一定比例储能系统，鼓励因地制宜开展基于灵活电价的商业模式示范；健全广域分布式电源运营管理体系，完善分布式电源调度运行管理模式；在海岛、山区等偏远区域，积极鼓励发展分布式能源和微电网，解决无电、缺电地区的供电保障问题。

3. 加强能源互联，促进多种能源优化互补

鼓励在可再生能源富集地区推进风能、光伏、储能优化协调运行；鼓励在集中供热地区开展清洁能源与可控负荷协调运行、能源互联网示范工程；鼓励在城市工业园区（商业园区）等区域，开展能源综合利用工程示范，以光伏发电、燃气冷热电三联供系统为基础，应用储能、热泵等技术，构建多种能源综合利用体系。加快源—网—荷感知及协调控制、能源与信息基础设施一体化设备、分布式能源管理等关键技术研发。完善煤、电、油、气领域信息资源共享机制，支持水、气、电集采集抄，建设跨行业能源运行动态数据集成平台，鼓励能源与信息基础设施共享复用。

4. 构建安全高效的信息通信支撑平台

充分利用信息通信技术，构建一体化信息通信系统和适用于海量数据的计算分析和决策平台，整合智能电网数据资源，挖掘信息和数据资源价值，全面提升电力系统信息处理和智能决策能力，为各类能源接入、调度运行、用户服务和经营管理提供支撑。在统一的技术架构、标准规范和安全防护的基础上，建设覆盖规划、建设、运行、检修、服务等各领域信息应用系统。

5. 提高电网智慧化水平，确保电网安全、可靠、经济运行

探索新型材料在输变电设备中的应用，推广建设智能变电站，合理部署灵活交流、柔性直流输电等设施，提高动态输电能力和系统运行灵活性；推广应用输变电设备状态诊断、智能巡检技术；建立电网对冰灾、山火、雷电、台风等自然灾害的自动识别、应急、防御和恢复系统；建立适应交直流混联电网、高

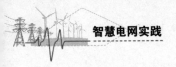

比例清洁能源、源—网—荷协调互动的智能调度及安全防御系统。根据不同地区配电网发展的差异化需求，部署配电自动化系统，鼓励发展配网柔性化、智慧测控等主动配电网技术，满足分布式能源的大规模接入需求。鼓励云计算、大数据、物联网、移动互联网、骨干光纤传送网、能源路由器等信息通信技术在电力系统的应用支撑，建立开放、泛在、智慧、互动、可信的电力信息通信网路。鼓励交直流混合配用电技术研究与试点应用，探索配电网发展新模式。

6. 强化电力需求侧管理，引导和服务用户互动

推广智能计量技术应用，完善多元化计量模式和互动功能；推广区域性自动需求响应系统、智能小区、智能园区以及虚拟电厂定制化工程方案；加快电力需求侧管理平台建设，支持需求侧管理预测分析决策、信息发布、双向调度技术研究应用；探索灵活多样的市场化交易模式，建立健全需求响应工作机制和交易规则，鼓励用户参与需求响应，实现与电网协调互动。

7. 推动多领域电能替代，有效落实节能减排

推广低压变频、绿色照明、企业配电网管理等成熟电能替代和节能技术；推广电动汽车有序充电、V2G（Vehicle-to-Grid）及充放储一体化运营技术；加快建设电动汽车智能充电服务网络；建设车网融合模式下电动汽车充放电智能互动综合示范工程；鼓励动力电池梯次利用示范应用；鼓励在新能源富集地区开展大型电采暖替代燃煤锅炉、大型蓄冷（热）、集中供冷（热）站示范工程；推广港口岸电、热泵、家庭电气化等电能替代项目。

8. 满足多元化民生用电，支撑新型城镇化建设

建设低碳、环保、便捷的以用电信息采集、需求响应、分布式电源、储能、电动汽车有序充电、智慧家居为特征的智慧小区、智慧楼宇、智慧园区；探索光伏发电等在新型城镇化和农业现代化建设中的应用，推动用户侧储能应用试点；建立面向智慧城市的智慧能源综合体系，建设智慧电网综合能量信息管理平台，支撑我国新城镇、新能源、新生活建设行动计划的发展。

9. 加快关键技术装备研发应用，促进上下游产业健康发展

配合"互联网 +"智慧能源行动计划，加强移动互联网、云计算、大数据和物联网等技术在智慧电网中的融合应用；加快灵活交流输电、柔性直流输电等核心设备的国产化；加紧研制和开发高比例，可再生能源电网运行控制技术、主动配电网技术、能源综合利用系统、储能管理控制系统和智慧电网大数据应用技术等，实现智慧电网关键技术突破，促进智慧电网上下游产业链健康、快速发展。

10. 完善标准体系，加快智慧电网标准国际化进程

加快建立系统、完善、开放的智慧电网技术标准体系，加强国内标准推广和应用力度；加强智慧电网标准国际合作，支持和鼓励企业、科研院所积极参与国际行业组织的标准化制订工作，加快推动国家智慧电网标准国际化进程的发展。

3.1.3 《关于开展分布式发电市场化交易试点的通知》

2017年10月31日，国家发展改革委、国家能源局联合发布发改能源〔2017〕1901号《关于开展分布式发电市场化交易试点的通知》，这是继2017年3月发布《关于开展分布式发电市场化交易试点的通知征求意见稿》8个月后出台的正式通知，本政策将对分布式发电产生极大的促进作用。

文件指出：分布式发电就近利用清洁能源资源，能源生产和消费就近完成，具有能源利用率高，污染排放低等优点，代表了能源发展的新方向和新形态。目前，分布式发电已取得较大进展，但仍受到市场化程度低、公共服务滞后、管理体系不健全等因素的制约。为加快推进分布式能源发展，遵循《关于进一步深化电力体制改革的若干意见》（中发〔2015〕9号）和电力体制改革配套文件，国家决定组织分布式发电市场化交易试点。

《关于开展分布式发电市场交易试点的通知》对分布式发电交易的项目规模和市场交易模式、电力交易组织有明确规定，现摘录如下。

> 一、分布式发电交易的项目规模
>
> 分布式发电是指接入配电网运行、发电量就近消纳的中小型发电设施。分布式发电项目可采取多能互补方式建设，鼓励分布式发电项目安装储能设施，提升供电灵活性和稳定性。参与分布式发电市场化交易的项目应满足以下要求：接网电压等级在35千伏及以下的项目，单体容量不超过20兆瓦（有自身电力消费的，扣除当年用电最大负荷后不超过20兆瓦）。单体专案容量超过20兆瓦但不高于50兆瓦，接网电压等级不超过110千伏且在该电压等级范围内就近消纳。
>
> 二、市场交易模式
>
> 分布式发电市场化交易的机制是：分布式发电项目单位（含个人，以下同）与配电网内就近电力用户进行电力交易；电网企业（含社会资本投资增量配电网的企业，以下同）承担分布式发电的电力输送并配合有关电力交易机构组织分布式发电市场化交易，按政府核定的标准收取“过网费”。考虑各地区推进电力市场化交易的阶段性差别，可采取以下其中之一或多种模式：

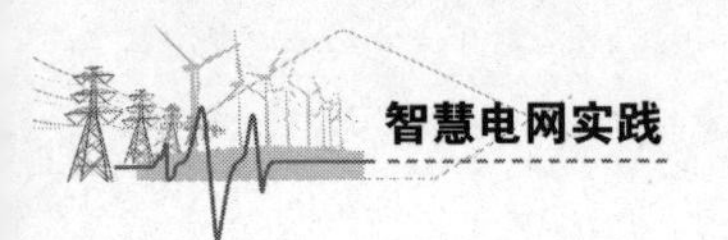

（一）分布式发电项目与电力用户进行电力直接交易，向电网企业支付“过网费”。交易范围首先就近实现，原则上应限制在接入点上一级变压器供电范围内。

（二）分布式发电项目单位委托电网企业代售电，电网企业对代售电量按综合售电价格，扣除“过网费”（含网损电）后将其余售电收入转付给分布式发电项目单位。

（三）电网企业按国家核定的各类发电的标杆上网电价收购电量，但国家对电网企业的度电补贴要扣减配电网区域最高电压等级用户对应的输配电价。

三、电力交易组织

（一）建立分布式发电市场化交易平台

试点地区可依托省级电力交易中心设立市（县）级电网区域分布式发电交易平台子模块，或在省级电力交易中心的指导下由市（县）级电力调度机构或社会资本投资增量配电网的调度运营机构开展相关电力交易。交易平台负责按月对分布式发电项目的交易电量进行结算，电网企业负责交易电量的计量和电费收缴。电网企业及电力调度机构负责分布式发电项目与电力用户的电力电量平衡和偏差电量调整，确保电力用户可靠用电以及分布式发电项目电量充分利用。

（二）交易条件审核

符合市场准入条件的分布式发电项目，向当地能源主管部门备案并经电力交易机构进行技术审核后，可与就近电力用户按月（或年）签订电量交易合同，在分布式发电交易平台登记。经交易平台审核同意后供需双方即可进行交易，购电方应为符合国家产业政策导向、环保标准和市场准入条件的用电量较大且负荷稳定企业或其他机构。电网企业负责核定分布式发电交易所涉及的电压等级及电量消纳范围。

3.2 各省市对智慧电网的制度安排

3.2.1 《安徽省电网发展规划（2017—2021年）》

为贯彻落实安徽省五大发展行动计划，按照安徽省省委、安徽省省政府推进现代基础设施体系建设工作的统一部署，根据《安徽省国民经济和社会发展第十三个五年规划纲要》、国家《电力发展“十三五”规划》和《安徽省能源发展“十三五”规划》，制定本规划。

规划预计到 2021 年，安徽省全社会最大负荷需求为 4759 ~ 5104 万千瓦，年均增长 6.4% ~ 7.9%；全社会用电量 2436 ~ 2625 亿千瓦时，年均增长 6.3% ~ 7.9%。

3.2.1.1 电网发展

① 以特高压和 500 千伏骨干网架为依托，优化配置能源资源，统筹各级电网协调发展，促进清洁能源开发利用，推动坚强智慧电网建设。

② 加快城乡电网一体化发展，实现市域 500 千伏站点、县域 220 千伏站点、乡镇 35 千伏及以上站点全覆盖，建成与全面小康社会相适应的现代电网。

③ 建成世界首座 ±1100 千伏特高压直流工程，基本形成皖沪苏浙一体化发展格局。全面加强 500 千伏电网建设，网架结构从“纵向式、外送型”升级为“网格式、内需型”。

④ 到 2021 年，安徽电网外送能力达到 2000 万千瓦以上，供电能力达到 5600 万千瓦以上。全面推进 220 千伏网架结构升级，主要围绕枢纽电源点形成合理环网结构。供电可靠率和电压合格率目标如图 3-9 所示。

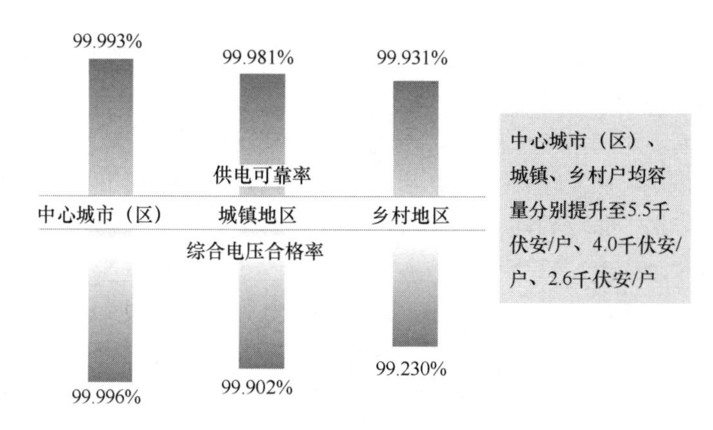

图3-9 供电可靠率和电压合格率目标

3.2.1.2 规模与投资

预计 2017—2021 年，电网累计投资达 1000 亿元以上，发展主要目标见表 3-1，新增 220 千伏及以上线路长度 10713 千米、变电容量 9500 万千伏安，110 ~ 10 千伏线路 41657 千米、变电容量 5074 万千伏安。

表3-1　2017—2021年安徽电网发展主要目标

	指 标	2016年	2021年	年均增速
电网规模	220千伏及以上变电容量（万千伏安）	10138	19638	14.1%
	220千伏及以上线路长度（千米）	21805	32518	8.3%
	110～10千伏变电容量（万千伏安）	13823	18897	6.4%
	110～10千伏线路长度（千米）	222639	264296	3.5%
负 荷	全社会最大负荷（万千瓦）	3490	5104	7.9%
用电量	全社会用电量（亿千瓦时）	1795	2625	7.9%
电力流	皖电东送（万千瓦）	1354	1354	—

3.2.2 《江苏省政府办公厅关于促进智慧电网发展的实施意见》

为加快建设安全可靠、开放相容、互联互动、清洁环保、经济高效的智慧电网，推动能源生产、消费、技术和体制革命，江苏省出台了《江苏省政府办公厅关于促进智慧电网发展的实施意见》。该意见提出了发展的重点任务，现摘录如下。

重点任务

（1）加强能源互联互补

以建设苏州主动配电网技术创新示范工程等项目为契机，加快源—网—荷感知及协调控制、能源与信息基础设施一体化设备、分布式能源管理等关键技术研发，探索构建多种能源优化互补的综合能源供应体系，实现能源、信息双向流动，逐步构建以电力流为核心的能源公共服务平台。鼓励在可再生能源富集地区推进风能、光伏、储能优化协调运行，在集中供热地区开展清洁能源与可控负荷协调运行等示范工程。鼓励在城市工业园区（商业园区）等区域，开展能源综合利用工程示范，以光伏发电、燃气冷热电三联供系统为基础，应用储能、热泵等技术，构建多种能源综合利用体系。完善煤、电、油、气领域信息资源共享机制，探索水、气、电集采集抄，建设跨行业能源运行动态数据集成平台，促进能源与信息基础设施共建共享复用。

（2）积极接纳清洁能源

积极推进新能源和可再生能源发电与其他电源、电网的有效衔接，依照规划认真落实可再生能源发电保障性收购制度，解决好无歧视、无障碍上网问题，提高系统消纳能力和能源利用效率。推广新能源发电功率预测及调度运行控制技术，推广分布式能源、储能系统与电网协调优化运行技术，增强服务和技术支撑，平抑新能源波动性。推广具有即插即用、友好并网特点的并网设备，满足新能源、分布式电源广泛接入要求。加强新能源优化调度与评价管理，提高新能源电站试验检测与安全运行能力。鼓励在集中式风电场、光伏电站配置一定比例储能系统，鼓励因地制宜开展基于灵活电价的商业模式示范。健全广域分布式电源运营管理体系，完善分布式电源调度运行管理模式，实现风电、光伏等可再生能源持续全额消纳。

（3）构建智能互动体系

积极利用互联网、信息通信和智能控制技术，探索云计算、大数据、物联网、移动通信等新应用，逐步构建“互联网+”智慧电网系统，促进电力流、信息流与业务流的深度融合，满足电网广泛互联、信息开放互动需求。构建一体化信息通信系统和适应海量数据的计算分析和决策平台，整合智慧电网数据资源，挖掘信息和数据资源价值，全面提升电力系统信息处理和智能决策能力。推广智能计量技术应用，以智慧电表为载体，建设智能计量系统，完善多元化计量模式和互动功能，引导分时有序用电，打造智慧服务平台，提供定制电力、能效管理等增值服务，全面支撑用户信息互动、分布式电源接入、电动汽车充放电、港口岸电、电采暖等业务，推广区域性自动需求响应系统、智能小区、智能园区以及虚拟电厂定制化工程方案，加快电力需求侧管理平台建设，鼓励用户参与电网削峰填谷，实现与电网协调互动。建立健全需求响应工作机制和交易规则，探索灵活多样的市场化交易模式，鼓励用户参与需求响应，实现与电网协调互动。

（4）确保电网安全稳定

密切关注电网大规模交直流混联发展态势，深入分析特高压外来电对全省电网电源布局优化的影响，加强调峰调频经济性、运行模式安全性、电网运营效率以及混联电网稳定控制技术研究，明确交直流混联电网的稳定控制策略与举措，建设大区互联电网智能保护控制系统，实现特高压电网的故障感知、优化决策和协同控制。加强新型材料在输变电设备中的应用，加快建设智能变电站，合理布局灵活交流、柔性直流输电等设施，推广国际先进的统一潮流控制器（UPFC）等技术，提高动态输电能力和系统运行灵活性。推广应用输变电设备状态诊断、智慧巡检技术，建立电网对冰灾、山火、雷电、台风等自然灾害的自动识别、应急、防御和恢复系统。提升电源侧智慧化水平，建立健全网源协调发展和运营机制，实现电源与电网信息高效互通，进一步提升网源协调发展水平。

（5）有效落实节能减排

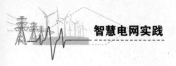

加快实施电能替代，通过实施“以电代煤、以电代油”，倡导能源消费新模式，优化终端能源消费结构。加快推广港口岸电技术，部署新型船舶岸电供电设施，推进空港陆电、油机改电等新兴项目建设，鼓励在新能源富集地区开展大型电采暖替代燃煤锅炉、大型蓄冷（热）、集中供冷（热）站示范工程。推广低压变频、绿色照明、企业配电网管理等成熟电能替代和节能技术，推广电动汽车有序充电、电动汽车入网及充放储一体化运营技术。加快建设电动汽车智能充电服务网络，建设车网融合模式下电动汽车充放电智能互动综合示范工程，鼓励动力电池梯次利用示范应用。

（6）满足用电多元需求

积极运用配网柔性化、智慧测控等电网新技术，满足分布式能源和储能设备接入，促进多元化电源、负荷与电网协调发展。建设以用电信息采集、需求响应、分布式电源、储能、电动汽车充电、智能家居为特征的智能小区、智能楼宇、智慧园区，探索光伏发电等在新型城镇化和农业现代化建设中的应用，推动用户侧储能应用试点。推进居住区智慧电网建设，由供电公司统筹管理新建居住区内供配电设施、智慧家居和水、电、气集采集抄设施的标准化建设、运维、抢修及更新改造等工作；对于老旧居住区项目，供电公司负责改造并接受供配电设施，结合实际情况推广建设充换电设施、智慧家居、分布式电源、集采集抄等智慧电网设备。建立面向智慧城市的智慧能源综合体系，建设智慧电网综合能量信息管理平台，支撑“新城镇、新能源、新生活”建设行动计划。

3.2.3 广东省“互联网 +”行动计划

该计划全面贯彻落实党的十八大和十八届三中、四中全会精神，紧紧围绕主题主线和“三个定位、两个率先”总目标，以推动互联网新理念、新技术、新产品、新模式发展为重点，以发展网络化、智能化、服务化、协同化的“互联网 +”产业新业态为抓手，充分激发互联网“大众创业 万众创新”的活力，推进互联网在经济社会各领域的广泛应用，推动互联网经济加快发展，提升经济发展质量和社会治理水平，促进广东省经济持续健康发展和社会全面进步。

其中特别提到了十三项重点任务，其中第八项“互联网 + 节能环保”的重点任务之一“互联网 + 节能”的内容摘录如下。

"互联网 + 节能"。加快发展风能、太阳能、海洋波浪能、潮汐能等可再生能源智慧电网。发展智慧电表、智慧燃气表等智能计量仪器。推进能源消费智慧化，鼓励发展基于互联网的家庭智能能源管理系统，运用家庭能源管理 App 和智能终端，实现对家庭用电精确控制。加快省市企业三级能源管理中心平台建设，实现资源能耗资料在线监控。实施电机、注塑机节能增效智能化改造工程，推进工业园区循环化改造。发展节能低碳的智能高效交通系统。建设完善省碳排放管理和交易系统。加强智慧楼宇建设，建立建筑节能与绿色建筑监管平台。（广东省发展和改革委员会、经济和信息化委、科技厅、环境保护厅、住房城乡建设厅、交通运输厅负责）

3.2.4 《山东省电力发展"十三五"规划》

为适应新形势、新要求，更好地发挥电力对经济社会发展的支撑保障作用，山东省根据《山东省国民经济和社会发展第十三个五年规划纲要》《山东省能源中长期发展规划》制定《山东省电力发展"十三五"规划》（以下简称《规划书》）。

3.2.4.1 发展基础

作为经济社会发展的基础性行业，"十二五"期间山东省电力行业继续保持了健康发展态势。这些给《规划书》的实施提供了良好的发展基础，具体如图 3-10 所示。

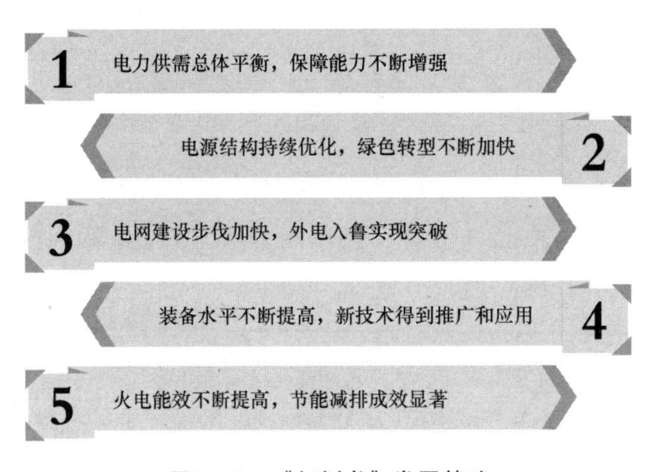

图3-10 《规划书》发展基础

3.2.4.2 发展目标

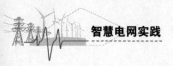

《规划书》的发展目标涉及结构、效率、环保及民生 4 个方面，具体如图 3-11 所示。

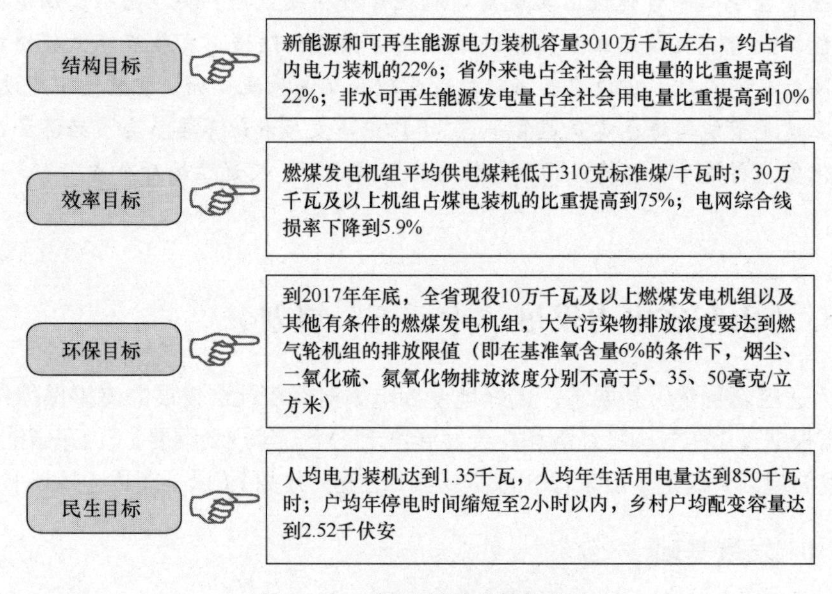

结构目标
新能源和可再生能源电力装机容量3010万千瓦左右，约占省内电力装机的22%；省外来电占全社会用电量的比重提高到22%；非水可再生能源发电量占全社会用电量比重提高到10%
效率目标
燃煤发电机组平均供电煤耗低于310克标准煤/千瓦时；30万千瓦及以上机组占煤电装机的比重提高到75%；电网综合线损率下降到5.9%
环保目标
到2017年年底，全省现役10万千瓦及以上燃煤发电机组以及其他有条件的燃煤发电机组，大气污染物排放浓度要达到燃气轮机组的排放限值（即在基准氧含量6%的条件下，烟尘、二氧化硫、氮氧化物排放浓度分别不高于5、35、50毫克/立方米）
民生目标
人均电力装机达到1.35千瓦，人均年生活用电量达到850千瓦时；户均年停电时间缩短至2小时以内，乡村户均配变容量达到2.52千伏安

图3-11 《规划书》发展目标

3.3 坚强智慧电网

2009 年 5 月 21 日，国家电网公司在“2009 特高压输电技术国际会议”上提出了名为“坚强智慧电网”的发展规划。

“坚强智慧电网”以特高压电网为骨干网架，以各级电网协调发展的坚强网架为基础，以通信信息平台为支撑，具有信息化、自动化、互动化特征，包含电力系统的发电、输电、变电、配电、用电和调度各个环节，覆盖所有电压等级，可实现“电力流、信息流、业务流”的高度一体化融合。“坚强智慧电网”的发展战略框架如图 3-12 所示。

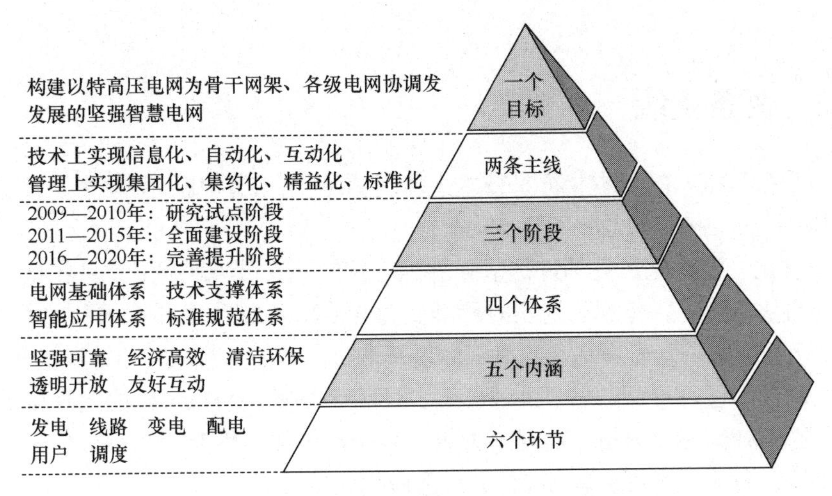

图3-12 “坚强智慧电网”的发展战略框架

3.3.1 一个目标

我国坚强智慧电网发展的总体目标是：以特高压电网为骨干网架、以各级电网协调发展的坚强电网为基础，利用先进的通信、信息和控制等技术，构建以信息化、数字化、自动化、互动化为特征的自主创新、国际领先的坚强智慧电网。

坚强智慧电网能够友好兼容各类电源和用户接入与退出，最大限度地提高电网的资源优化配置能力，提升电网的服务能力，保证安全、可靠、清洁、高效、经济的电力供应；推动电力行业及其他产业的技术升级，满足我国经济社会全面、协调、可持续发展要求。智慧电网的利益相关者主要是国家、电网公司和用户三部分，如图 3-13 所示。

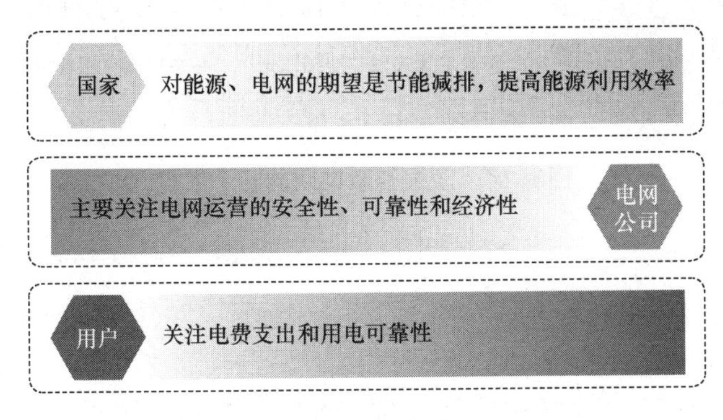

国家
对能源、电网的期望是节能减排，提高能源利用效率
主要关注电网运营的安全性、可靠性和经济性
电网
公司
用户
关注电费支出和用电可靠性

图3-13 坚强智慧电网的利益相关者

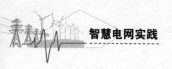

3.3.2 两条主线

坚强智慧电网的基本特征是技术上体现信息化、自动化、互动化，管理上体现集团化、集约化、精益化、标准化。

信息化、自动化、互动化是坚强智慧电网的基本技术特征：信息化是坚强智慧电网的基本途径，体现为对实时和非实时信息的高度集成和挖掘利用能力；自动化是坚强智慧电网发展水平的直观体现，依靠高效的信息采集传输和集成应用，实现电网自动运行控制与管理水平提升；互动化是坚强智慧电网的内在要求，通过信息的实时沟通及分析，实现电力系统各个环节的良性互动与高效协调，提升用户体验，促进电能的安全、高效、环保应用。

3.3.3 三个阶段

坚强智慧电网包括三个发展阶段（见图 3-14），按照“统一规划、分步实施、试点先行、整体推进”的原则建设实施。

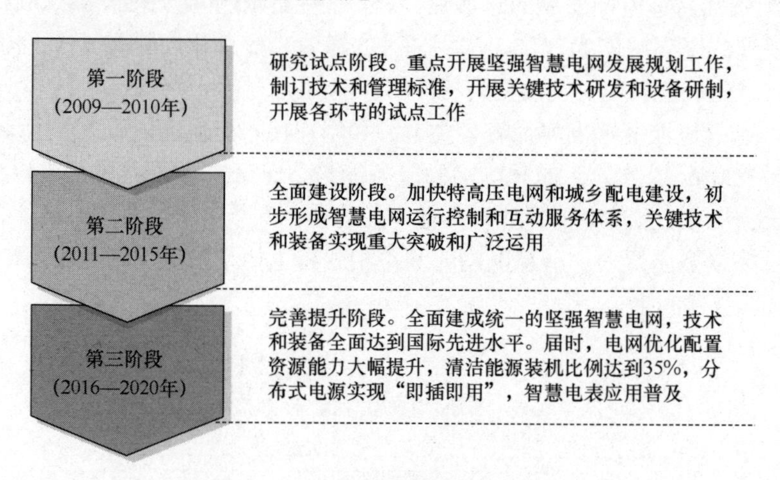

图3-14　坚强智慧电网的三个阶段

3.3.4 四个体系

电网基础体系、技术支撑体系、智能应用体系、标准规范体系是坚强智慧电网的 4 个体系，具体如图 3-15 所示。

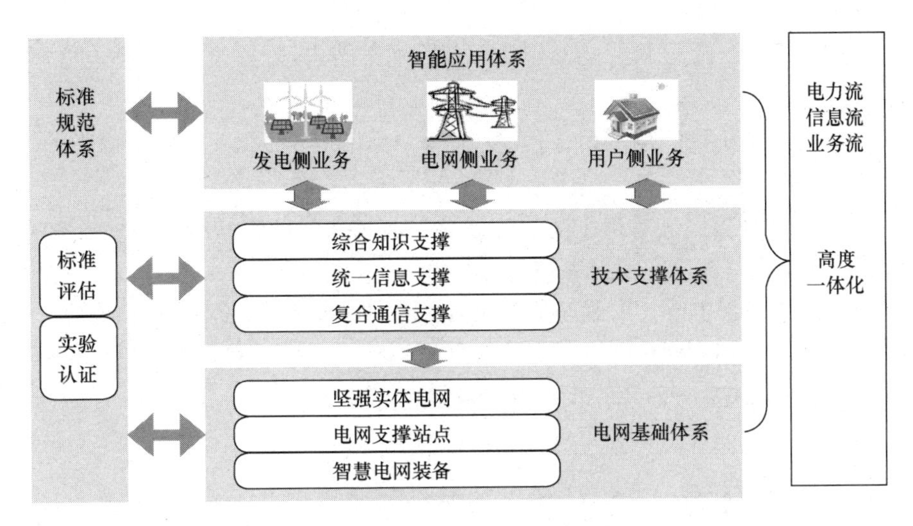

图3-15　坚强智慧电网的四个体系

电网基础体系是电网系统的物质载体，是实现“坚强”的重要基础。技术支撑体系指先进的通信、信息、控制等应用技术，是实现“智慧”的基础。智能应用体系是保障电网安全、经济、高效运行，最大效率利用能源和社会资源，为用户提供增值服务的具体体现。标准规范体系指技术、管理方面的标准、规范，以及实验、认证、评估体系，是建设坚强智慧电网的制度保障。

3.3.5　五个内涵

坚强可靠、经济高效、清洁环保、透明开放、友好互动是坚强智慧电网的五个基本内涵如图 3-16 所示。

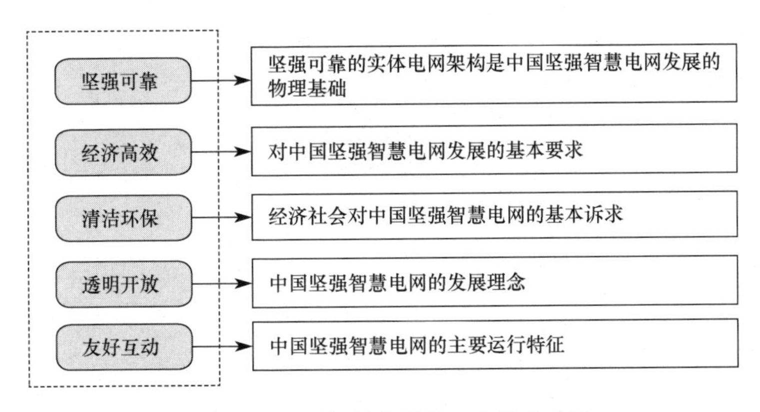

图3-16　坚强智慧电网的五个基本内涵

坚强可靠是指坚强智慧电网具有坚强的网架结构、强大的电力输送能力和安全可靠的电力供应。

经济高效是指提高电网运行和输送效率，降低运营成本，促进能源资源和电力资产的高效利用。

清洁环保是指促进可再生能源的发展与利用，降低能源消耗和污染物排放，提高清洁电能在终端能源消费中的比重。

透明开放是指电网、电源和用户的信息透明共享，电网无歧视开放。

友好互动是指实现电网运行方式的灵活调整，友好兼容各类电源和用户接入与退出，促进发电企业和用户主动参与电网运行调节。

3.3.6 六个环节

坚强智慧电网的建设须以社会用户服务需求为导向、以先进科学技术为手段、以满足经济社会可持续发展为目标，着眼于未来电网发展趋势，以坚强网架为基础、以信息平台为支撑，全面落实“电力流、信息流、业务流”一体化融合的智慧电网理念，构建高度一体化的贯穿发电、线路、变电、配电、用户和调度各环节的电网可持续发展体系。

建设坚强智慧电网，必须把握以下基本原则：一是坚持以特高压为骨干网架，各级电网协调发展；二是坚持以信息为支撑，贯穿智慧电网各业务环节；三是坚持以智慧调度为协调运作中心，覆盖智慧电网各业务环节；四是坚持整体规划、统一部署、试点先行、平行推广。

坚强智慧电网的建设内容包括六个环节一个平台，如图 3-17 所示。

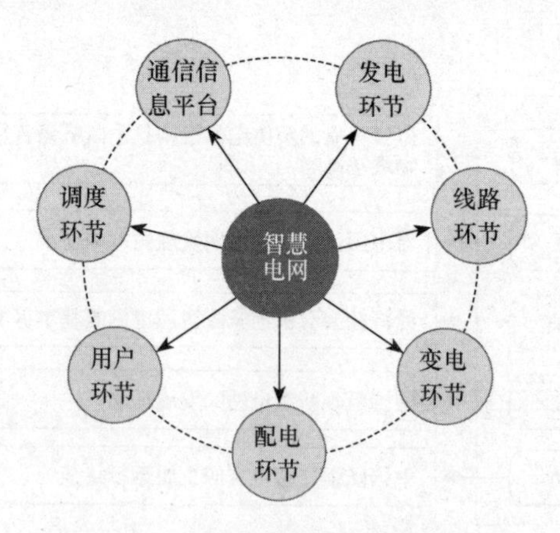

图3-17　坚强智慧电网的建设内容

3.3.6.1 发电环节

发电环节侧重发展清洁能源接入和谐波控制技术，提高风电、光伏、分布式电源的接入技术水准，即能接入、稳得住、扰动小；有效控制清洁能源的谐波注入；强化大型储能设备与技术的应用；拓展常规电厂与智能化电网的技术接口。

3.3.6.2 线路环节

线路环节重点在安全监控、输电运行控制、状态检修和寿命周期管理等方面，具体包括：可控高抗、固定串补、可控串补技术应用，输电线路状态监测系统建设、输电线路智能化巡检、输电线路运行维护和集约化管理等。

3.3.6.3 变电环节

变电环节将重点建设（或改造）智慧化变电站。智慧化变电站的要求是：信息化、自动化、互动化。通过一次设备的智慧化、二次设备的网络化，智慧化变电站具备自我描述、自我诊断的能力，实现各类实时数据上传与共享；实现对于系统电压控制、运行控制的参与；实现自身状态检测和全寿命管理。

3.3.6.4 配电环节

配电环节将重点提高配电自动化、储能技术、电动汽车充电技术和网络建设。其中，配电自动化将主要从满足安全可靠供电方面，加强对运行线路和设备的监控，在故障情况下自动隔离故障点，达到“自愈”的能力，具体包括：智慧化的断路器（环网、分段开关）、实时信息采集与传输、配电网信息化系统等。

3.3.6.5 用户环节

用户环节建立用电信息采集系统，将重点开发智能电表，形成电网企业和用户之间的互动，并结合智能化家电、分布式电源、储能设备的应用，达到节约能源、提高能源利用效率、减少用户电费支出的目的。

3.3.6.6 调度环节

调度环节的重点是建设分层分区的智能调度与分析系统的若干辅助系统，其包含的功能应该有：在线负荷预测、节能调度（运行方式的优化）、电力市场交易、运行中的功率自动调控、故障状况的自动处理等。实现上述功能，调度与分析系统须达到在线死循环运行水平，在正常方式下实现无功优化，可控制系统各级电压枢纽点的电压，降低系统网损，满足用户电压质量要求，在系统发生故障时，通过快速的计算分析，选择最佳方案隔离故障点，自动恢复系统的稳定运行。

3.3.6.7 通信信息平台

为实现上述功能，系统各相关节点间需设置大量的实时数据采集、数据传输和共享平台，辅之以若干专业配套网络，支持智慧电网的体系化运行。

第4章

智慧电网的重点领域

我国智慧电网建设涵盖了发电、调度、输变电、配电和用户各个环节，包括：信息化平台、调度自动化系统、稳定控制系统、柔性交流输电、变电站自动化系统、微机继电保护、配网自动化系统、用电管理采集系统等。

智慧电网的内涵特征决定了其具体技术需求：要实现智慧电网的建设，必须围绕技术需求和各环节的重点任务开展关键技术研究。

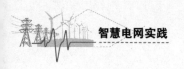

4.1 智慧电网重点技术与领域研究的必要性

4.1.1 高压交直流输电技术

智慧电网能够提高电网输送能力，确保电力的安全、可靠供应，其具有稳健的网架结构，是可靠的电网。因此，我们需要围绕智慧电网开展以下研究：

① 深入研究并全面掌握特高压交、直流输电技术，加快特高压骨干网架建设，可服务更大范围的资源优化配置；

② 需要加快特高压骨干网架建设，服务更大范围的资源优化配置；

③ 需要深入开展灵活交、直流输电技术研究，提高电网输送能力和控制灵活性；

④ 需要进一步研究大电网安全稳定、智慧调度、状态检修、全寿命周期管理和智能防灾等技术，提高大电网的安全、稳定运行水平。

4.1.2 先进储能技术、电力电子等技术

智慧电网能够提高能源和资源的利用效率，提高电网运行和输送效率，是经济高效的电网。因此，我们需要围绕智慧电网做以下工作：

① 研究先进储能技术、电力电子等，提高发电资源利用效率；

② 需要进一步深入研究各类电网优化分析技术，安排合理运行方式，降低源网全局损耗；

③ 需要研究需求侧智慧化管理技术，提高用户侧能源资源利用效率。

4.1.3 可再生能源方面的技术

智慧电网能够促进可再生能源发展与利用，降低能源消耗和污染物排放，是清洁环保的绿色电网，因此，相关人员需要研究可再生能源并网、监视、预测、分析、控制技术，服务于节能减排和新能源振兴规划；需要研究分布式电源接入和微电

网等技术，促进用户侧可再生能源的利用，提升用电可靠性。

4.1.4 其他技术

智慧电网能够促进电源、电网、用户协调互动运行，是灵活互动的电网，因此，相关人员需要研究机网协调运行控制技术，推进机网信息双向实时交互；需要研究推广发电厂辅助服务考核技术，提高发电企业参与电网调节的积极性；需要研究互动营销、智慧电表等技术，提高电网、用户间的互动水平和用户服务质量。

智慧电网能够实现电网、电源和用户的信息透明共享，是友好开放的电网，因此，相关人员需要研究用电信息采集技术和营销信息化技术，确保电网与用户间信息透明开发；需要研究电力市场交易相关技术周期、多目标调度计划技术、电力市场交易相关技术，构建公正透明的调度计划运作平台、电力市场交易平台，确保电网与电源信息的透明共享。

4.2 智慧电网原始创新和集成创新分析

智慧电网的原始创新，目前最大可能体现在新材料上，会导致超导、储能、电力电子器件、特高压设备发生革命性的变革。

集成创新是智慧电网的主要创新模式，也是提升我国技术引领水平和扩张产业规模的主要途径。集成创新的主要方向如图 4-1 所示。

4.3 智慧电网的重点技术方向

4.3.1 智慧输变电技术

智慧输变电技术领域主要开展直流输电技术和高压电器方向的相关研究，通

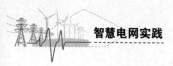

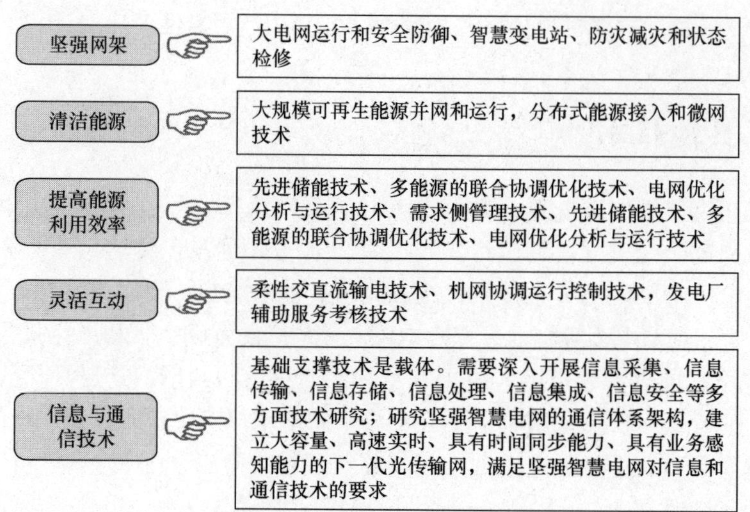

图4–1　集成创新的主要方向

过与国际知名公司与机构的深度合作，培养和壮大我国在该领域的自主创新能力，实现智慧输电网基础与关键设备技术的全面突破。

未来 20 年，我国将迎来高压和柔性直流输电系统大发展和大建设的高潮。目前，规划建设的超高压和特高压直流输电系统多达 40 条以上，届时我国将形成涵盖背靠背、±500kV、±660kV、±800kV、±1000kV 的全系列直流输电系统。随着我国大规模风电场和光伏电站建设的快速发展，柔性直流输电技术将拥有广阔的应用前景。

我国直流输电系统中直流场系统等若干关键环节技术长期为国际跨国公司所垄断（例如，ABB、SIEMENS、AREVA 等），这已成为制约我国直流输电系统实现自主化建设的瓶颈。因此，直流输电领域还需要进行深入研究，实现关键技术的重大突破，形成一批具有国际先进水平的国家级科研成果。同时，通过示范工程建设推广，实现直流输电系统相关设备的产业化。

4.3.2　智慧配电技术

智慧配电技术领域应重点开展智慧配电网优化规划、配电自动化、智能配电装备和微网接入及能量优化等五个方面的技术研究，突破我国大规模复杂配电网分析与控制，配电网一、二次装备，综合节能，柔性配电，分布式电源接入等理论方法与关键技术难题，满足清洁、环保的可再生能源接入配电网和节能降耗等需求。

基于历史原因，我国大部分地区配电网网架结构薄弱，网络损耗较大，我国虽在配电自动化研究与试点方面起步较早，但发展缓慢，我国在配电网供电模式、节能型配电变压器等方面也已开展了相关研究。目前，国家大力推进清洁能源的发展与利用，间歇性、分布式电源接入配电网将彻底改变传统配电网的发展方向和运行方式，其同时也对配电网的运行、控制与管理提出了全新课题和技术要求。相关人员需要深入研究智慧配电技术，提高配电网智慧化水平，满足节能高效、优质服务和分布式清洁能源接入要求，攻克配电网智慧化等关键技术难题。

4.3.3 智慧用电技术

智慧用电技术领域主要开展智能芯片、智能电表、智能用电装备、双向互动电力营销应用软件系统和电动汽车充电站等五个方面的技术研究，建立全新的双向互动电力营销模式，发展智能用电产业，推动智能家电产业的起步与发展，为智慧小区、智慧家庭建设奠定基础。

目前，为推动电网企业与客户之间经济高效、友好互动的双向互动用电体系建设，激励电力用户主动参与，促进清洁能源的利用及减少碳排放，我们需要探索新的商业模式，推动现有营销模式向双向互动营销模式转变，研究双向互动营销支持技术、需方响应技术，研究适应智慧电网的智能装置，研究相配套的高级测量体系专用芯片。

智慧电表已脱离了单纯实现远程抄表功能的概念，已集成了双向通信、根据实时电价进行双向电能计量、分布式可再生能源接入、家用电器管理与控制、电能质量监控、防窃电等一系列高度智能化的客户端路由器，其功能仍在不断扩展中。

智慧电表是实现需求侧管理的基础，在此基础上很多用户服务项目可被开发，帮助用户节省用电开支，提高电网运行效率。

4.3.4 信息与通信技术

建立高速、双向、实时、集成的通信系统是实现智慧电网的基础，没有这样的通信系统，任何智慧电网的特征都无法实现。高速、双向、实时、集成的通信系统使智慧电网成为一个动态的、实时采集信息和电力交换互动的大型基础设施。当这样的通信系统建成后，电网的供电可靠性和资产的利用率可得到提升，电力市场繁荣发展，将电网价值提高。

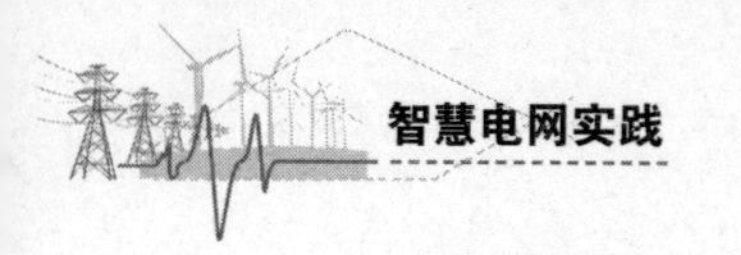

适用于智慧电网的通信技术需具备特征，如图 4-2 所示。

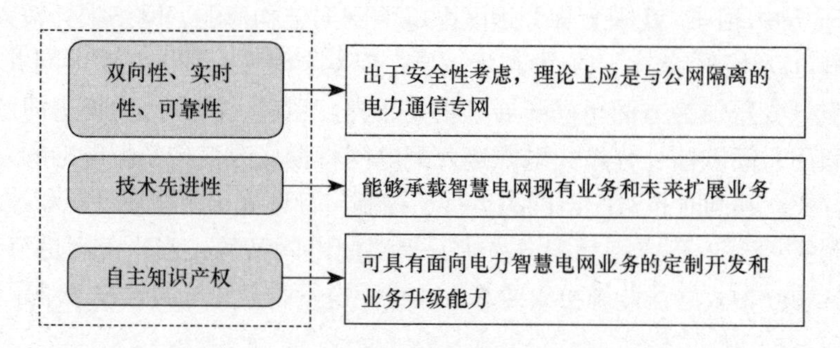

图4-2　适用于智慧电网的通信技术的特征

通信及信息领域主要开展智慧电网信息平台、智慧电网通信关键技术研究及装备研制，是实现智慧电网信息化的基础。

为此，相关人员需要在智慧电网通信信息标准体系、智慧电网统一信息平台，自主知识产权、国际领先的系列通信装备和系统方面开展相关研究和开发工作。通过本领域的研究，我们可建立国际先进的芯片产业基地和智慧电网通信信息技术实验室；建设国际先进、适合中国电网的智能电网统一信息平台；研究国际领先的系列通信装备和系统。

4.3.5　新能源技术

相关人员应积极贯彻节能减排、环保、可持续的国家能源发展战略，发展低碳经济，将建设统一坚强智慧电网与新能源发展紧密结合，在新能源领域开展清洁能源发电及并网和能源转换等方面的研究。

21 世纪以来，国内相继开展了大规模清洁能源发电及并网、储能系统大规模化集成等关键技术研究。但总体而言，目前国内相关技术储备还不能满足大规模新能源接入电网要求，风电运行、控制、调度和光伏发电控制及并网、大容量电池储能系统制造以及应用技术的研究仍处于起步阶段。

新能源发电及并网将重点研究风电、光伏发电及其他分布式电源的发电及并网技术风电、光伏发电及其他分布式电源的发电及并网技术，开展新能源发电并网仿真、功率控制、测试认证、功率预测方面的研究。能源转换将重点研究大容量电能存储与转换、大规模储能系统集成、大规模储能系统应用技术研究，电池单元制造等。

通过本领域的研究，清洁能源与能源转换领域的核心技术将形成，以此引领新能源技术发展方向，带动相关产业发展，全面提高我国新能源开发和利用能力。

4.3.6 新材料应用技术

材料科学是当前发展最为迅猛的技术之一，其为各行业通过新材料应用实现技术革新提供了前提条件。材料科学是当前发展最为迅猛的技术之一，为各行业在新材料应用实现技术方面提供了前提条件。结合世界新材料发展现状以及建设“资源节约型、环境友好型”电网的发展要求，智慧电网领域新材料的研究主要集中在智慧材料、纳米材料、高温超导材料、高效节能材料及高性能涂料五个方面。

智慧材料领域重点解决智慧材料制备技术、智能结构及评价系统等关键问题，实现智能材料及智能评价系统的技术突破，致力形成具备自主知识产权，世界领先的电网智能材料、结构及评价系统的研发体系。纳米材料领域重点解决电网建设、电力传输、储能及能量转换用纳米材料及应用等关键问题，实现电网及新能源用纳米材料的技术突破，获得世界一流且拥有自主知识产权的电网纳米技术。高温超导材料领域重点解决第二代高温超导带材、块材及薄膜材料制备技术等关键问题，实现第二代高温超导材料的技术方面的突破，形成自主知识产权。高效节能材料领域重点解决电网建设用高效节能材料及制备技术等关键问题，全面提升电网传统材料性能，掌握自主知识产权，使我国电网用高效节能材料技术达到或接近国际先进水平。高性能涂料领域重点解决如何利用纳米技术全面提升涂料性能的关键问题，掌握核心技术，培育国内领先、电网用高性能涂料产业。

通过本领域的研究，电网新材料的研发和应用方面将获得系列的突破性成果，我国将掌握电网新材料核心技术，具备自主知识产权，推动输变电工程建设和重大电力装备的技术进步和产业升级。

4.3.7 智慧调度技术

智慧调度是智慧电网建设中的重要环节，智慧电网调度技术支持系统则是智能调度研究与建设的核心，是全面提升调度系统驾驭大电网和进行资源优化配置的能力、纵深风险防御能力、科学决策管理能力、灵活高效调控能力和公平友好市场调配能力的技术基础。

现有的调度自动化系统面临着许多问题，包括非自动、信息杂乱、控制过程不安全、集中式控制方法缺乏、事故决策困难等。为适应大电网、特高压以及智慧电网的建设运行管理要求，实现调度业务的科学决策、电网运行的高效管理、电网异常及对事故的快速响应，我们必须对智慧调度加以分析研究。

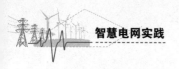

4.3.8 分布式能源接入技术

智慧电网的核心在于构建具备智慧判断与自适应调节能力的多种能源统一入网和分布式管理的智能化网络系统，可对电网与用户用电信息进行实时监控和采集，采用最经济与最安全的输配电方式将电能输送给终端用户，实现对电能的最优配置与利用，提高电网运营的可靠性和能源利用效率。

4.4 智慧电网的重点领域

4.4.1 先进的储能系统

先进的储能系统已经成为当今分布式电网系统重要的组成部分之一。

电能存储方式主要分为电化学储能、物理储能和电磁储能。

储能技术是解决电网峰谷差、提高电网效率、保障电网安全的有效手段，同时由于可再生能源均为间歇性电源，现有的状态下电网很难容纳大规模的可再生能源接入，并网不上网的现象随处可见，储能技术将是提高可再生能源效用最好的解决办法；此外，电动汽车的大力推行对动力储能电池也提出了规模化发展的要求，未来电动汽车在智慧电网中扮演的角色将不仅是一个“用电大户”，也会是一个分布式储能用户。

4.4.2 参考量测设备

参数量测设备是智慧电网基本的组成部件，通过先进的参数量测设备获得数据并将其转换成数据信息，以供智慧电网的各个方面使用。它们评估电网设备的健康状况和电网的完整性，读取表计、消除电费估计、防止窃电、缓减电网阻塞以及顺畅与用户的沟通。

未来的智慧电网将取消所有的电磁表计及其读取系统，取而代之的是可以使电力公司与用户进行双向通信的智慧固态表计。基于微处理器的智慧固态表计将有更多的功能，除了可以计算每天不同时段电力的使用和电费外，还可知道储存电力公司下达的高峰电力价格信号及电费费率，并通知用户实施对应的费率政策，更高级的功能还包括用户自行根据费率政策，编制时间表，自动控制电力使用。

对于电力公司来说，参数量测设备给电力系统运行人员和规划人员提供更多的数据支持，包括功率因子、电能质量、相位关系（WAMS）、设备健康状况和能力、表计的损坏、故障定位、变压器和线路负荷、关键组件的温度、停电确认、电能消费和预测等数据。新的软件系统将收集、储存、分析和处理这些资料，为电力公司的其他业务所用。

未来的数字保护将嵌入计算机代理程序，极大地提高可靠性。计算机代理程序是一个自治和交互的自适应的软件模块。广域监测系统、保护和控制方案将集成数字保护、先进的通信技术以及计算机代理程序。在这样一个集成的分布式保护系统中，保护组件能够自适应地相互通信，这样的灵活性和自适应能力极大地提高了可靠性，即使部分系统出现了故障，其他带有计算机代理程序的保护组件仍然能够保护系统。

4.4.3 电力电子技术

电力电子技术是智慧电网基础性技术之一，涉及发电、输电、配电、用电等各个环节。电力电子技术在智慧电网灵活输电方面起到了很大的作用，在稳定电压、缓解电网阻塞、满足电网的无功补偿要求以及预防电网故障方面能够发挥作用。电力电子技术在新能源并网接入与控制方面也有很大的市场，随着用户对电能质量要求的提高，电力电子技术在电能质量管理方面也将有更多的应用。

未来，电力电子产业市场容量巨大，且处于行业快速成长的初期。电力电子技术是利用电力电子器件对电能进行变换及控制的一种现代技术，是连接弱电和强电的桥梁。电力电子技术涉及三个领域：电力电子元器件、电力电子装置、电力电子技术在各个行业的应用。

电力电子技术的核心是电力电子元器件，电力电子元器件的发展先后经历了整流器时代、逆变器时代和变频器时代，以功率 MOSFET 和 IGBT 为代表的功率半导体器件的诞生，标志着传统电力电子技术已经进入现代电力电子时代。电力电子器件的年平均增长速度预计将超过 20%，IGBT 等新型电力电子器件的年平均增长率将超过 30%。

4.4.4 电动汽车

电动汽车是解决能源与环境问题的有效途径之一。

目前，美国电网的备用容量可为现有的汽车、运动型多用途车、轻运火车提供 70% 的能源需求，如果使用电动汽车削峰填谷，则不用增加发电和输电。发展电动汽车的益处如图 4-3 所示。

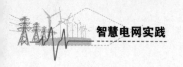

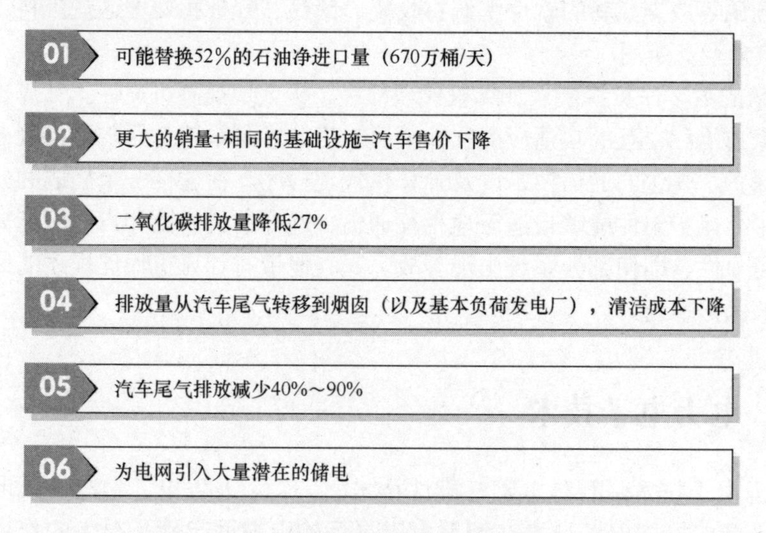

01 可能替换52%的石油净进口量（670万桶/天）
02 更大的销量+相同的基础设施=汽车售价下降
03 二氧化碳排放量降低27%
04 排放量从汽车尾气转移到烟囱（以及基本负荷发电厂），清洁成本下降
05 汽车尾气排放减少40%～90%
06 为电网引入大量潜在的储电

图4-3 发展电动汽车的益处

4.4.5 智慧家居与智慧家电

在电力线宽带通信技术基础上，我们可看到通过家庭智慧交互终端实现用户与电网之间的互动进而通过无线技术延伸至水、气表数据的抄收，通过智能插座实现电热水器、空调、电饭煲等家庭灵敏负荷的用电信息采集和控制，通过无线技术建立集紧急求助、燃气泄漏、烟感、红外探测于一体的家庭安防系统，开通视频点播、IP 电话和宽带接入服务于一体的视频点播、IP 电话和宽带接入服务于一体的“三网合一”服务的场景，具体如图 4-4 所示。

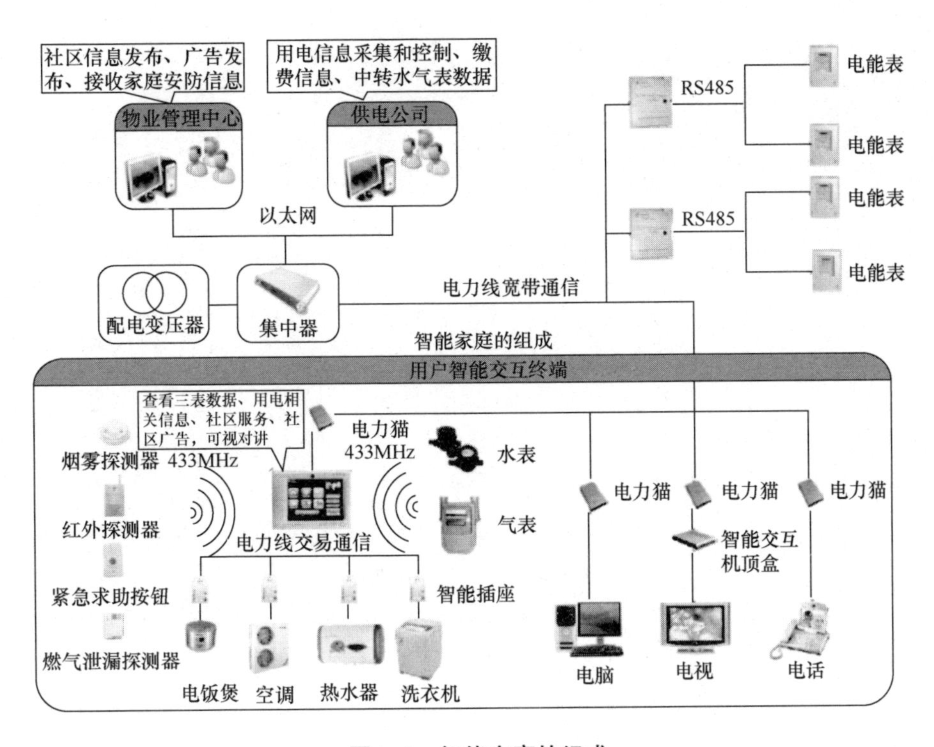
社区信息发布、广告发布、接收家庭安防信息
用电信息采集和控制、缴费信息、中转水气表数据
物业管理中心
供电公司
以太网
RS485
电能表
电能表
RS485
电能表
电能表
配电变压器
集中器
电力线宽带通信
智能家庭的组成
用户智能交互终端
查看三表数据、用电相关信息、社区服务、社区广告，可视对讲
电力猫
433MHz
烟雾探测器 433MHz
水表
红外探测器
气表
电力线交易通信
电力猫
电力猫
电力猫
智能交互机顶盒
紧急求助按钮
智能插座
燃气泄漏探测器
电饭煲
空调
热水器
洗衣机
电脑
电视
电话

图4-4　智能家庭的组成

第5章

智慧电网设备运营管理

智慧电网集成电力自动化、物联网、大数据分析、地理信息及三维虚拟仿真等先进技术，覆盖发电、输电、配电、售电、用电全部业务环节，提供运行调度可视化管理、资产可视化管理、可视化安全应急培训演练、智慧移动巡检、大数据分析辅助决策、生产指挥监控大屏等应用，可提升电力企业资产管理水平、优化资源配置、增强跨区输电能力、抵御自然灾害、保障系统安全稳定运行。

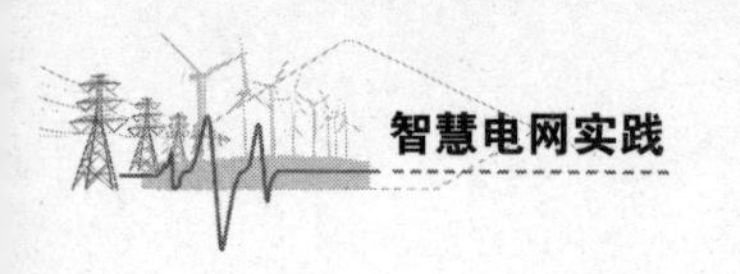

5.1 智慧电网的设备

5.1.1 电力设备

电力设备主要包括发电设备和供电设备两大类：发电设备主要包括电站锅炉、蒸汽轮机、燃气轮机、水轮机、发电机、变压器等；供电设备主要包括各种电压等级的输电线路、互感器、接触器等。

5.1.2 电力设备分类

电力系统中的电力设备很多，根据它们在运行中所起的作用不同，它们通常可被分为电气一次设备和电气二次设备。

5.1.2.1 电力一次设备

1. 电力一次设备分类

直接参与生产、变换、传输、分配和消耗电能的设备被称为电力一次设备，如图 5-1 所示。

01 进行电能生产和变换的设备，如发电机、电动机、变压器等

02 接通、断开电路的开关电器，如断路器、隔离开关、接触器、熔断器等

03 载流导体及气体绝缘设备，如母线、电力电缆、绝缘子、穿墙套管等

04 限制过电流或过电压的设备，如限流电抗器、避雷器等

05 互感器类设备，将一次回路中的高电压和大电流降低，供测量仪表和继电保护装置使用，如电压互感器、电流互感器

图5-1 电力一次设备分类

2. 电力一次设备智慧化的必要性

智慧电力一次设备的概念是为了适应智慧电网建设的需求而提出的，电力一次设备智慧化的必要性如图 5-2 所示。

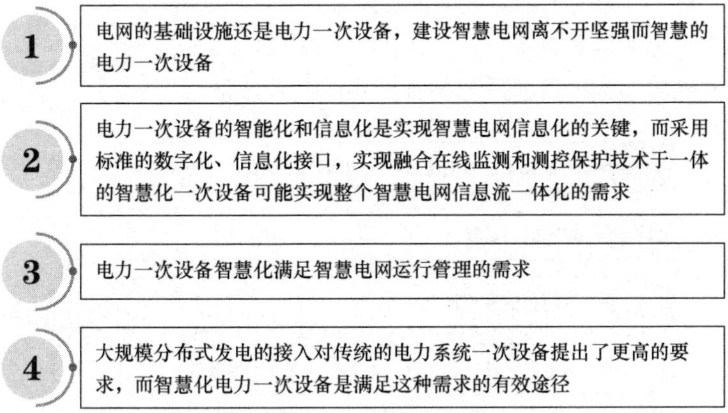

1
电网的基础设施还是电力一次设备，建设智慧电网离不开坚强而智慧的电力一次设备
2
电力一次设备的智能化和信息化是实现智慧电网信息化的关键，而采用标准的数字化、信息化接口，实现融合在线监测和测控保护技术于一体的智慧化一次设备可能实现整个智慧电网信息流一体化的需求
3
电力一次设备智慧化满足智慧电网运行管理的需求
4
大规模分布式发电的接入对传统的电力系统一次设备提出了更高的要求，而智慧化电力一次设备是满足这种需求的有效途径

图5-2　电力一次设备智慧化的必要性

智慧化电力一次设备通过先进的状态监测手段、可靠的评价手段和寿命预测手段来判断电力一次设备的运行状态，并且在电力一次设备运行异常时对设备进行故障分析，对故障的部位、严重程度和发展趋势做出判断，识别故障的早期征兆，并根据分析诊断结果在设备性能下降到一定程度或故障将要发生之前维修设备。

通过传统型电力一次设备的智慧化建设，我们可以实时掌握变压器等电力一次设备的运行状态，为科学调度提供依据；可以对一次设备故障类型及寿命评估做出快速有效的判断，以指导运行和检修，降低运行管理成本，减少新出现隐患产生的概率，增强系统运行的可靠性。

3. 智慧化电力一次设备的关键技术

智慧化电力一次设备的关键技术如图 5-3 所示。

集成平台技术
1
传感器及接入技术
2
信息收集技术
3
4
信息处理技术
5
智能评估技术
6
信息互动技术

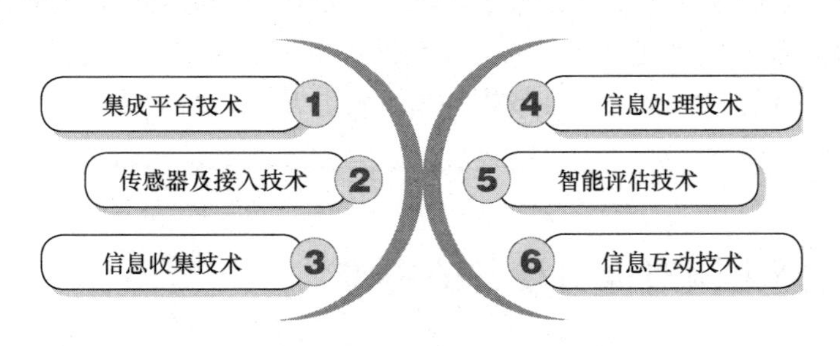

图5-3　智慧化电力一次设备的关键技术

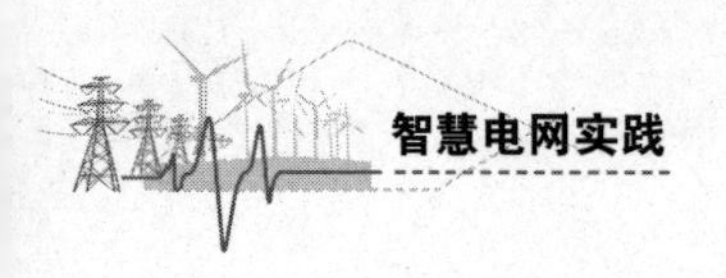

5.1.2.2 电力二次设备

为了保护保证电力一次设备的正常运行，我们将对其运行状态进行测量、监视、控制和调节等的设备称为电气二次设备。

1. 常用的电力二次设备

常用的电力二次设备包括图 5-4 所示的 7 种设备。

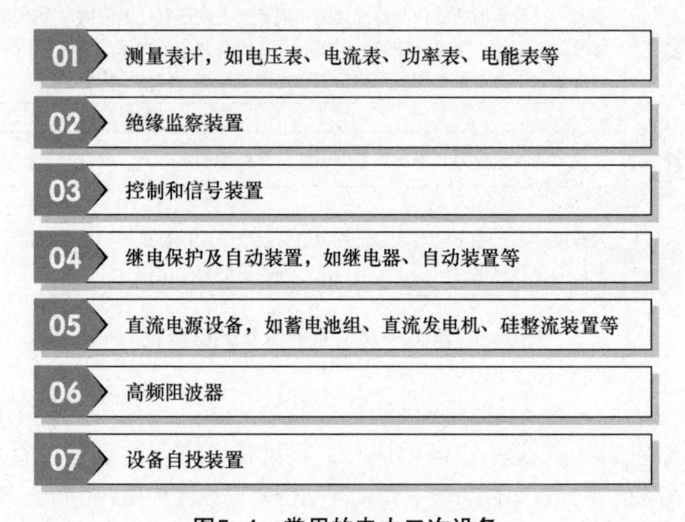

01 测量表计，如电压表、电流表、功率表、电能表等
02 绝缘监察装置
03 控制和信号装置
04 继电保护及自动装置，如继电器、自动装置等
05 直流电源设备，如蓄电池组、直流发电机、硅整流装置等
06 高频阻波器
07 设备自投装置

图5-4 常用的电力二次设备

2. 电力二次设备网络化的必要性

电力二次设备网络化有利于使通信系统传输的信息更完整、更可靠，大幅度提高通信的实时性；使变电站实现更多、更复杂的自动化功能，提高自动化运行和管理水平。

变电站内常规的电力二次设备，如继电保护装置、防误闭锁装置、测量控制装置、运动装置、故障录波装置、电压无功控制装置、同期操作装置以及正在发展中的在线状态检测装置等全部基于标准化、模块化的微处理机设计制造，设备之间的连接全部采用高速网络，电力二次设备不再出现常规功能装置重复的 I/O 现场接口，可通过网络真正实现数据共享、资源共享，常规的功能装置在这里变成了逻辑的功能模块。

5.1.3 智慧电网对电力设备的要求

智慧电网对电力设备的要求如图 5-5 所示。

安全	保障对象：人身安全、设备安全。 保障状态：正常运行、自身故障、相邻故障、自然灾害。 保障措施：贯穿成品的研发、制造、运输、使用全过程；统计、分析、整理影响安全的因素和状态；可能涉及安全的各种预案。 让人远离设备是保证安全最重要的一项工作，可降低成本，不用人到现场，无交通成本
稳定	运行可靠免维护，最起码要达到少维护和便于维护的要求；运行期间变化不大或有规律
智能	无需人工干预，可独立地执行相关指令。智慧感知指对设备自身运行状况进行的在线传感。不同的电力设备需要重点感知的内容不同，如中压成套设备在线监测的重要性排名：触头温升、二次元器件、机械特性、真空度、局放。温升包含梅花触头、母排、电缆头、低压室。智慧识别指对各种类别故障的识别和定位。智能控制指具有信息的网络化交互、共享、控制能力，主要包括设备的状态评估，故障预测、预警，故障控制，寿命预测及管理。其中，故障控制应根据不同设备的不同类型故障（严重程度和后果）决定是由自身控制还是由电网协调控制处理
环保	原材料包括零部件制造、成品制造、使用过程、寿命终结，如SF_6、环氧树脂、电池等。通过对欧美及我国智慧电网及其建设原动力的简述，对农网智慧化建设主要内容的概述，对《智慧电网关键设备（系统）研制规划（2011年修订版）》中配电环节研究内容的描述，指出了在智慧电网大环境下需研发的技术、重点发展的技术及其对电力设备的总体要求

图5-5　智慧电网对电力设备的要求

5.1.4　电力设备检修

电力二次设备构成的是一个系统，而不仅仅是装置本身，如交流、直流、控制回路等，由于部分回路还没有相应的监测手段，设备状态无法被实时地进行技术分析和判断。因此，就电力二次设备的应用现状而言，大多数保护并不具备状态检修的条件。

电力系统中电力设备采用的计划检修体制大多存在着严重缺陷，如临时性维修频繁、维修不足或维修过剩、盲目维修等，这使世界各国每年在设备维修方面耗资巨大。如何合理安排电力设备的检修，节省检修费用、降低检修成本，同时保证系统有较高的可靠性，对系统运行人员来说是一个重要课题。随着传感技术、微电子、计算机软硬件和数字信号处理技术、人工神经网络、专家系统、模糊集理论等综合智能系统在状态监测及故障诊断中的应用，基于设备状态监测和先进诊断技术的状态检修研究得到发展，成为电力系统中一个重要的研究领域。

5.2 智慧输变电系统

变电站是电网的核心环节，担负着所在区域的供电任务。随着智慧电网的发展，智慧变电站的应用变得越来越重要。

智慧变电站一般采用先进、可靠、集成、低碳、环保的智慧设备，以全站信息数字化、通信平台网络化、信息共享标准化为基础，自动完成信息采集、测量、控制、保护、计量和监测等基本功能，并可根据需要支持电网实时自动控制、智慧调节、在线分析决策、协调互动等高级功能。

智慧输变电系统的总体发展要求是提高设备的智慧程度，提高智能电子装置的准确性和可靠性，降低智慧输变电设备的成本。

5.2.1 智慧变电站

5.2.1.1 目前的智慧变电站存在的问题

目前，多数变电站已经建立外围安全防范系统以及动力环境监控系统，但绝大多数变电站的智慧化系统是由若干个可实现单项功能的小系统组合而成的，是相互独立的信息孤岛，并不是一个完整的变电站智慧化系统，远远不能满足无人值守变电站对安全和智慧化程度的实际要求，具体问题如图 5-6 所示。

5.2.1.2 如何改进现存的问题

对于先有的智慧变电站的改进可从图 5-7 所示的几个方面进行。

1 无法实现互联互通：视频监控、门禁、入侵报警、消防、动力环境监控等各系统独立运行，无法实现互联互通，整体系统运行效率低下，降低了投资价值

2 无法实现联动和事故预防：无法实现系统的联动，主要依靠人力监控而导致安全性降低，同时，值守人员的负担和工作压力也增加了

3 环境监控智慧化水平低：多数变电站都是通过温度计测量环境温度的，没有实现实时监测温湿度、漏水等环境，无法做到监控和预防危险事件，更无法实现根据温湿度调节空调温度的目的，无法实现节能增效

4 缺乏对盗窃事件的实时干预能力和预防措施

5 缺乏门禁自动控制和自动记录功能，可能导致未获授权人员进入工作禁区，不仅可能导致物品被盗，甚至可能导致人员误入带电隔间，出现人员伤亡的现象

6 无法实现变电站巡视的自动记录、自动统计以及实时监控和管理

图5-6 目前的智慧变电站存在的问题

1 智慧变电站系统以数据集成为基础

无需再通过网络系统集成、应用系统集成将各子系统集成为一个整体系统，而是直接构建一个统一完整的智能系统

2 通过核心技术在线检测

通过智能识别算法及预警技术、嵌入式组件架构技术、IEC 61850标准规定的转换技术以及音视频编解码等核心技术，通过对变电站环境、图像、火灾报警、消防、照明、采暖通风、安防报警、门禁识别控制等的在线监测，不但可实现预警，还可以实现对警情的管理和控制

3 安全保障

系统通过监测、预警和控制三种手段，为变电站的安全运行提供更加可靠的保障

4 一体化、全面化

通过各功能模块间的数据共享和互操作，实现“信息孤岛”一体化、功能互动全面化。其中，视频数据全部储存到本地、市调或省调数字视频存储中心统一管理

图5-7 智慧变电站的改进

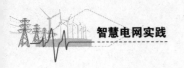

5.2.2 智慧变电站系统的特性

智慧变电站系统具有许多鲜明特色，其中最为突出的六大特性如图 5-8 所示。

1 智慧变电站系统可成为可生长的智慧系统

以局域互联网为基本网络架构，以总线、无线或电力线载波为扩展架构，多功能标准化接口和通信规约，充分保障系统兼容性和可扩展性，可以在后期有需求时进行扩充和升级

2 可打通从底层硬件到工作平台的全程通信

可以实现变电站的互联互通，更好地满足智慧电网的统一监控、统一调度、统一配置、统一报表的"四统一"要求

3 运用普适计算技术，实现智慧系统智能化

全方位运用普适计算技术，使得各种智能化模块具有相对独立运行的特点，使得互联互通更加快捷和深入，使得系统可以成长为"学习型""思想型"的智能化系统

4 摒弃子系统拼接技术，构建一体化的单系统架构

使得变电站智能化系统不必再着重于单个子系统功能的实现，而是立足于整个变电站区域内全面功能的建设，大大简化了网络系统架构

5 实现变电站全部智能化功能的一体化管理

可在统一接口下进行视频、门禁、环境、SF_6、火灾消防、安全防范、现场操作所有状态的监控与配置管理。实现了信息数字化、功能集成化、结构紧凑化和状态可视化的智慧变电站"四化"要求

6 应用灵活，成本可控

主控设备不需要其他设备配合就可独立工作和脱机运行，能够满足从小开闭所到35kV～1000kV变电站、从改造站到新建站、从单站式到大规模集中联网等各种类型的需求，不需另配服务器，能够兼容并利用现有绝大部分设备，有效保护已有投资，使系统具备较大的灵活性和成本可控性

图5-8 智慧变电站系统的特性

5.2.3 智慧变电站系统功能

5.2.3.1 构建高级智慧安全体系

智慧变电站系统可以提供重要的安全防范功能，具体如以下所示。

1. 人身安全

智慧变电站对所有工作区域根据危险性、重要性、必要性等进行分类，对所有人员根据工作需要进行严格的出入授权设置，并实施严格的门禁管控，避免非专业人员出现在不必要的区域，减少人身安全事故的发生。

人员须进入检修区域，门控系统通过与既有变电站监控系统的信息联动受控动作，确保检修人员不会进入带电隔间。

智慧变电站对所有重要区域的人员进出进行记录，实时对人员数量、姓名的随时查询。一旦遇到紧急情况，系统可迅速启动应急预案，以利于快速准确地撤离。

2. 设备安全

智慧变电站从变电站监控系统获取实时工作状态监测，根据主要电力设备的特性和历史运行经验，分析预测设备的工作状态，若有潜在隐患，做出预警判断，实时传送至运行管理中心，根据多种处理预案进行处理，防患于未然；应用图像分析技术，监视重要设备运行数据、指示灯等运行状况，作为独立的监控手段，提高设备运行的安全性。

3. 电缆安全

智慧变电站系统的电缆安全主要表现在两个方面，如图 5-9 所示。

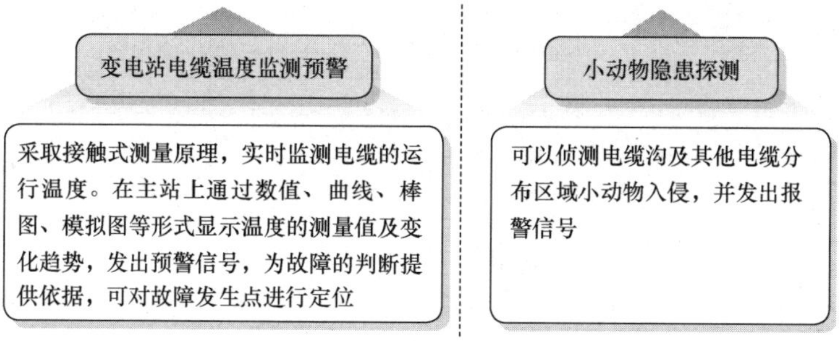

变电站电缆温度监测预警

采取接触式测量原理，实时监测电缆的运行温度。在主站上通过数值、曲线、棒图、模拟图等形式显示温度的测量值及变化趋势，发出预警信号，为故障的判断提供依据，可对故障发生点进行定位

小动物隐患探测

可以侦测电缆沟及其他电缆分布区域小动物入侵，并发出报警信号

图5-9 电缆安全

4. 环境安全

智慧变电站系统可实现的环境安全表现在 8 个方面，如图 5-10 所示。

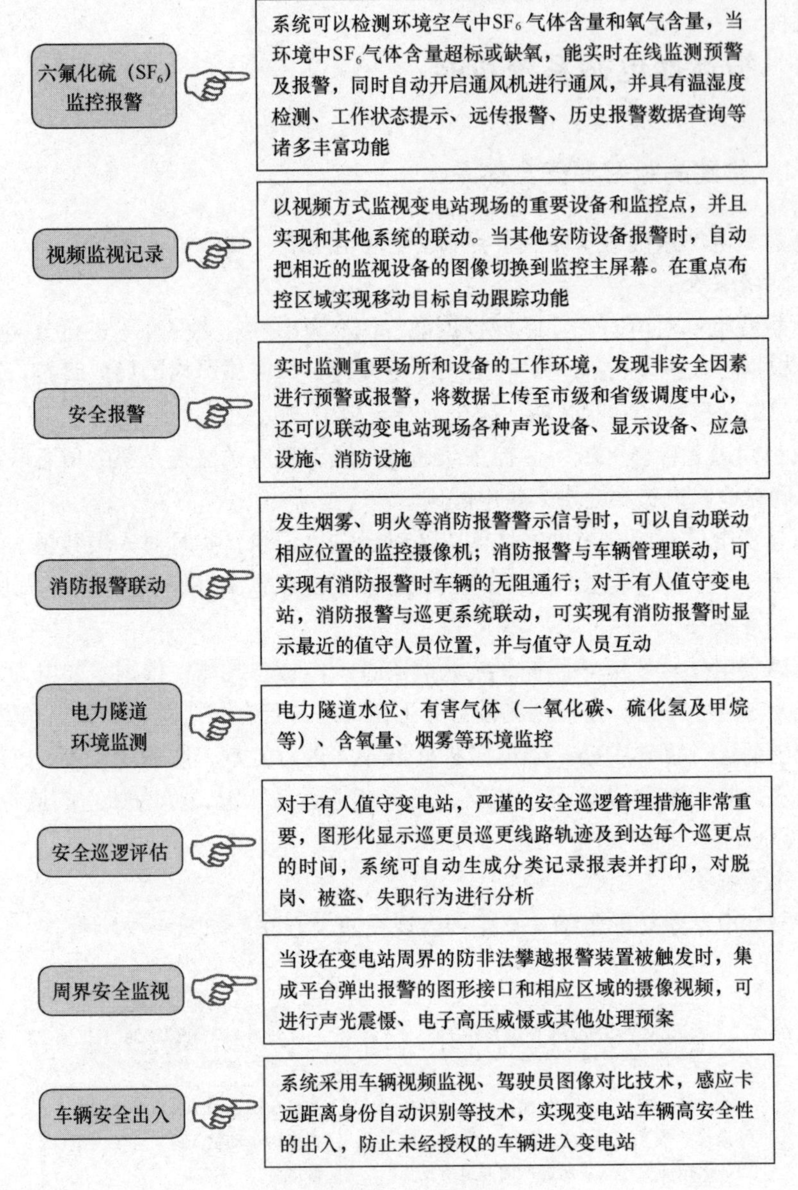

六氟化硫（SF_6）监控报警
系统可以检测环境空气中SF_6气体含量和氧气含量，当环境中SF_6气体含量超标或缺氧，能实时在线监测预警及报警，同时自动开启通风机进行通风，并具有温湿度检测、工作状态提示、远传报警、历史报警数据查询等诸多丰富功能
视频监视记录
以视频方式监视变电站现场的重要设备和监控点，并且实现和其他系统的联动。当其他安防设备报警时，自动把相近的监视设备的图像切换到监控主屏幕。在重点布控区域实现移动目标自动跟踪功能
安全报警
实时监测重要场所和设备的工作环境，发现非安全因素进行预警或报警，将数据上传至市级和省级调度中心，还可以联动变电站现场各种声光设备、显示设备、应急设施、消防设施
消防报警联动
发生烟雾、明火等消防报警警示信号时，可以自动联动相应位置的监控摄像机；消防报警与车辆管理联动，可实现有消防报警时车辆的无阻通行；对于有人值守变电站，消防报警与巡更系统联动，可实现有消防报警时显示最近的值守人员位置，并与值守人员互动
电力隧道环境监测
电力隧道水位、有害气体（一氧化碳、硫化氢及甲烷等）、含氧量、烟雾等环境监控
安全巡逻评估
对于有人值守变电站，严谨的安全巡逻管理措施非常重要，图形化显示巡更员巡更线路轨迹及到达每个巡更点的时间，系统可自动生成分类记录报表并打印，对脱岗、被盗、失职行为进行分析
周界安全监视
当设在变电站周界的防非法攀越报警装置被触发时，集成平台弹出报警的图形接口和相应区域的摄像视频，可进行声光震慑、电子高压威慑或其他处理预案
车辆安全出入
系统采用车辆视频监视、驾驶员图像对比技术，感应卡远距离身份自动识别等技术，实现变电站车辆高安全性的出入，防止未经授权的车辆进入变电站

图5-10　环境安全

5.2.3.2　构建高效智慧节能体系

系统提供空调、风机、照明以及水泵等设备的各种自动控制功能。虽然变电站自用电量数目不大，但由于变电站是24小时不间断运行，日积月累也存在着极

大的浪费，与“绿色变电站”的建设要求不符。

智慧控制是解决这一问题的重要手段，智慧控制即通过物联网技术，将能耗设备互联起来，采用各类智慧控制方式控制和调节，以达到减少浪费、节约能源的目的。

智慧控制可以控制具体状态和参数，比如在监控中心可以远程控制空调开机、关机、升温、降温，并能够直接调整空调的温度值等。

所有能耗设备只在需要的时段和状态下开启并调整到需要的状态，比如值班、检修、报警等情况，以达最节约的工作状态。

5.2.3.3 构建严谨的智慧管理体系

变电站管理的严谨性涉及安全、工作质量、工作效率、变电站整体运行的可靠性等方面，在管理规范的基础上实行智能化程序管理，将最大限度地提高严谨性。

5.3 智慧开关设备

智慧变电站是构建智慧电网的重要支撑节点。智慧高压开关设备是智慧变电站的核心设备，其通过装设各类传感器，采集设备运行状态，对数字化信息进行就地处理，实现自适应控制和故障诊断等功能。此外，其具有高速网络交互接口，能够为智慧电网的优化运行提供信息支撑。

智慧开关设备的特点如图 5-11 所示。

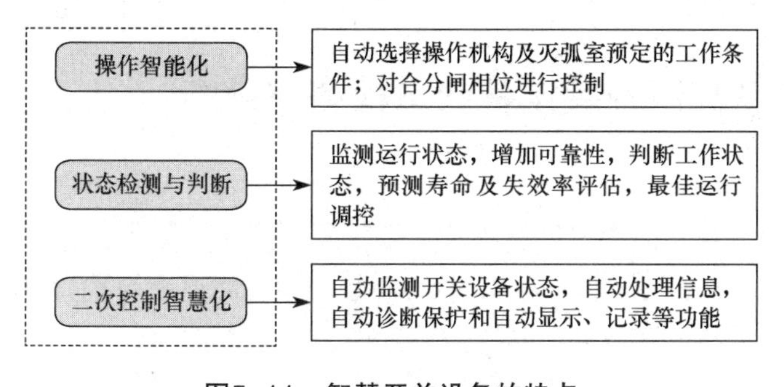

图5-11 智慧开关设备的特点

5.3.1 智慧高压开关设备的信息化建模

IEC 61850 标准是变电站自动化领域的国际标准，其应用涉及发电、输变电、配用电和调度等领域，已成为智慧电网重要的基础性标准。基于 IEC 61850 标准，采用面向对象技术对智慧高压开关设备的物理结构和功能（服务）进行抽象，建立智慧高压开关设备的信息模型，实现现场参量的测量信息流、状态数据的监测信息流和操作控制信息流的集成，是智慧高压开关设备的重要研究内容。

自 IEC 61850 标准颁布以来，智慧高压开关设备的数字化方面取得了很大的发展。国际上的 ABB、GE、AREVA、SIEMENS、TOSHIBA 等公司均开发了集数字化测量、控制、监测于一体的新型开关设备。当前，智慧高压开关设备的产品解决方案主要是通过在电力一次设备附近装设智能电子装置（IED），其具备与电力一次设备交互的电缆接口和光纤以太网接口，可完成信息格式转换，实现传统电力一次设备和后台在线监测系统（或其他 IED）的信息交互功能。

随着国内智慧电网建设的开展，国家电网公司发布了一系列相关标准，加快了智慧高压开关设备的研制进度。2012 年，科技部批准由中国电力科学研究院作为承担单位，西开电气、平高电气、清华大学、西安交通大学、华北电力大学作为参与单位，启动“863”课题——“高压开关设备智慧化关键技术”的研究，提出了高压开关设备智能组件设计和质检标准，建立了智慧高压开关设备的技术标准体系。252kV 智慧 GIS、550kV 智慧 GIS、800kV 智能断路器等成果已获得试点应用。

IEC 61850 标准作为变电站内部通信网路的技术标准，主要偏重于继电保护、测量与监视等领域的应用。虽然 IEC 61850 标准中定义了液体介质绝缘 SIML、气体介质绝缘 SIMG、电弧监视与诊断 SARC 和局部放电 SPDC 等专门的逻辑节点，但仍然无法满足高压开关设备状态监测集成平台的需要。

5.3.2 智慧高压开关设备状态检测与诊断

运行数据表明：SF_6 气体泄漏、内部绝缘缺陷、操作机构故障、导电回路异常发热以及二次控制回路失灵是高压开关设备的主要故障类型。智慧高压开关设备通过装设局部放电、SF_6 气体状态、机械特性、主回路温度等监测模块，可实现对自身运行状态的感知和诊断，并可适时地通过网络接口向后台监控系统发出状态或告警信息。

相关人员可依据状态信息对设备进行科学的评价，从而制订合理的检修策略，如图 5-12 所示。

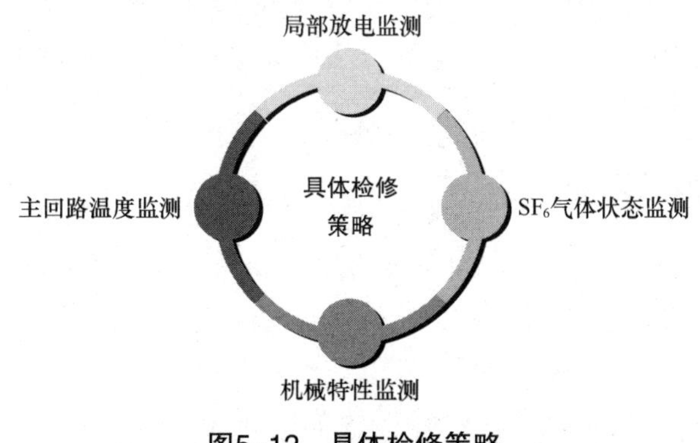

图5-12 具体检修策略

5.3.2.1 局部放电监测

高压开关设备内部故障以绝缘故障为主，由于在制造及安装过程中，内部缺陷、导体之间接触不良等使内部电场发生畸变而产生局部放电。我们可以通过监测放电粒子特性或放电产生的物理及化学变化发现局部放电故障，具体方法一般包括电检测法和非电检测法：电检测法包括耦合电容法、外部电极法、绝缘子内部预埋电极法和超高频法等；非电检测法包括超声波检测法、光检测法、化学检测法等。

5.3.2.2 SF_6气体状态监测

SF_6 气体是高压开关设备主要采用的绝缘和灭弧介质，其压力、密度、温度和水分等对产品的绝缘性能有重要影响，采集这些参量，归算后可对是否存在气体泄漏、水分超标进行评估。

另外，若运行设备存在放电、过热等故障，SF_6 气体会发生分解并与设备内部其他物质反应，生成多种产物，主要有 SOF_2、SO_2F_2、SO_2、H_2S、CO、CF_4 和 HF 等，这些气体分解物与其缺陷存在很高的关联度。目前的现场检测手段已经可以有效地检测出 SO_2、H_2S 和 CO 等成分。

5.3.2.3 机械特性监测

在国际上，高压开关设备机械状态评估及故障诊断技术的研究开始于 20 世纪 80 年代，研究重点主要集中在对动触头行程、分合闸线圈电流、辅助触点状态以及振动信号等机械状态参量的在线监测，依靠人工参照基准数据进行比对，分析其劣化趋势。

基于振动信号的分析可以实现潜伏性机械故障检测，目前已经提出了一些较为实用的振动信号处理方法，这些方法已逐渐应用到实际的断路器状态检测系统中。

5.3.2.4 主回路温度监测

电力开关设备在高电压、大电流的状态下运行，主回路导体的温度与其电接触状况有着极其密切的联系，可以作为诊断依据。全封闭式气体绝缘高压带电设备结构比较复杂，发热点处于设备内部，导体与壳体之间充有 SF_6 气体，不易直接测量。红外辐射测温有着响应时间快、无需接触、使用安全及寿命长等诸多优点。近年来，国内外在红外辐射测温和红外热诊断方面开展了大量研究。

鉴于高压开关设备应用环境的特殊性，上述技术在环境适应性、测量准确度、长期工作的稳定性、接口的标准化等方面尚需被进一步研究。

5.3.3 智慧高压开关设备寿命评估技术

高压开关设备的寿命主要指机械寿命和电寿命。触头行程及断路器的分 / 合闸速度是断路器机械特性的集中体现，可以有效地反映出其劣化趋势。断路器触头磨损是影响断路器电寿命的重要因素，对其剩余寿命评估有着重要的参考价值，但触头电磨损不能直接获得，因而成为研究难点。

5.3.3.1 电寿命模型

研究表明：断路器电寿命主要取决于断路器触头电磨损的状况。国外对断路器触头的研究较早，主要集中在材料对触头电寿命的影响以及电弧对触头的侵蚀方面。由于各类断路器的灭弧原理不同，断路器的电寿命变化规律也不同。

为了便于工程应用，我们可以将燃弧时间、触头及喷嘴的结构与材料等因素对灭弧室烧蚀的影响用累计的方式加以简化，如累计开断电流法、累计电弧能量法、累计开断电流加权法等，从而得到估算电寿命的近似公式。

5.3.3.2 综合诊断技术

智慧高压开关设备的故障诊断技术主要有基于知识的方法和基于信号处理的

方法：前者利用领域专家启发性经验知识和故障特征进行演绎推理，或者基于先验知识和相应算法对诊断对象自适应调整后获取诊断结果，基于知识的方法不需要建立待诊断对象的准确数学模型，易于工程应用。国内外研究人员先后采用人工神经网络、贝叶斯网络、证据理论、粗糙集理论、模糊集理论、云模型等理论和模型研究并建立了高压断路器机械状态评估系统。

5.4 智慧变压器

智慧电网需要智慧化变电站支撑，一个终极智慧化变电站站内的所有设备应全部是智能化的，在网络的支撑下可实现信息高速交互、协同操作，从而保证系统更安全、经济、可靠地运行，电力一次设备智慧化是发展智慧电站的基础。

5.4.1 智慧变压器概念认知

5.4.1.1 智慧高压设备

智慧高压设备即通过网络接受系统的控制指令，将设备的运行状态实时回馈到系统的设备。

5.4.1.2 智慧变压器

智慧变压器是能够在智慧系统环境下，通过网络与其他设备或系统进行交互的变压器。其内部嵌入的各类传感器和执行器在智能化单元的管理下，可保证变压器在安全、可靠、经济的条件下运行。出厂时，其将该产品的各种特性参数和结构信息植入智慧化单元，运行过程中利用传感器收集到实时信息，自动分析目前的工作状态，与其他系统实时交互信息，同时接收其他系统的相关数据和指令，调整自身的运行状态。

智慧变压器的组成如图 5-13 所示。

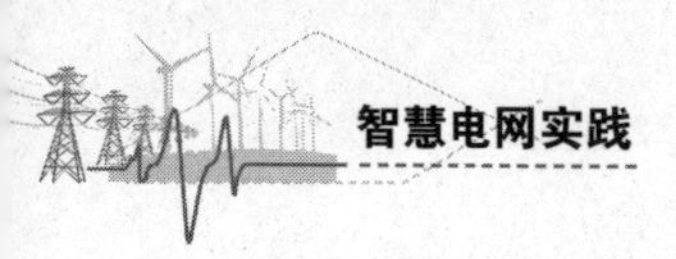

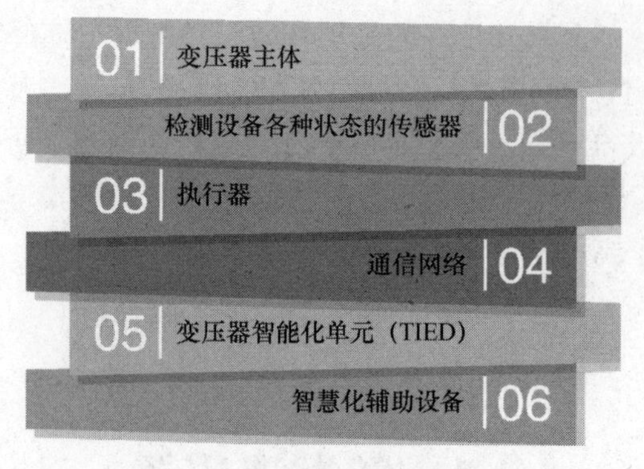

图5-13　智慧变压器的组成

其中，变压器智能化单元（Transformer Intelligent Electric Device，TIED）是整个智慧化变压器的核心，其内部嵌有数据管理、综合数据统计分析、推理、信息交互管理等系统。变压器出厂时将各种技术参数、极限参数、结构数据、推理判据等，通过专家知识库的数据组织形式植入智能化单元，用标准协议与其他智能系统交换信息。各种传感器、执行器通过各自的数字化或智能化单元接入系统。一些简单的模拟量、开关量可直接接入TIED。对TIED的其他要求如图5-14所示。

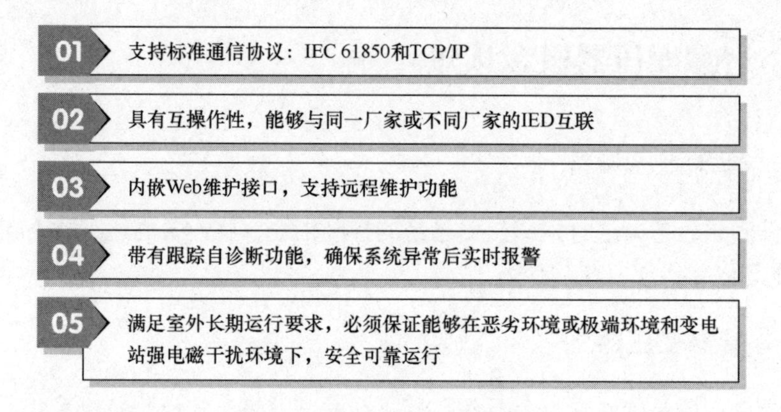

图5-14　对TIED的其他要求

5.4.2　智慧变压器信号检测技术要求

智慧变压器与传统变压器最大的区别除所有信号采用统一标准的数字化传输外，智慧变压器在运行过程中应能将运行状态通过智能化单元实时回馈给系统，涉及的关键参数及检测方法如下。

5.4.2.1 电压

目前，变压器各绕组的工作电压不在本体上被监测或检测，而是由专门的电压互感器（PT）完成，供电力二次系统使用。

智慧变压器在运行过程中各绕组的工作电压需要被反映到智能化单元，这是评估自身运行状态的重要参数之一，变压器承受的电压、电压谐波、过励磁状态、传输容量计算、调压过程监测都需要通过电压分析计算。

各绕组电压参数的获取方法如图 5-15 所示。

图5-15 各绕组电压参数的获取方法

5.4.2.2 电流

传统变压器各绕组的工作电流，无论是本体上带套管 CT，还是独立测量，都是供二次保护或测量、计量系统使用，套管 CT 的二次接线引接到变压器端子箱，以模拟信号的形式（0~1A 或 0~5A）传给控制室。

智慧变压器在运行过程中各绕组工作电流的稳态或瞬时量必须实时被反映到智慧化单元，用于评估自身的运行状态，分析变压器负荷、电流谐波、调压过程监测等。

电流信号的获取方法如图 5-16 所示。

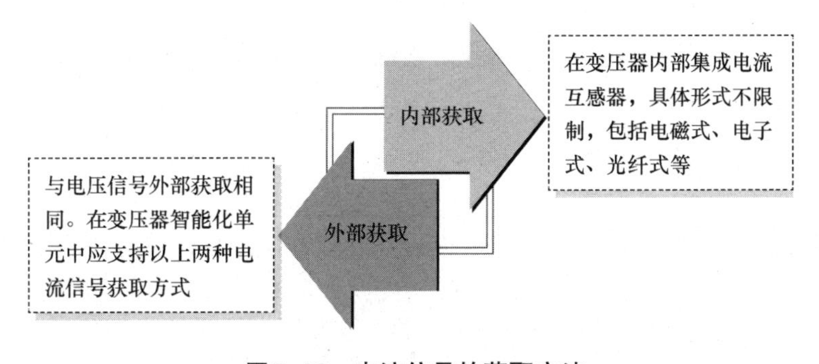

图5-16 电流信号的获取方法

5.4.2.3 油温

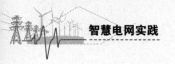

传统变压器的油温检测采用油面温度计（机械或电子式），输出接点控制信号或模拟信号直接控制冷却器或通过端子箱接入主控室，有些变压器根据用户要求检测油面温度和油箱底部温度。

智慧变压器油温检测采用PT100（铂热电阻），监测油面温度、油箱底部温度和环境温度。PT100直接连接TIED或温度监测智能化单元。

5.4.2.4 绕组热点温度

目前，变压器绕组温度检测主要采用绕组温度计间接检测，即通过电流补偿的形式反映绕组温度，不能真正反映绕组的热点温度。新技术主要以光纤测温为研究热点。

光纤测温是通过预埋在绕组上的多个光纤温度探头实现测温的。变压器绕组热点温度测量要用改进的光纤测温方法实现。

5.4.2.5 绕组变形

智慧变压器需要监测绕组变形情况，目前还没有带电线上监测手段。非带电检测绕组变形手段也处于评估阶段，如频响法、阻抗法、高压脉冲法等，这些手段仅限于非带电评估检测。真正的绕组变形检测需要内置传感器，可以考虑采用光纤检测绕组变形。第一阶段的智慧变压器可以不考虑绕组变形检测。

5.4.2.6 油压

与传统变压器不同，智慧变压器油箱内部的油压需要通过传感器以模拟信号或数字信号的形式反映给TIED；其同时还要保留气体继电器的接点信号（轻瓦斯和重瓦斯），油压如果采用模拟传感器，可在TIED内直接被量化，也可通过A/D转换层被量化。

5.4.2.7 油中气体

反映变压器运行状态的重要分析资料是油中气体含量，目前关于油中气体含量不但有相关标准和问题分析基本判据，也有大量的经验积累。在现有技术上开发的油气监测装置，应用的原理主要有4种，如图5-17所示。

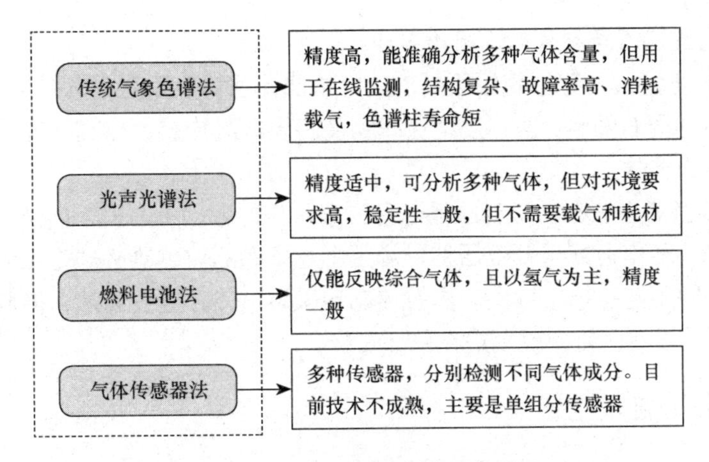

图5-17　油气监测装置应用的原理

智慧变压器在第一阶段可采用目前成熟的多组分气象色谱法在线监测装置。在线监测装置内置 TIED，通过标准总线与 TIED 通信。数据包格式需要进一步被详细定义。

5.4.2.8　局部放电

在智慧化变压器中局部放电检测是必不可少的。与油气相比，局部放电反应速度快、灵敏度高、可实现定位。近年来，随着检测方法和手段的改进，局部放电逐步受到重视，已成为衡量变压器绝缘性能的关键指针。随着在线检测和分析方法的改进，其已完全进入实际应用阶段。

1. 局部放电检测

目前，变压器局部放电检测主要采用以下 3 种方法，如图 5-18 所示。

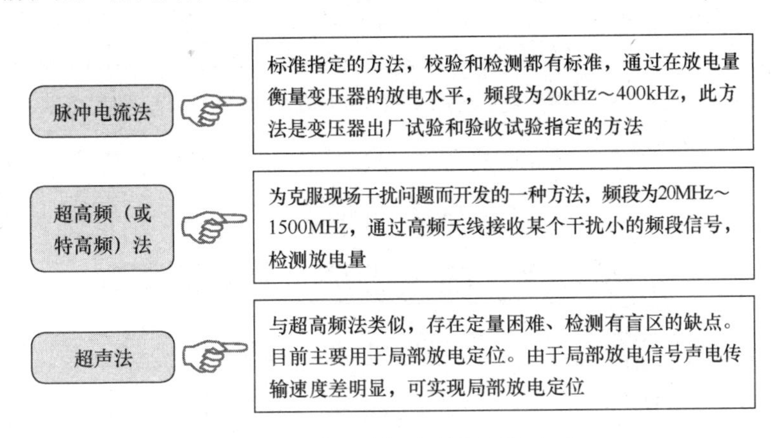

图5-18　变压器局部放检测的方法

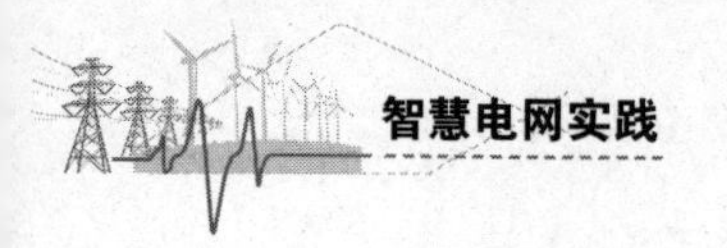

2. 智慧变压器局部放电检测传感器

鉴于上述特点，智慧变压器局部放电检测传感器应采用内外结合放置方法。外置传感器主要有两种：铁心接地在线安装高频电流传感器与高压套管末屏上安装高频电流传感器。

内置传感器必须在保证变压器运行安全可靠的基础上，植入内部传感器，且更换或维护不能停运或吊开变压器。满足上述条件的传感器必须是无源的，并且在变压器内部不能有电子线路。内置传感器采用内外分置安装法，而脉冲电流传感器内外安装没有区别，仅考虑在外部安装。

5.4.2.9　铁心接地电流

铁心接地电流通过接地电流互感器被转换成（0~10mA）模拟信号或数字化信号直接接入 TIED。

5.4.2.10　油质检测

目前，可与油气在线检测集成，检测油含水量，分析结果通过自身的 IED 传送至 TIED，作为评估变压器绝缘状态的参数之一。

5.4.2.11　内部振动检测

内部振动检测主要检测运行中变压器内部零部件的松动，目前还处于探索阶段，传感器可分置安装。

5.4.2.12　冷却器

冷却器的所有控制和状态信息由冷却器智能电子设备（Intelligent Electronic Device，IED）实现，冷却智能电子设备接收智能化单元（Transformer Intelligent Electric Device，TIED）发出的指令，优化投切冷却器，并将状态实时回馈给 TIED，要信息如图 5-19 所示。

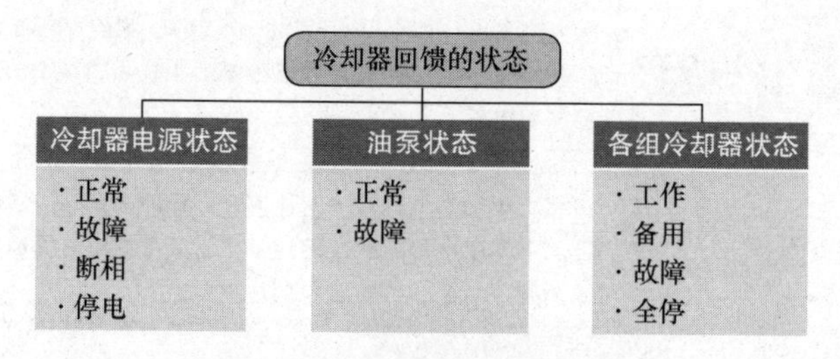

图5-19　冷却器回馈的状态

5.4.2.13 智慧变压器执行器

由变压器智能化单元直接管理的执行单元有三个：冷却器控制单元、有载开关控制单元、充氮灭火控制单元。

TIED 通过网络向冷却器控制单元发送投切操作指令，并将冷却器当前状态回馈给 TIED；同样，TIED 也是通过网络向有载开关控制单元发送调节指令，并将状态回馈给 TIED。

以上执行器自带智能化单元，主要考虑其独立性，并符合 IEC 61850 标准架构。第一阶段的智慧化变压器可通过中间转换单元实现。

5.5 测量及监测设备

5.5.1 传感器

智慧电网是众多装备与技术共同作用的产物，位于检测第一线的传感器设备虽小，但绝对重要。在智慧电网发展过程中，利用传统的传感器已经无法对某些电力产品的质量、故障定位等做出快速直接测量并在线监控，而利用智慧传感器可直接，对产品质量指针以及故障等进行测量（如温度、压力、流量）。

5.5.1.1 传感器认知

传感器（Transducer/Sensor）是一种检测装置，能感受到被测量的信息，并能将感受到的信息，按一定规律变换成为电信号或其他所需形式的信息输出，以满足信息的传输、处理、存储、显示、记录和控制等要求。它是实现自动检测和自动控制的首要环节。传感器的存在和发展让物体有了触觉、味觉和嗅觉等感官，让物体慢慢变得活了起来。

通常，根据基本感知功能，传感器可被分为热敏组件、光敏组件、气敏组件、力敏组件、磁敏组件、湿敏组件、声敏组件、放射线敏感组件、色敏组件和味敏组件等十大类。

传感器的特点包括：微型化、数字化、智能化、多功能化、系统化、网络化。

5.5.1.2 传感器应用

传感器承担了智慧电网实时信息的最前端测量、检测信息的直接获取功能，可以说传感器技术的发展很大程度上决定了智慧电网的发展水平。

我国电力行业使用传感器的场合很多，发、输、变、配、用各个环节都离不开传感器技术的应用。

目前主要使用的传感器大都属于技术水准不是很高但对可靠性和稳定性却要求非常高的通用传感器，主要包括：电流传感器、电压传感器、局部放电传感器、压力传感器、温度传感器、振动传感器、气体传感器、湿度传感器等。技术水准要求较高的测量电流、电压的光纤传感器现在在电力行业应用还较少。

5.5.2 电子互感器

智慧电网要求实现检测、控制、保护、维护、调度和电力市场管理等数字化信息系统的全面集成，形成全面的辅助决策体，电子式互感器由于其本身的特点，成为智慧电网中采集数据的重要组成部分。互感器的作用就是将交流电压和大电流按比例下调至可以用仪表直接测量的数值，便于仪表直接测量，同时为继电保护和自动装置提供电源。

5.5.2.1 互感器

互感器又称为仪用变压器，是电流互感器和电压互感器的统称，其能将高电压变成低电压，将大电流变成小电流，用于量测或保护系统。其功能主要是将高电压或大电流按比例变换成标准低电压（100V）或标准低电流（5A 或 1A，均指额定值），以便实现测量仪表、保护设备及自动控制设备的标准化、小型化。同时，互感器还可用来隔离高电压系统，以保证人身和设备的安全。

5.5.2.2 互感器发展历程

互感器的发展历程如图 5-20 所示。

5.5.2.3 电子式互感器的诞生

现代电力系统正在走向数字化，作为数字电力系统的重要组成部分，数字变电站需要数字输出的互感器以及采用光纤传输方式的互感器。对于传感准确化、传输光纤化和输出数字化的互感器要求促进了电子式互感器的诞生。

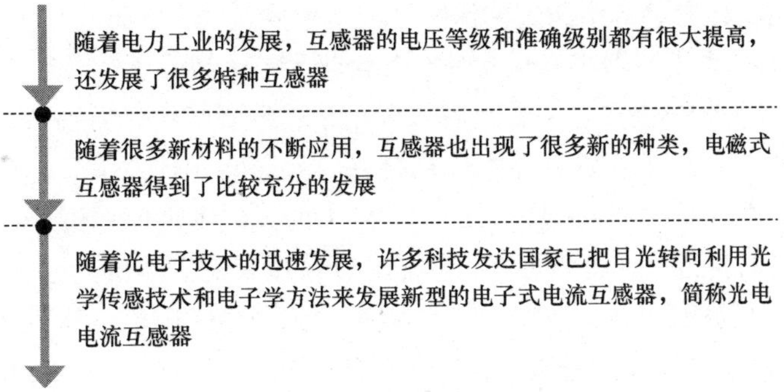

随着电力工业的发展，互感器的电压等级和准确级别都有很大提高，还发展了很多特种互感器
随着很多新材料的不断应用，互感器也出现了很多新的种类，电磁式互感器得到了比较充分的发展
随着光电子技术的迅速发展，许多科技发达国家已把目光转向利用光学传感技术和电子学方法来发展新型的电子式电流互感器，简称光电电流互感器

图5-20　互感器的发展历程

电子式互感器设计制造需进一步满足数字化、绝缘简单、频响快、机械抗性强、无危险、测量精度高、易集成、易安装、易更换、环保等特点。

5.5.2.4　电子式互感器对电力系统的影响

电子式互感器具有传统互感器无法比拟的优点，采用电子式互感器对测量和计量、保护、设备的安装方式以及设备的检修都具有较大的影响。

1. 电子式互感器对测量与计量应用的影响

采用电子式互感器后，传感器输出的模拟信号就地转变为数字信号并通过光纤送给合并单元；合并单元经过预处理后，按照 IEC 61850 标准的规定将数据送给测控装置或电能表。整个传输过程都采用光纤数字编码信号，不存在传统测控装置或电能表的二次变换环节，而且传输过程不会受到电磁干扰，整体测量、计量精度提高了。

2. 电子式互感器对保护应用的影响

采用电子式互感器对继电保护的影响主要体现在两个方面，如图 5-21 所示。

对继电保护系统的影响
在硬件上简化了继电保护系统的结构，增加了硬件系统的可靠性
电子式互感器
动模仿真试验作为研究保护特性的一个重要手段，本身的性能与保护试验的有效性紧密相关
对动模仿真试验影响

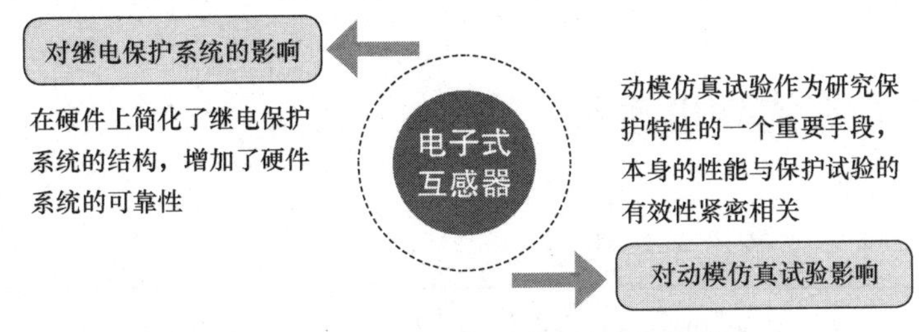

图5-21　电子式互感器对保护应用的影响

3. 对设备安装与集成的影响

因无铁心、绝缘油等，一般电子式互感器的重量只有电磁式互感器重量的

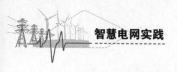

1/10，便于运输和安装，集测量和保护功能于一体。

4. 采用电子式互感器可以使对维护与检验方式的影响

维护工作大大简化。电子式互感器采用干式绝缘结构，免去了对漏油、漏气的例行维护检查。电子式互感器本体与合并单元之间、合并单元与二次设备之间都是通过光纤数字信号进行通信，任一个环节的光纤出现问题都可以实时地暴露出来，并通过后台告警，这省掉了传统电缆断线排查的工作量。

电子式互感器高低压之间采用光电隔离，因而绝缘简单，体积大大减小，同时不存在开路、短路引发的危险，维护与检验更加安全与方便，危险系数大大降低。

5.5.3　在线检测技术

在线检测与诊断技术要求传感器技术水准不断提高，我们可实现采用多参量综合检测的方法，去研究运行中状态特征参量的变化规律以及应用一些新数字信号分析技术的目的。

采用先进的现代科学技术及工程技术，确保电网坚强、灵活、智慧、高效运行，满足现代社会对供电可靠性和电能质量的要求。

我国变压器、GIS 等关键电力设备的在线检测与诊断技术要求传感器技术水准不断提高，可实现采用多参量综合检测的方法去研究运行中状态特征参量的变化规律（如超高频局部放电检测、超声波绝缘缺陷检测、油中气体在线监测、光纤温度在线测量等）以及将一些新型数字信号分析技术应用于在线检测的目的。只有采用先进的传感器技术、计算机技术、电力电子技术、数字系统控制技术、灵活高效的通信技术，电网才能坚强、灵活、智慧、高效运行，满足现代社会对供电可靠性和电能质量的要求，优化发、输、配、用各环节的协调调度，实现运行方式自适应管理，实现系统节能降耗以及绩效指标的优化，提升管理和决策水平。

5.5.4　柔性交流输电系统

5.5.4.1　柔性交流输电系统概述

柔性交流输电系统（Flexible Alternative Current Transmission System，FACTS）是建立在电力电子或其他静止型控制器基础之上的、能提高可控性和增大电力传输能力的交流输电系统。现代电力系统遇到的很多问题都需要通过柔性交流输电设备来解决。

1. 输电线路输送容量瓶颈问题

电力系统稳定性限制决定其传输容量极限小于其他因素，所以，电力系统稳定性的本质是功率平衡，我们需要通过快速的潮流调节来提高系统稳定性。

2. 大型火电厂远距离送电面临的次同步谐振问题

远距离（300千米及以上）、中高串补度（35%及以上）的大容量电厂对输电系统，即存在着多模态次同步谐振问题，这一问题威胁着电网和机组的稳定运行，柔性交流输电系统需采取必要措施有效化解次同步谐振风险，以确保机网安全。

3. 互联电网动态稳定性问题

互联电网动态稳定性问题主要表现在4个方面，如图5-22所示。

1 地区振荡模式、区域间振荡模式及电力系统动态稳定性判据

随着跨区电网互联工程的实施，联网系统的动态稳定问题越来越突出，区域电网互联对系统动态稳定性的影响也引起了更多人的关注

2 区域电网的互联增加了系统的机电振荡模式

一个由N台发电机组成的电力系统A与一个由M台发电机组成的电力系统B实现互联后组成的电力系统有$M+N$台发电机，将有$M+N$-1种机电振荡模式，比实现互联前两个独立系统的机电振荡模式之和多了一个机电振荡模式

3 区域间振荡模式的特点

首先，由电网互联而产生的区域间振荡模式的一个显著特点是振荡频率低；其次，区域间振荡模式的另一个特点是影响阻尼的因素较多

4 区域电网互联对系统其他振荡模式阻尼影响

如前所述，由N台发电机组成的电力系统A和由M台发电机组成的电力系统B互联后，系统有$N+M$-1个机电振荡模式，除新增加的一个区域间振荡模式外，还有$N+M$-2个机电振荡模式，电网互联对这些振荡模式的阻尼一定会有影响

图5-22 互联电网动态稳定性问题

4. 瞬时电压稳定问题

瞬时稳定即电力系统瞬时稳定，指的是电力系统受到大干扰后，各发电机保持同步运行并过渡到新的或恢复得到原来稳定运行状态的能力，通常指第一或第

二摆不失步。

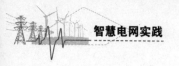

目前，我国对保持瞬时电压稳定的要求分 3 个层次，如图 5-23 所示。

1 对较轻而又常见的故障，例如多回220kV线路中的一回发生单相永久故障，经重合后永跳，不但要求保持扰动后的系统稳定，还要求保持对用户的不间断供电

2 对网络薄弱条件的故障，例如系统单回联络线的故障，要求扰动后系统稳定，但允许损失部分负荷

3 对于严重的单一故障，即三相短路故障，仍强调要求保持扰动后的系统稳定，但允许采取各种可行的措施

图5-23　瞬时稳定的3个层次

经济最发达地区的中心的供电安全问题无疑十分重要，在大量电力输入的情况下，为保证中心负荷区的供电安全，本地必须具有足够的受电能力以及对异常和事故情况的应对能力。这种情况下，瞬时电压稳定问题已成为中心负荷区供电安全的一大威胁。

与主要取决于静态无功平衡和具体运行点下系统动态特性的静态电压稳定问题不同，瞬时电压稳定是指在系统遭受大的故障或扰动的冲击之后所诱发的电压稳定问题。电压稳定问题一般由功率不足引起，而现代电网的新兴结构，使得这一问题日趋严重，如图 5-24 所示。

1 由于能源分布、环保要求及土地资源紧张等诸多因素制约，城市及周边地区发电厂越来越少，区外输电比例越来越大

2 负荷中心的空调负荷所占比例越来越大，而且随天气变化其数量增减剧烈，难以预测

3 电网中的容性并联装置（并联电容、滤波器等）数量巨大，在35kV及以上的电网中，这些多是根据预估的负荷曲线进行定时投切（多数是手动的）的

4 随着电力电子技术的广泛应用，很多负荷对电压的灵敏度降低，类似恒定功率性质，这不利于电压的恢复

图5-24　引发瞬时电压稳定问题的原因

5.5.4.2 柔性交流输电系统的作用原理

柔性交流输电系统的作用原理表现在 4 个方面，如图 5-25 所示。

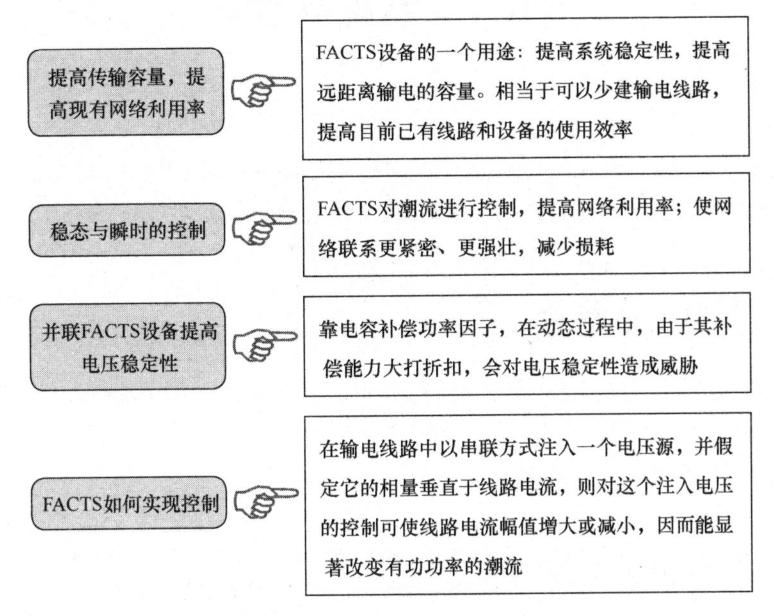

图5-25 柔性交流输电系统的作用原理

5.5.4.3 柔性交流输电系统分类

柔性交流输电系统分类见表 5-1。

表5-1 柔性交流输电系统分类

种类	设备
并联控制器	静止无功补偿器、静止调相机、品闸管控制折制动电路/电容器（TCBR/TCBC），带蓄能器接口（EST）的新型并联补偿装置
串联控制器	品闸管控制串联补偿，静止同步串联补偿器
串联控制器	串联潮流控制器，品闸管控制相位调节，带有电力电子装置的相同功率控制器
串并联结合控制器	统一潮流控制器，转换静止补偿器

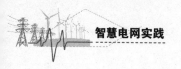

5.6 智慧配电设备

配电设备(Electrical Equipment)是对电力系统中高压配电柜、发电机、变压器、电力线路、断路器、低压开关柜、配电盘、开关箱、控制箱等设备的统称。

5.6.1 配电一次设备

配电一次设备包括变压器、断路器、负荷开关、隔离开关、熔断器、电压互感器、电流交互器等。

智慧配电网络对一次设备的要求如图 5-26 所示。

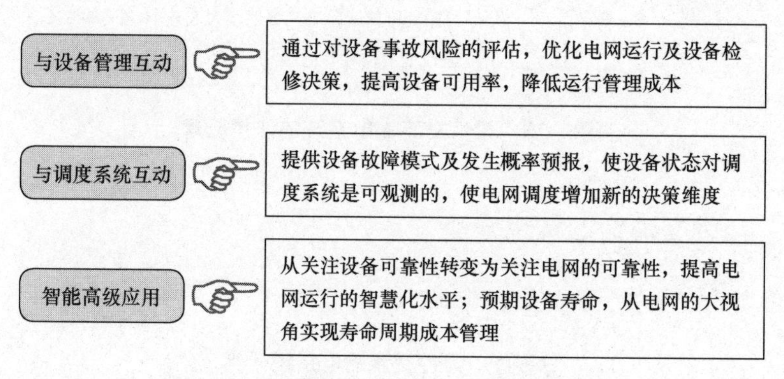

图5-26 智慧配电网络对一次设备的要求

5.6.2 配电二次设备

配电二次设备是保证配电网络安全、可靠、经济运行，与之相配套的必不可少的重要设备。自适应多元化电源、灵活配用电要求的智能终端，支持软插件与逻辑组态、动态在线整定及远程维护，实现设备与一次电力设备的高度集成，为10kV 配电网络分布电源接入的配电网络保护与控制提供技术支撑。

国内对配电二次设备的要求具体大致有以下几点：多样化，从信息孤岛到集成的配电管理系统，配电网优化运行，定制电力技术的应用，分布式电源接入。

5.7 智能用电系统

用电环节智慧化主要包括建设和完善智慧双向互动服务平台和相关技术支持平台，实现与电力用户的能量流、信息流、业务流的双向互动，全面提升相关企业双向互动及用电服务能力。用电信息采集系统、智能设备用电设备是该环节发展侧重点。但国内智能电表在使用寿命、工艺外观等方面与国外有一定差距，不过这些年已经在逐步改进。

在系统主站方面，各类用电信息采集系统要针对不同采集用户对象独立建设，如建设负荷管理系统实现 50kVA 及以上专变用户信息采集，建设集中抄表系统实现居民用户信息采集。在这些系统的建设中，我们需要克服系统独立建设的方式给系统数据共享带来的障碍，具体表现为：难以完全满足不同专业、不同层面的数据需求等矛盾。

在采集设备方面，系统建设单位要克服用户用电信息采集的终端设备多种多样，遵循的技术标准不尽相同，根据安装设备用户类型不同，其功能及性能也不同等矛盾。加强采集设备技术标准的统一性、减少设备多样化及在功能与性能等方面的差异，给系统运行维护提供方便。

5.7.1 智能家居控制系统

家庭智慧交互终端是实现智能家居系统的“大脑”，要利用 4C 技术（计算机、网络与通信、自控、IC 卡 4 种不同的技术），通过电力 PLC+EPON 的方式，将多元信息服务与管理、物业管理与安防、住宅智能化系统集成，为住宅小区的服务与管理提供高技术的智慧手段，实现快捷高效的超值服务与管理，提供安全舒适的家居环境。

智能家居是以住宅为平台，集系统、结构、服务、管理、控制于一体，将与居家生活有关的各种设备有机地结合起来，通过网络化综合管理家中设备，来创造一个优质、高效、舒适、安全、便利、节能、健康、环保的智慧化居住生活空间的系统。

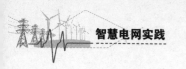

5.7.2 网络化控制系统

网络化控制系统的要求是：信息化程度提高、性能稳定可靠、编程方便、安装调试简单、价格便宜。

网络化控制系统要实现系统模块化与网络化设计，除需具备防雷击、防浪涌、过电压保护等基本功能外，其网络单元还要易于重构，可实现灵活组网。同时，其还应具备人性化的人机界面，方便使用，且具备低成本与低功耗特点。

5.7.3 客户终端设备

客户终端设备如图 5-27 所示。

1 客户端电能管理、负载控制与管理系统都通过数字化技术的运用，实现有效、可靠地运行，促进各类传感器研究与应用

2 全面提升综合服务能力，最大限度满足用户多元化需求；借助双向供电技术，实现双向互动营销；智慧楼宇、智慧家电、智慧交通等建设的推动

3 面对全球性能源短缺，全球气候变暖、环境、可持续发展等问题，发展分布式光伏发电

4 先进的分布式储能技术、电池储能、超级电容器储能等技术的开发与应用

图5-27 客户终端设备

“互联网 + 智慧用电”开启用电新模式

“互联网 + 智慧用电”服务新举措旨在为大连市用电客户提供更优质、更有效、更便捷的用电服务。用电客户将会享受到更精准的自动化抄表服务，同时，客户还可通过手机短信、电话语音等电子化方式收到电费通知，上门张贴“电费通知单”的传统获知电费的模式将会被取代，客户隐私可以

得到更好地保障。

智慧用电服务将以往“先用电，后交费”的传统模式转变为“先交费，后用电”的新型用电模式。客户的用电数据将通过信息通信技术被测算，系统自动计算出实时电费。余额不足的客户将会收到电费预警短信，系统还会及时提醒客户预存电费，客户可以随时了解自家用电情况，减少欠费停电带来的麻烦。

客户可通过微信、支付宝等 App 进行在线缴费。除此之外，客户通过使用国家电网推出的“电 e 宝”“掌上电力”等手机 App，快捷安全地进行在线缴费，并随时查询自家用电情况了，解更多的用电服务信息，足不出户就能感受到“互联网 + 智慧用电”服务带来的快捷安全的用电体验。

第6章

智慧电网物联网

物联网技术在智慧电网中的应用是实现技术自主可控，保障国家电力安全的迫切需要，是促进电力产业结构调整，提升电力行业整体技术创新能力的迫切需要。

物联网技术在智慧电网中的应用目标是：将物联网在传感技术方面的优势应用到电力系统中，在用户与电网公司之间形成实时、双向、互动的信息通信网络，从而提高电网系统输、变、配、用等环节的管理效率、运行效率和安全性，响应国家节能减排的号召，为实现低碳绿色经济做出贡献。

不仅如此，物联网相应的技术和产品也将广泛用于电力系统的各个环节，带动电力系统智能化产品的更新和发展。尤其是随着智慧电网将迎来的高速发展期，物联网技术也将在电网建设、电网安全生产管理、运行维护、信息采集、安全监控、计量以及用户交互等方面发挥重大作用。

6.1 电力物联网及其应用

6.1.1 什么是电力物联网

电力物联网是指物联网技术在电力系统中的应用，是一种通过各种信息传感设备或分布式识读器，如射频识别装置、红外感应器、全球定位系统、激光扫描等设备，按约定的协议，在电力系统应用中形成智能管理的网络。

6.1.2 电力物联网的特征

电力物联网具备 5 个特征，如图 6-1 所示。

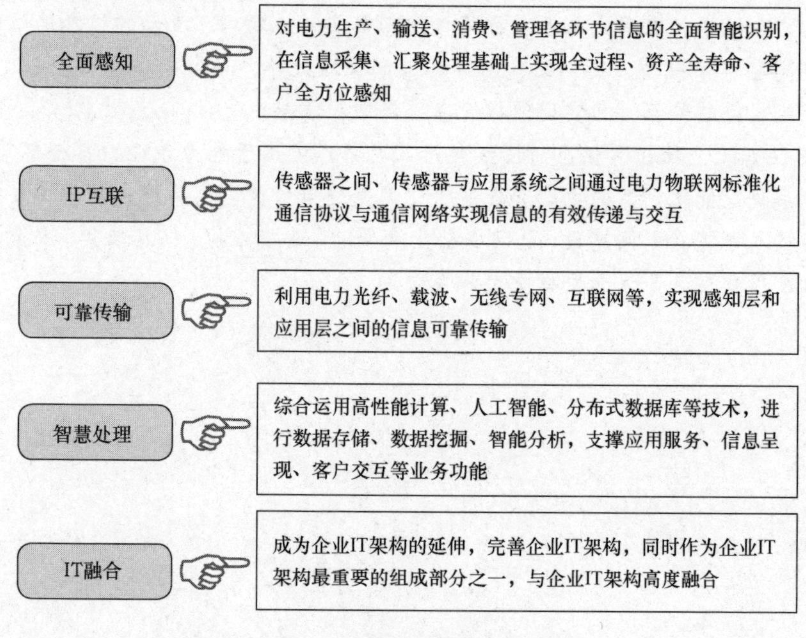

全面感知
对电力生产、输送、消费、管理各环节信息的全面智能识别，在信息采集、汇聚处理基础上实现全过程、资产全寿命、客户全方位感知
IP互联
传感器之间、传感器与应用系统之间通过电力物联网标准化通信协议与通信网络实现信息的有效传递与交互
可靠传输
利用电力光纤、载波、无线专网、互联网等，实现感知层和应用层之间的信息可靠传输
智慧处理
综合运用高性能计算、人工智能、分布式数据库等技术，进行数据存储、数据挖掘、智能分析，支撑应用服务、信息呈现、客户交互等业务功能
IT融合
成为企业IT架构的延伸，完善企业IT架构，同时作为企业IT架构最重要的组成部分之一，与企业IT架构高度融合

图6-1 电力物联网的特征

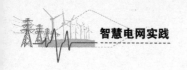

6.1.3 电力物联网分层结构

电力物联网分层结构如图 6-2 所示。

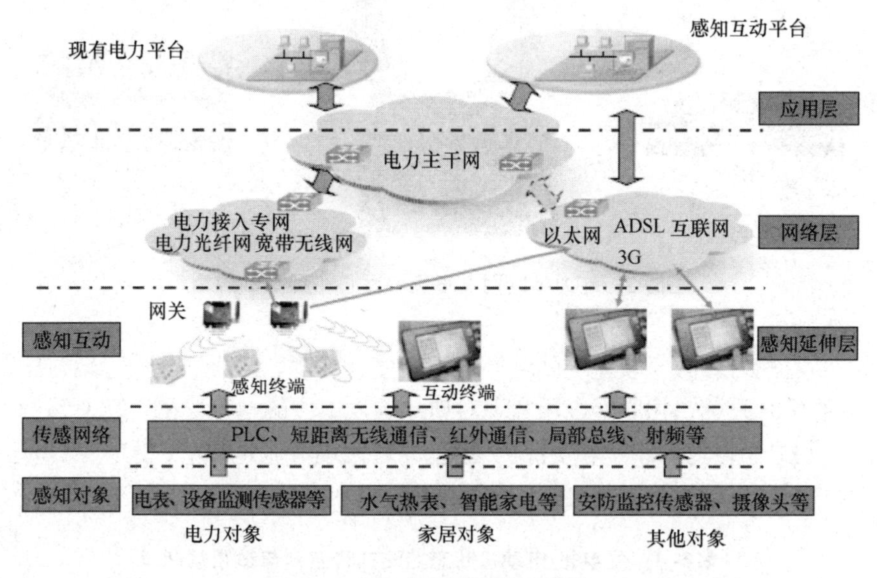

图6-2　电力物联网分层结构

6.1.4 电力物联网在智慧电网各个环节的应用

电力物联网在智慧电网的各个环节都有广泛应用，如电力输送的各个环节，从发电环节的接入到检测，变电的生产管理、安全评估与监督，以及配电的自动化、用电的采集以及营销方面。其在电网建设、生产管理、运行维护、信息采集、安全监控、计量应用和用户交互等方面将发挥巨大作用，如图 6-3 所示。

6.1.4.1 发电环节

在智慧电网发电及储能环节，电力物联网技术主要应用于抽水蓄能电站的机组运行状态检测、电气参数监测、坝体监测、站区污染物及气体监测、脱硫监测、储能监控等方面。在风电场及光伏发电站等新能源接入方面，物联网应用体现在对分布式场站区域内风力、风能、风速、风向的监测，对光照强度、光源可利用

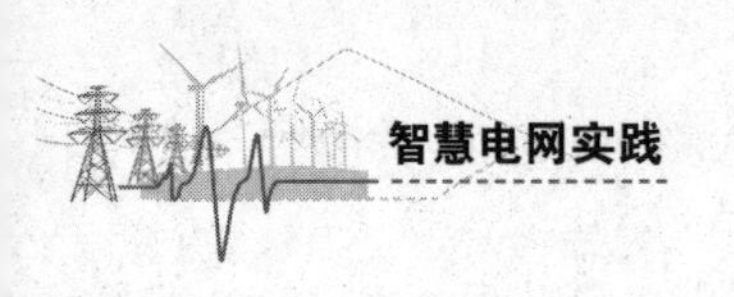

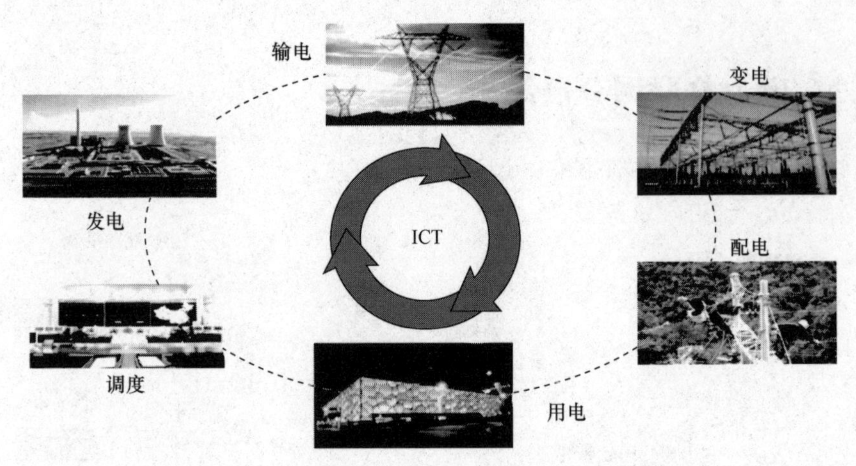

图6-3　电力物联网在智慧电网各个环节的应用

时间数的监测，对微气象地理区域环境中温度、湿度、气压、降雨、辐射、覆冰等要素的实时采集，物联网应用实现对新能源发电厂的自动监测、功率预测和智能控制，提升机网协调水平和资源优化配置，保障能源基地安全、稳定、经济运行。

发电机 / 电动机状态监测的传感器与适用功能见表 6-1。

表6-1　发电机/电动机状态监测的传感器与适用功能

传感器	适用功能
电容传感器	局部放电：监测沿电机引出线传输的局部放电脉冲信号
定子槽耦合器	局部放电：监测沿定子槽的局部放电电流脉冲信号
电流传感器	局部放电：监测空间传播的局部放电射频脉冲信号
光纤振动传感器	定子绕组的径向振动、轴向振动或周向振动
温度传感器	电机绕组升温

6.1.4.2　输电环节

在智慧电网输电环节，电力物联网应用于输电线路覆冰，微风振动、舞动、风偏、弧垂及杆塔应力监测；利用光纤传感技术实现对导线温度等参数的在线监测及载流量动态增容、预警；利用无源光波导传感器实现对绝缘子串风偏、污秽、盐密等的监测；利用图像 / 视频传感技术实现对线路防盗、杆塔倾斜、基础滑移、接地腐蚀的实时监控，为输电线路故障定位和自动诊断提供技术支撑，为线路生产管理及运行维护提供信息化、数字化的共享数据，最终实现输电线路的安全、高效、智慧化巡视，提高输电可靠性和安全性。

电线路线上监测的现场实施方案示例，如图 6-4 所示。

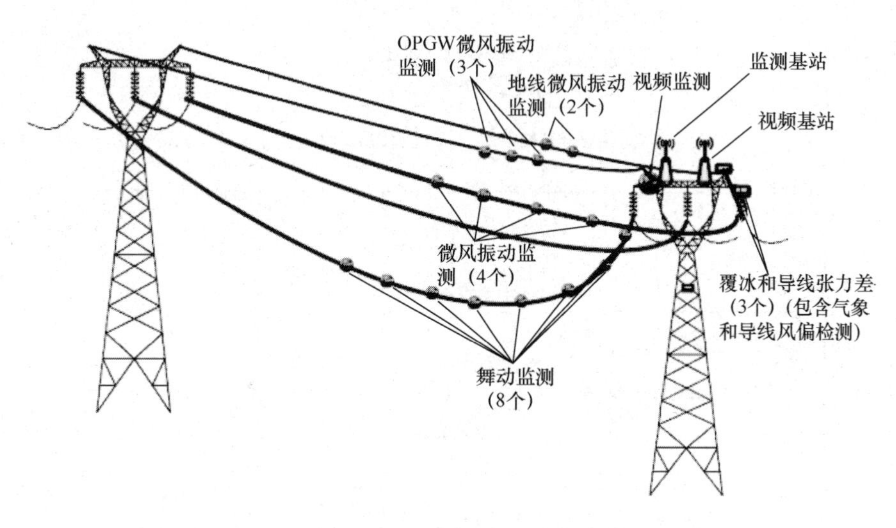

图6-4 某现场实施方案

输电线路上部署温 / 湿度传感器、拉力传感器、三维加速度传感器（MEMS 陀螺）、环境温湿度传感器、风速传感器；高压杆塔上布设倾斜传感器、Sink 节点（含无线通信模块），以实现对导线舞动、微气象、微风振动、覆冰、风偏、导线温度、视频等的在线监测。

面向输电线安全监控的传感器如图 6-5 所示。

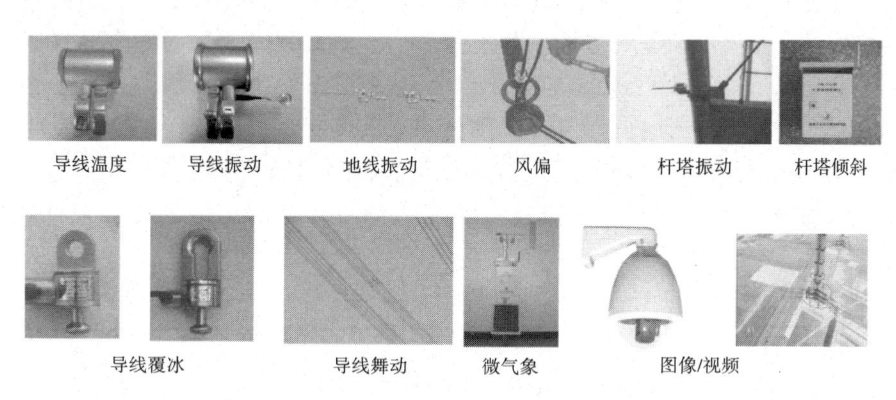

图6-5 面向输电线安全监控的传感器

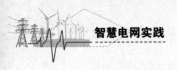

智慧输电传感网系统结构如图 6-6 所示。

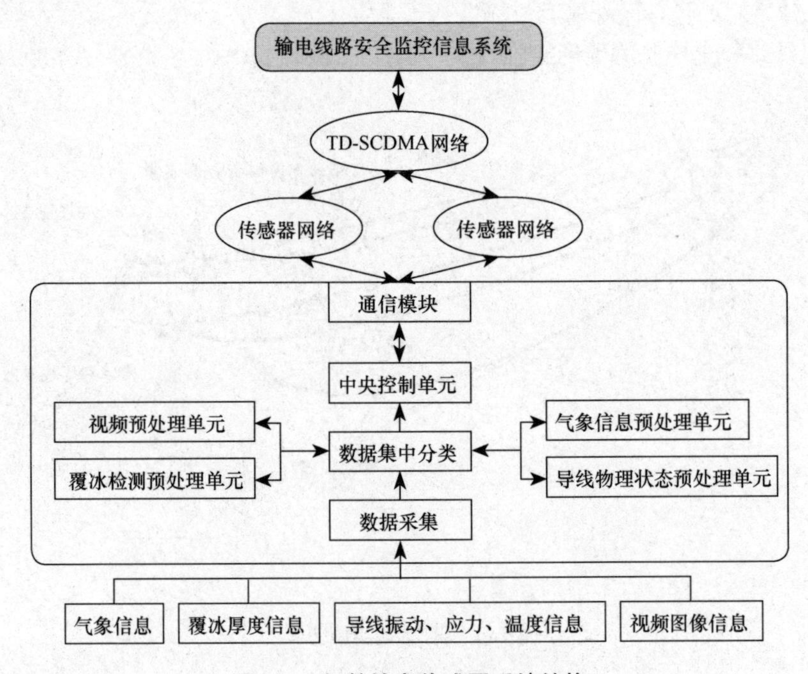

图6-6 智慧输电传感网系统结构

6.1.4.3 变电环节

智慧变电站是智慧电网的重要组成部分，自动协同控制是变电站智慧化的关键，设备信息数字化、检修状态化是发展方向，而运维高效化是最终目标。物联网技术可用于变电站设备的电气、机械、运行信息的实时监测、诊断和辅助决策，尤其可通过传感设备对变压器进行油气检测，判断其健康状态和运行情况；利用无线传感、遥测及三维虚拟技术实现对变电站的防护入侵检测；还可将电子标识技术与工作票制度相结合，实现变电站智能巡检、作业安全管理和调度指挥互动化，促进无人值守数字化变电站的发展。

变电环节的监测对象与内容如下。

① 变压器：油色谱分析、油温、变压器铁芯接地、局部放电、变压器套管介质损耗等。

② 断路器：SF_6 气体监测、绝缘、断路器触头动作速度和行程等。

③ 避雷器：漏电流检测。

智慧变电站传感网系统结构如图 6-7 所示。

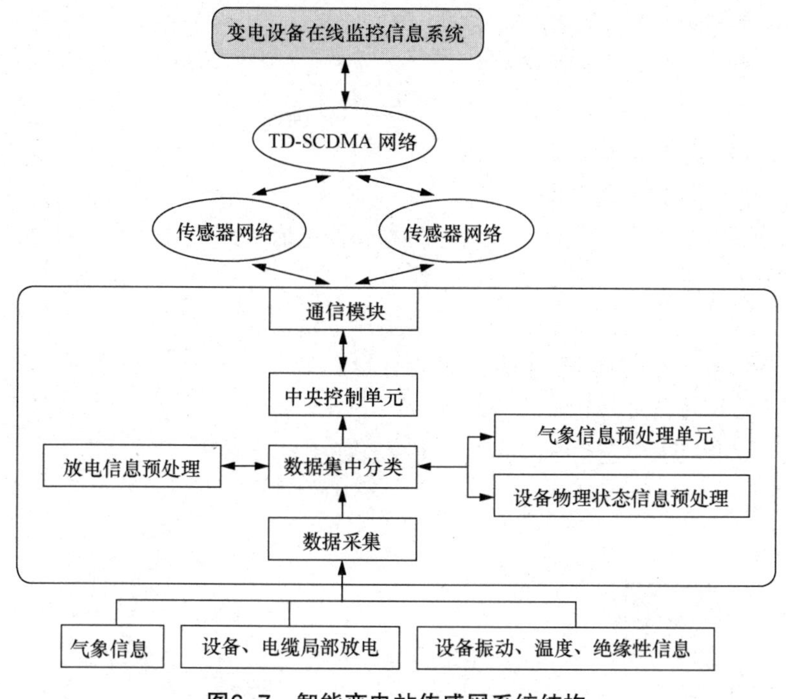

图6-7 智能变电站传感网系统结构

6.1.4.4 配电、用电一体化环节

1. 配电环节

配电网是电力系统中的重要组成部分，具有设备量多、分布广泛、系统复杂等特点，目前我国仍存在配电网网架薄弱、通信难于覆盖等问题。在智慧电网配电环节，电力物联网技术可应用于配电网自动化、配电网线路及设备状态监测、预警与检修、配电网现场作业管理、配电网智慧巡检、应急通信、关口计量与负荷监控管理、分布式能源与充电站等设施监控方面，以加强对配电网的集中监测，优化运行控制与管理，达到高可靠性、高质量供电，降低损耗的目的。

2. 用电环节

在智慧电网用电环节，电力物联网技术主要以智慧用电与互动化技术为导向，以双向、高速、安全的数据通信网络为支撑，应用于智慧用电服务、用电信息采集、智能大客户服务、电动汽车充换电、智慧营业厅、需求侧管理与能效评估、绿色机房环境管理及动力环境监控等方面，以实现电网的灵活接入、即插即用及其与客户的双向互动，提高供电可靠性与用电效率，提升供电企业服务水平，为国家节能减排战略提供技术保障。

3. 配电、用电环节的监测对象

配电、用电环节的监测对象包括以下几个方面。

① 配电网电能质量的实时监测；

② 台区变考核、防窃电；

③ 大用户远程负荷控制，实时远程拉合闸控制和网络预付费、用电信息远程发布应用；

④ 居民用电实时、精确计量，用电事件上报、告警；

⑤ 居民家电设备用电的精细管理与计量。

4. 面向计量与用户交互的传感网

面向计量与用户交互的传感网应用模式如图 6-8 所示。

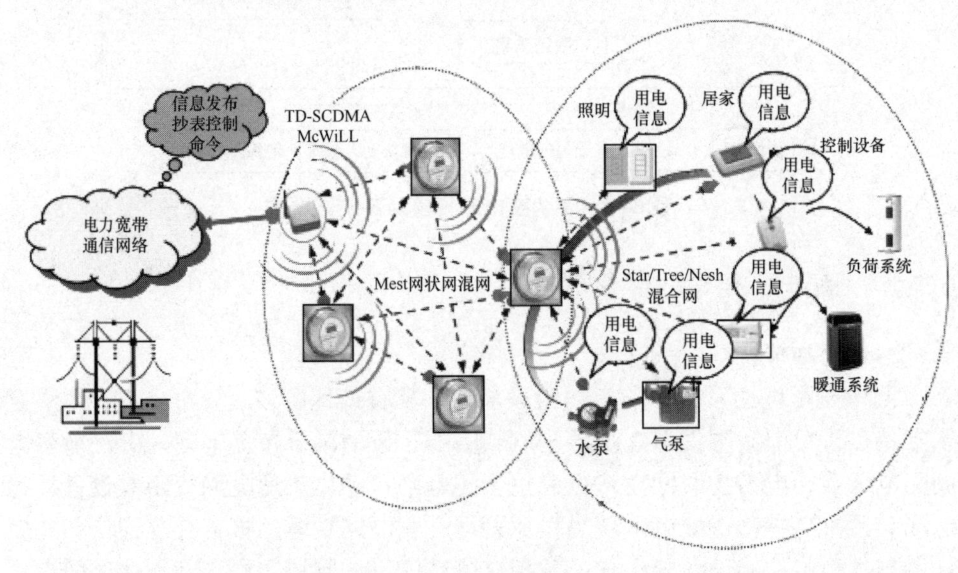

图6-8　应用模式

5. 智慧配电用电传感网系统结构。

智慧配电用电传感网系统结构如图 6-9 所示。

6.1.4.5　调度环节

智慧电表实现可运营可管理的互动服务，使用 M2M（Machine-to-Machine/Man）数据模块连接智慧电表，实时采集电表运行指标给抄表平台，实现对电表的实时计费管理，真正实现对最终用户用电量的调度管理。

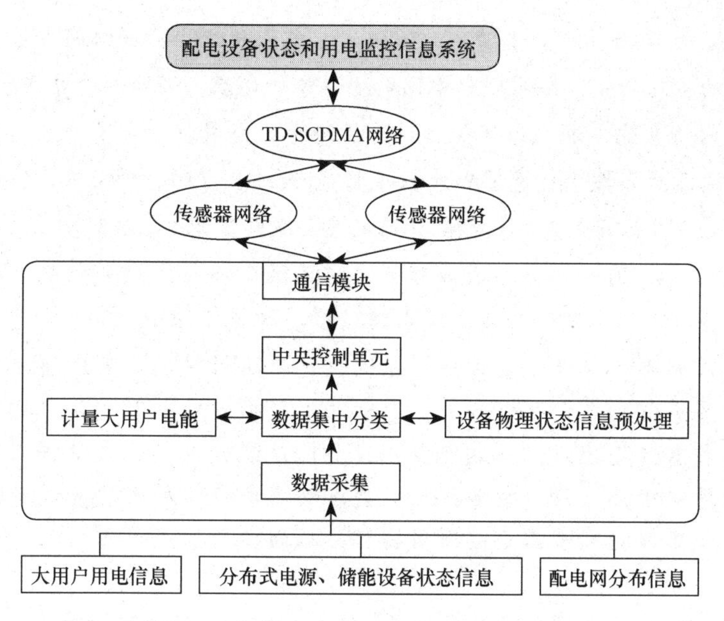

图6-9　智慧配电、用电传感网系统结构

国网江苏电力应用物联网技术实现特高压智能运维

2017年11月14日，国网江苏省电力有限公司的运检人员利用手机客户端和移动作业终端，通过前端物联网和移动通信技术实现±800kV锦苏线智慧巡检，实时掌握输电线路通道和输电设备本体状态。

近年来，国网江苏电力融合云计算、大数据、物联网、移动通信等新技术，积极推进智能传感器、通道可视化、移动巡检终端在输电运检工作中的应用，积极构筑“互联网＋智能运检”的输电运检新模式，着力打造输电运检业务综合管控平台，有力保障了满功率运维期间特高压线路的安全稳定运行。

“云计算、大数据、物联网、移动通信技术，就是将智慧传感器、电力物联网云平台、运检大数据、移动终端这四大技术融合应用，使得运检人员可以任何时间任何地点全面掌握电网所有设备态势，消除安全盲区，从而做出有效的检修计划和方案的技术。”国网江苏电力员工介绍：“早在

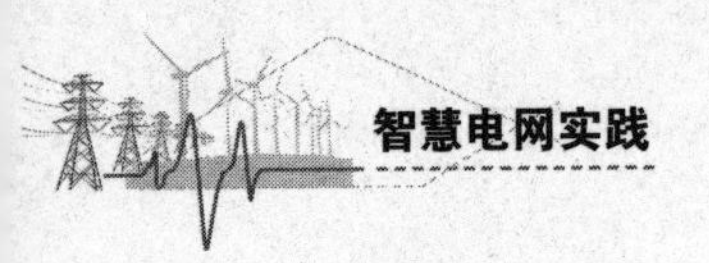

2008年，在国网总部的支持下，国网江苏电力就开始了物联网技术在电力系统中的应用研究，公司联合中国电力科学研究院、国网智能电网研究院、智慧电网研究院、浙江维思等科研单位和专业公司，开发了一系列面向电网安全运维的高技术传感器和配套技术。”经过长期的野外安装、室内安装试验，这些技术得到充分的检验，已经完全成熟可靠。

2017年，国网江苏电力为锦苏线江苏段全部耐张线夹引流板和管母接头装上了1568个无线温度传感器。这些绑定了唯一ID的传感器只有一元硬币大小，啤酒瓶盖厚薄，通过快速导热材料制成的底座固定在线路上的各个监测点，热量不断传导到传感器内部的测温芯片。测温芯片内部集成有微处理器，当发现被测设备温度跃升时，会自动将测量周期从1分钟缩短至1秒，然后将采集的设备温度数据加密后通过杆塔上的信号接收器传送到云后台实时数据库，从而实现温度变化的跟踪和精确采集。

有了智慧传感器和云后台，锦苏线在线监测数据就可以源源不断地被发送到国网江苏电力的移动终端上，运检人员可以方便地查看设备实时温度数据和历史温度曲线；同时，云后台监测系统自动分析比对最高温度、平均温度、温差等大数据变化，一旦发现数据异常，就会通过终端短信通知每个运检人员，由此保障了缺陷可被第一时间发现和处理。

为了进一步加强对温度外其他参数的监测，国网江苏电力还在锦苏线安装了28个杆塔倾斜传感器、24个导线温度与振动负荷传感器，连续监测杆塔倾斜情况，追踪导线在各种气象条件下的运行方式。这些无线微功耗抗干扰智能型传感器，通过云后台系统支持，将锦苏线江苏段的线路设备状态分分秒秒地呈现在运检人员的视线中，从而将缺陷扼杀在摇篮。“更为重要的是，在线监测的实现，为锦苏线运行参数积累、缺陷分析提供了原始数据支撑，真正做到防患于未然。”

江苏电网是国内负荷密度最大、电网规模最大的省级电网，是国家电网系统首个负荷破1亿千瓦的省级电网。±800kV锦苏线额定输送功率7200MW，自2012年投运以来，清洁的水电从四川锦屏被源源不断输送至华东地区，满送期间，日均输送电量高达1.6亿千瓦时，极大缓解了江苏电网供电紧张的局面，对江苏经济和社会发展具有十分重要的意义。

6.2 电力物联网技术体系建立

物联网技术在智慧电网中的应用目标是：将物联网在传感技术方面的优势应用到电力系统中，在用户与电网公司之间形成实时、双向、互动的信息通信网络，从而提高电网系统输、变、配、用等环节的管理效率、运行效率和安全性，响应国家节能减排的号召，为实现低碳绿色经济做出贡献。

6.2.1 电力物联网技术体系的基本特征

面向智慧电网应用的物联网研究将依托于信息通信领域的前沿成熟技术，针对电网运行的特点和实际需求，以及智慧电网的建设和发展方向，建立物联网技术体系，在实现协同感知、实时监测、信息采集、故障诊断、辅助作业等功能的同时，具备可靠稳定、经济高效、规范标准、友好互动 4 个方面的基本特征，如图 6-10 所示。

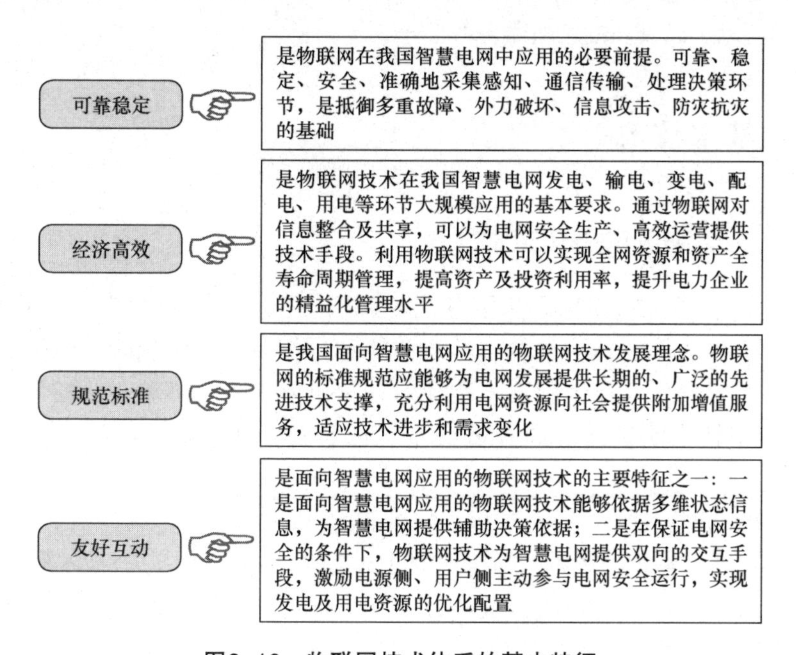

图6-10 物联网技术体系的基本特征

6.2.2　总体技术路线

物联网技术在智慧电网中的应用，具有需求及应用场景多样化的特点，我们需根据在智慧电网中的应用特点对现有物联网技术进行网络系统优化设计，包括网络布设、区域覆盖、网络结构、标准接口、服务中间件、系统安全等方面，以网架建设为基础，控制为手段，实现贯穿发电、输电、变电、配电、用电调度各环节的智慧化控制与管理。

在具体实现过程中，针对智慧电网各环节的具体功能和业务需求，我们应研究物联网架构中感知层、汇聚层、应用层体系，设计通信及组网方案、网络协议、编码、安全和接口规范等。

利用物联网产品电子代码（EPC）、射频识别技术（RFID）、微纳传感技术、全球定位技术等，对智慧电网中电气设备、输电线路、辅助设施、工作人员的识别、监测与管理可实现，其技术特点是能在多种场合下满足智慧电网各重要环节上信息获取的实时性、准确性、全面性的需求；依托物联网透彻的信息感知、可靠的数据传输、健全的网络架构及海量信息的智能管理和多级数据的高效处理等技术，实现对电网及电气设备运行参数的在线监测，对设备状态的预测、预防、调控，基于可靠监控信息建立输电线路的辅助决策和配电环节的智能决策，加强与用户间的双向互动，以及新的增值服务等。

6.2.3　基本技术

6.2.3.1　电力物联网感知技术

目前，业界一般将物联网划分为感知层、网络层和应用层，分别负责完成对物理世界数据的信息采集、数据传输和数据处理及应用辅助决策。其中，感知层利用传感技术和识别技术实现对智慧电网各应用环节相关信息的采集。传感和识别技术的发展方向是低成本、低功耗、新型化、微型化、智慧化、综合化。

电力物联网感知技术研究的目标与重点见表 6–2。

在研发中，我们应根据智慧电网的实际需求，充分利用已有技术成果，在智慧电网的发电、输电、变电、配电、用电环节研制基于电力物联网的专用传感器。在传感器网络方面，应以面向电力行业的应用定制为主，在嵌入平台上进行技术

表6-2　电力物联网感知技术研究的目标与重点

<table>
<tr><td>研发目标</td><td colspan="2">① 全面提高面向智慧电网的物联网信息感知能力。
② 推动信息采集设备的智能化。
③ 引导智能感知设备制造技术的发展，完成适合电力系统的传感器节点的取电技术研究。
④ 研制并推出具有更多种类、更高级、可靠、灵活的、拥有自主知识产权的智慧电网系列专用智能感知设备</td></tr>
<tr><td rowspan="2">研发重点</td><td>传感器技术的研发重点</td><td>① 半导体硅、石英晶体、功能陶瓷以及复合、薄膜、形状记忆合金材料等应用新材料、具有新功能的新型传感器。
② MEMS等微型传感器。
③ 能处理和存储信息的智能化传感器。
④ 多敏感组件装在同一芯片上的多功能传感器</td></tr>
<tr><td>识别技术的研发重点</td><td>① 低功耗、低成本、高可靠性、远距离、可调整语言的RFID芯片设计与制造。
② 标签封装与印刷、造纸、包装结合，导电油墨印制的低成本卷标天线、低成本封装技术。
③ 多功能、多接口、多制式的模块化、嵌入式RFID读写器设计与制造。
④ 多读写器协调与组网技术。
⑤ 嵌入式、智能化、可重组RFID系统集成软件</td></tr>
</table>

和产品研究；开展对于传感器网络的处理器、内存、电源、收发器、嵌入式硬件和软件、近距离无线通信芯片、新型电池等的技术研究。

6.2.3.2　电力物联网通信关键技术

传感器网络的通信和组网技术是传感技术的重要组成部分。网络通信层相对于感知层和应用层技术较为成熟。

电力物联网通信关键技术研究的目标与重点见表 6-3。

6.2.3.3　电力物联网信息处理技术

支持物联网海量复杂数据的是数据存储共享、信息处理、数据挖掘、智能计算和智慧服务平台及技术。

电力物联网信息处理技术研究的目标与重点见表 6-4。

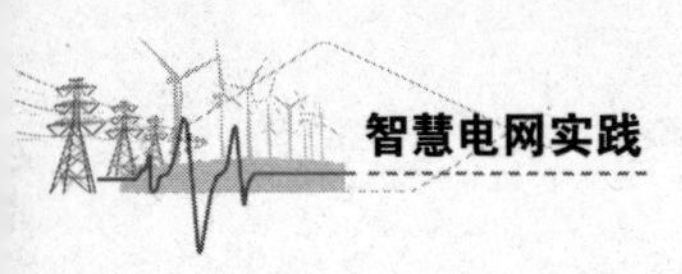

表6-3　电力物联网通信关键技术研究的目标与重点

研发目标	① 完成智慧电网无线传感器网络物理层、链路层以及网络层技术方案的研究。 ② 完成电力物联网在不同应用环境下的可靠性、自组网特性、信号穿透性以及组网技术的研究，提出输电线路、变电站、小区无线信号传播模型和穿透特性的研究报告，提出无线传感器网络在不同应用场景下的组网方案，设计通信协议栈，完成无线传感器网络通用平台的开发。 ③ 完成无线传感网络与宽带载波通信、光纤复合低压电缆的混合组网技术、接口规范、标准协议以及实用化应用技术的研究，提交研究报告；完成基于无线传感网络与宽带载波通信、光纤复合低压电缆混合组网的用电信息采集系统、智能用电服务系统、智能家电/智能家居系统的开发。 ④ 研究无线传感器网络的电磁加固技术，提出无线传感器网络在强电磁干扰以及电磁封闭环境下的可靠通信技术解决方案，研制微型化、低功耗、自组网、智能化的无线传感器网络节点设备。 ⑤ 开发面向智慧电网应用的电力专用无线传感器网络专用芯片，包括短距离无线通信芯片、信道加密芯片、电力线载波通信芯片、智能家电通信与控制芯片、可信接入网关控制芯片等
研发重点	① 研究智慧电网无线传感器网络物理层、链路层以及网络层的技术方案。 ② 研究无线传感器网络在不同应用环境下的可靠性、自组网特性、信号穿透性以及组网技术。 ③ 研究无线传感网络与电力线载波通信、光纤复合低压电缆以及其他电力通信的混合组网技术，开发应用系统，建立应用示范。 ④ 研究无线传感器网络电磁干扰及电磁加固技术，提出无线传感器网络的技术规范及相关建议。 ⑤ 研究面向智慧电网应用的电力专用无线传感器网络专用芯片设计技术。 ⑥ 研究M2M通信技术

表6-4　电力物联网信息处理技术研究的目标与重点

研发目标	① 形成典型的电力物联网海量感知数据存储和交换模型。 ② 研究出云计算和云存储在电力物联网中的应用模式和典型技术方案；研发满足高并发和分布式处理需求的电力物联网信息处理平台。 ③ 提出面向海量感知数据的可视化模式、技术方法、多维分析及数据挖掘模型，为形成电力物联网知识库、辅助决策支持打下基础，从而达到对物理世界的操作和控制
研发重点	① 结合电力行业物联网应用的特点，充分研究在物联网条件下的业务数据的规模和特征，并在此基础上开展电力物联网信息处理技术研究，包括信息的采集、存储、交换、搜索、分发和与现有系统的互操作技术。 ② 研究云计算和云存储技术在电力物联网信息处理中的应用，研究电力物联网统一消息总线技术，并重点开展电力网物联网海量感知信息的高并发和分布式处理技术研究。 ③ 对电力物联网的决策支持需求进行研究，包括海量感知数据的可视化展现、多维数据分析和数据挖掘技术

6.2.3.4 电力物联网可信接入网关及中间件技术

在智慧电网中，物联网网关是连接末端感知网络与承载网络的桥梁，它的主要功能包括通信协议转换、应用协议实现和传感网管理三部分。

智慧电网在其发、输、变、配、用等环节都会大量使用物联网实现感知监测，但各环节的布设环境与应用需求差异较大，感知网络的设计也会因地制宜并采用不同媒质和通信协议的接入网，因此网关的通信协议转换功能是沟通内网和外网的关键。另外，对于非完全分布式的传感网，网关还负责一定的传感网管理功能，如拓扑管理、时隙分配、时间同步与定位服务。智慧电网是关系到国计民生的重大工程，其传感网网关的设计也和一般行业应用有着显著的差别：首先，智慧电网中某些核心传感网应用对网关的可靠性和数据安全性有着很高的要求，可以采用冗余通信链路和双机热备份的设计提高可靠性，并使用安全性较高的数据加密方式进行通信，特别是在网关不能直接连接电网通信专网而需要电信公网中转的情况下；其次，智慧电网的传感网应用覆盖面广，网关需要连接各种采用不同通信协议的传感网和接入网，这就需要网关的设计具模块化和标准化，以满足智慧电网应用对互操作性的要求；再次，在智慧电网的某些应用中，网关和传感器节点会具有一定的移动性，这就需要网关支持传感器节点的漫游功能，而且接入网也需要支持网关的无缝切换；最后，智慧电网异常情况监测和执行器节点控制应用对数据传输的实时性要求很高，传感网网关设计需要支持实时数据传输。

综上所述，智慧电网的传感网网关需要实现通信协议转换、应用协议实现和传感网管理功能；同时，传感网网关的设计需要针对智慧电网的要求解决可靠性、安全性、互操作性、网关与节点的移动性以及实时性等关键技术问题。

面向智慧电网应用的物联网是一个异构的网络系统。从前端感知设备到接入网关到承载网络，整个智慧电网物联网平台由为数众多的、结构和功能差异极大的硬设备构成，这种硬件的异构性加大了智慧电网物联网设备软件开发难度，各类设备、各功能分系统间互联互通极其困难，严重阻碍了面向智慧电网应用的物联网的发展。引入中间件技术，采用基于服务的软件系统架构可以屏蔽物联网平台的软硬件异构性，在技术上为智慧电网物联网系统快速发展奠定基础。

电力物联网可信接入网关及中间件技术研究的目标与重点见表 6-5。

表6-5　电力物联网可信接入网关及中间件技术研究的目标与重点

研发目标	① 实现基于服务的软件系统架构以屏蔽物联网平台的软硬件异构性，在技术上为智慧电网物联网系统快速发展奠定基础，实现电网上层管理系统和业务中间件对接。 ② 研制智慧电网的传感网网关。 ③ 建立支持快速应用开发、高效运行、有效集成和灵活部署的传感网中间件平台体系结构。 ④ 针对不同的应用需求，实现多种传感网节点自定位、移动目标定位和跟踪技术、时钟同步技术。 ⑤ 通过物联网系统故障的发现、容忍和隔离技术，提供电力物联网应用鲁棒性。 ⑥ 提供不同中间件之间的协同机制。 ⑦ 集成上述技术，研制中间件平台系统，形成相关标准，提供支持应用开发的相关工具。 ⑧ 通过面向电力物联网计算的中间件及语义信息处理平台技术研究，在电力物联网环境下，建立一个可自我管理复杂系统的平台，使物联网中的各组件能够互相连接和操作，能够自动发现对方基于服务的中间件软件平台对面向智慧电网应用的物联网软硬件资源进行整合，最大程度上减少软硬件异构性对智慧电网应用推广带来的阻碍，降低智慧电网软件系统开发与运营维护成本
研发重点	① 根据面向智慧电网应用的物联网异构型特点对中间件数据交互技术、运行平台技术、运行控制技术、中间件软件开发技术等展开研究，制订相应技术标准，并开发前端感知设备、接入网关、承载网络上的中间件软件系统，研究包括感知层与网络层之间的感知中间件与感知网关技术、网络层与应用层之间的应用中间件技术两大部分。 ② 研制智慧电网的传感网网关。 ③ 研究物联网计算的中间件平台研究。 ④ 研究电力物联网中间件有限能量与资源管理技术。 ⑤ 研究支持电力物联网可扩展性、移动性和动态网络拓扑的中间件技术。 ⑥ 研发感知数据智慧收集、融合和管理技术。 ⑦ 研究面向电力物联网应用QoS的管理和调度技术。 ⑧ 研究面向电力物联网计算的软件体系结构与可重构技术，着重解决总体设计技术、系统集成技术以及集成支撑技术。 ⑨ 研究面向电力物联网计算的中间件及语义信息处理平台技术。 ⑩ 针对电力物联网不同应场景的需求和共性底层平台软件的特点，研究中间件编程模型，弥补硬件技术本身能力不足。 ⑪ 研究面向电力服务体系的集成管理架构，基础服务构件、业务构件的服务封装和抽象，以及面向服务的业务流程建模与优化，实现电力物联网软件系统和SG-ERP系统的无缝集成。 ⑫ 研究、设计系列中间件产品及标准，以满足传感器网络在混合组网、异构环境下的高效运行，形成完整的传感器网络软件系统架构。 ⑬ 研究开发RFID中间件、传感器中间件、传感网中间件等以屏蔽不同操作系统之间的环境和API差异

6.2.4 电网应用研究

6.2.4.1 风光储联合发电厂（站）气象监测技术研究

风光储联合发电厂（站）气象监测系统是以发电厂所处的微气象地理区域、风电场、光伏电站的地理环境为监测对象，以微功耗的数据采集器为核心设备，通过气象传感器进行风速、风向、温度、湿度、气压、降雨、辐射、覆冰等气象要素的实时采集，依据《地面气象观测规范》等行业标准规范进行数据处理，并实现数据的实时传输。

国内目前正在推进风光储一体化示范项目，并着手制订风能、太阳能发电并网等相关标准。

风光储联合发电厂（站）气象监测技术研究的目标与重点见表 6-6。

表6-6 风光储联合发电厂（站）气象监测技术研究的目标与重点

研发目标	① 基于微功率数据采集关键技术，研究强电磁干扰环境下的微功耗的数据采集器，实现发电厂环境状态监测综合采集。 ② 基于物联网技术，以微功耗的数据采集器为核心设备，实现风光储联合发电厂相关气象数据监测系统的开发。 ③ 通过专家分析系统对采集到的实时气象数据及变化状况进行存储、统计与分析，建立准确的风电、光电功率预测模型，为发电厂根据气象情况调整发电策略提供参考依据
研发重点	① 研究具有丰富传感器接口、高可靠性、宽温、抗强电磁干扰的适合发电厂应用环境的微功耗数据采集系统关键技术，实现对包括温度、湿度、风速、风向、日照时间、日照强度等发电厂环境状态的综合采集。 ② 研究适合风光储联合发电厂（站）特殊应用环境下物联网节点间通信组网技术。 ③ 研究在强电磁干扰环境下实现物联网节点间的可靠通信关键技术，研究综合利用有线通信和无线自组网技术的通信组网方案。 ④ 基于物联网技术，以微功耗的数据采集器为核心设备，研究风光储联合发电厂（站）气象监测平台的架构，实现对发电厂及其周边气象环境参数的实时监测，通过专家分析系统对采集到的实时气象数据及变化状况进行存储、统计与分析，提供局部气象信息，指导发电生产安全稳定高效地进行

6.2.4.2 现场作业管理物联网技术

由于输电、变电、配电设备分布点多面广，且大部分暴露在室外，易受设备老化、天气及人为破坏等因素影响而引发故障。因此，在输、变、配电的整个过程中需要投入大量人力及精力进行巡检工作。为了提高电力巡检过程的自动化程度，发达国家已经在电力现场作业过程中使用手持终端等设备，不过，其采集功能十分有限，不利于智慧电网系统的自动化、智能化采集需求。

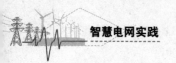

物联网技术在配电网现场作业监管方面有着重要的应用，主要包括：身份识别、电子卷标与电子工作票、环境信息监测、远程监控等，可以确认对象状态，匹配工作程序和记录操作过程，减少误操作风险和安全隐患，真正实现调度指挥中心与现场作业人员的实时互动。基于 RFID 等传感技术的物联网系统在现场作业管理系统中的应用尚在研究过程中。国外已经成功实验了智能机器人取代人工的智慧巡检。目前，国内的输、变、配巡检工作主要有以下几种方式：一是人工巡检，手写记录巡检结果；二是依靠人工与手持电子设备相结合，通过电子设备录入巡检结果；三是智能机器人取代人工巡检。完全依靠人工巡检和手写录入信息的巡检方式已不能满足智慧电网发展的需求，其正渐渐被其他两种方式所取代。人工与手持电子设备结合的巡检方式是目前最为普遍的巡检方式，巡检设备和手持电子设备的智能化水平正在快速提高，信息钮、信息螺栓、条形码、智慧移动终端等巡检设备相继研发成功。

现场作业管理物联网技术研究的目标与重点见表 6-7。

表6-7 现场作业管理物联网技术研究的目标与重点

研发目标	① 开发出适用于复杂电磁环境下的低功耗RFID标签、稳定可靠的无线通信模块。 ② 开发出基于协同感知RFID卷标和无线通信模块的手持智能设备及管理系统。 ③ 开发出输电、变电、配电智能巡检模块及系统。 ④ 开发远程巡检监控系统。 ⑤ 精确检测设备工作环境与状态，精准确认巡检人员并且采集电力设备的运行环境信息、工作状态信息，提高巡检工作质量的目标
研发重点	① 开发一套基于感知RFID与无线传感器网络的、适用于智能巡检过程的物联网系统，全方位监测环境和设备状况，并实现电网现场作业的管理功能。 ② 研究智慧巡检协同感知RFID标签的恶劣环境适应能力及多标签射频识别技术。 ③ 研制可同时支持无源标签、有源感知标签的手持智能设备，以及两类射频卷标系统读取模式的兼容性。 ④ 研究远程监控系统，可以核准实现场操作对象和工作程序，使各项现场活动可控、在控，保障人身安全、设备安全、系统安全。建立基于传感器网络技术及RFID技术的输、变、配电设备巡检系统，利用RFID卷标监督巡检人员确实到达现场，并按预定路线巡视，在到位基础上，辅助加入环境信息与状态监测传感器，全方位监测设备状况

6.2.4.3 物联网技术在电网设备状态监测系统中的应用研究

输电线路是电力系统的重要组成部分，是电力系统的动脉，我们应研究基于物联网的性能可靠、功能丰富的输电线路状态在线监测技术，及时发现和掌握输电线导线的温度、覆冰、气象环境等情况，从而提高输电线负载能力、防止电网事故的发生。

国内开展输电线路状态监测的应用比较早，但是监测内容少，数据量小，通信方式以无线公网为主。现在，监测内容逐步增多，数据量逐渐增大，并呈现向可视化方向发展的趋势。通信方式也从无线公网逐步向光纤和无线专网方向发展。

变电站是电力系统的重要组成部分，是电网基础运行数据的采集源头和命令执行单元。研究变电设备状态监测传感技术，可以提高设备利用率，延长设备寿命，减少停电次数 / 停电时间，提高输电效率；另外，变电站电能计量设备关系着厂网电费结算，其准确度直接影响发电企业、电网企业的经济利益，我们也需要对电能计量设备实施动态计量监测，保证关口计量准确性。

目前，变电设备在线监测系统、互感器计量在线监测系统普遍采用现场总线及其他无线通信方式，安防系统采用光纤接入的通信方式，现场工程工作量极大、费时费力，另外，无线通信方式的大规模无序应用，将导致难以运维的变电站无线通信网络的形成。

物联网技术在电网设备状态监测系统中应用研究的目标与重点见表 6-8。

表6-8　物联网技术在电网设备状态监测系统中应用研究的目标与重点

研发目标	① 基于物联网技术的电网设备状态监测系统体系架构研究报告。 ② 研制可以对输电线路实现全覆盖的一体化传感设备。 ③ 研制对变电站内电气设备各种状态参数进行监测的系统终端。 ④ 构建基于一体化传感设备和电气设备状态监测终端的电网设备在线监测平台示范系统
研发重点	① 针对电力传输线安全运行的关键需要，研究基于物联网技术的分布式多信息一体化输电线传感设备，实现对包括输电线覆冰、风偏、舞动、杆塔倾斜、山火/泥石流情况、金具温度在内的输电线路等各种相关状态量的在线监测。 ② 针对物联网传输技术的特点，研究可靠、安全、高速的数据传输平台，实现各种输电线路状态数据的统一接入和统一管理。 ③ 通过对输电线路上的各有效参数的监测及数据挖掘，研究并建立设备状态专家评估模型，实现状态监测评价、故障诊断及状态分析预测，并为输电线路的状态检修决策提供必要的依据。 ④ 充分研究后台海量数据库中的各种状态数据，并结合各种新兴的数据可视化技术方法，研究具备电力行业特征的新型业务数据可视化展现模式。 ⑤ 面向建设高效、可靠、智慧化变电站的需要，研究基于多传感器集成、多信息采集、信息融合及抗强电磁干扰等关键技术的面向实际应用的变电站电气设备状态在线监测系统终端。实现对包括变压器油气、断路器动特性、微水、互感器、避雷器绝缘、互感器等的在线监测

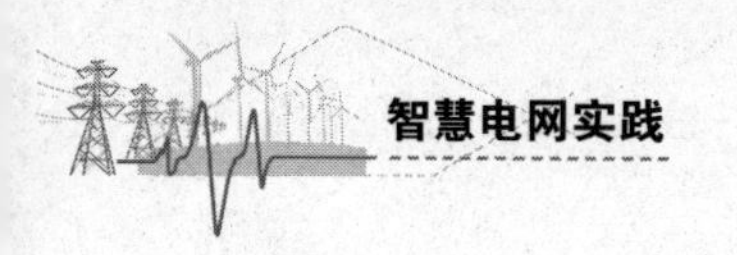

6.2.4.4 面向电力设施防护及安全保电的物联网技术研究

目前国内应对电网的安全威胁主要采用人工巡线的方法，主要包括雇佣当地居民做护线员，部分地区采用直升机、无人机等现代化手段进行巡线。

部分重要杆塔上也采取了技术手段防范盗窃、破坏事件的发生，但主要采用了视频、红外等点对点通信模式，虚警率和可靠性还不尽如人意，需要进一步改进和完善。

面向电力设施防护及安全保电的物联网技术研究的目标与重点见表6-9。

表6-9 面向电力设施防护及安全保电的物联网技术研究的目标与重点

研发目标	① 研究多种传感器协同感知及组网技术，实现全新的目标识别、多点融合和协同感知能力。 ② 针对高压输变电线路的环境研究传感器的环境适应性和电磁兼容性，重点提高传感器在恶劣自然环境下的存活率和抗强电磁场能力。 ③ 研究输电线路、杆塔及设备的全方位防护及安全保电支撑平台技术
研发重点	① 完成电力设施防护及安全保电支撑平台的研发。 ② 实现对高压骨干输电线路侵害行为的有效分类和区域定位，实现对高压骨干输电线路的全方位防护。 ③ 应用多传感器数据融合技术，完成电力设施防护及安全保电支撑平台的系统验证，实现无虚警、无漏警的安全告警系统

6.2.4.5 面向智慧用电与用电信息采集的物联网技术研究

智慧用电服务作为智慧电网用电环节的关键部分，是电网与用户之间实时交互响应，增强电网综合服务能力，满足互动营销需求，提升服务水平的重要手段；它能加强用户与电网之间的信息集成共享和实时互动，实现用电的智慧化、互动化，进一步改善电网运营方式和用户对电能的利用模式，提高终端用户的用能效率。

美国、英国、意大利、法国、西班牙、澳大利亚等国家，以及印度等新兴发展中国家都在积极发展自动化表计系统或智慧电表，相继大规模开展了用电信息采集相关系统的建设，在电力用户用电信息的专业化应用和集成化的应用方面均取得良好的应用效果。我国正在规模化进行用电信息采集系统的建设，并通过试点工程验证智慧用电服务的技术方案。智慧用电服务试点工程主要基于光纤通信技术和电力线宽带网络技术构建，采用双向互动智能表计、用户智能交互终端等，建立用户与电网之间的实时连接、互动开放的数字网络，满足电网双向互动营销的需求。

面向智能用电与用电信息采集的物联网技术研究的目标与重点见表6-10。

表6-10 面向智能用电与用电信息采集的物联网技术研究的目标与重点

研发目标	① 完成智慧互动终端、机顶盒、智能插座等家庭智能传感装置、组网方案以及智慧用电服务管理平台的研究，开发出相关设备和软件平台，实现家庭用电设备的智慧化管理和能源的有效利用。 ② 完成混合组网模式下的用电信息采集系统的设计，开发基于无线传感与电力线宽带混合组网模式的用电信息采集装置和系统
研发重点	① 根据用户实际需求研究智能用电服务系统的功能，并制订现阶段可行的规划设计。 ② 进行智能家庭传感装置、系统研究和基于智能用电传感局域网的家庭组网研究，为居民用户提供可靠电力供应的同时扩展用户对智慧家居的体验。 ③ 研究基于传感网的用电综合信息采集装置、系统和数据管理平台。 ④ 研究无线传感网络与宽带载波通信的混合组网技术、接口规范、标准协议以及实用化应用技术（包括系统部署、产品电磁兼容设计等）

6.2.4.6 基于物联网的电动汽车管理信息化技术研究

建立基于物联网的电动汽车信息平台的目的在于利用无线传感、感知标签、全球定位技术（GPS）、无线宽带移动通信技术实现对全市电动汽车、电池、充电站、人员及设备安全的在线监控、一体化集中管控、资源的优化配置以及设备的全寿命管理。

基于物联网的电动汽车管理信息化技术研究的目标与重点见表6-11。

表6-11 基于物联网的电动汽车管理信息化技术研究的目标与重点

研发目标	实现对电动汽车状态监测、电池状态监测、充电站、作业人员及设备的在线监控，对电动汽车周边的各种物联网信息进行综合管理和智能化、图形化展示，用“3S+C”（遥感、全球定位、地理信息系统、通信技术）技术实现对网、省两级范围内的电动汽车相关设备资源的动态调配和合理分配，为建设节能、高效的电动汽车产业链提供保障技术，实现智能移动终端上的数据融合以及多对象的智能调度
研发重点	① 研究物联网技术在电动汽车上的运行状态、电池类型状态监测等方面的关键技术、设备定制、实施方案。 ② 研究基于物联网的电动汽车、充电站等相关对象的统一管理、分析、调度、展示信息化管理平台。 ③ 对于平台范围内的电动汽车、充电站、相关工作对象实现图形数据和台账属性数据的统一管理和加解密处理，通过GIS图形化方式提供友好直观的展示。 ④ 面向大量终端的数据快速处理和压力均衡处理，能同时处理电动汽车、充电站、相关工作对象实时监测信息的并发处理需求。 ⑤ 电动汽车、充电站及其相关工作对象能通过短距离无线通信实现自身传感器自组网和网内信息分析。 ⑥ 平台通过综合分析来自电动汽车、充电站、相关工作对象物联网的监测信息，综合分析判别，为电动汽车根据当前位置、当前能量状态、自身电池设备型号等信息分析匹配最合适的充电站进行能力补充

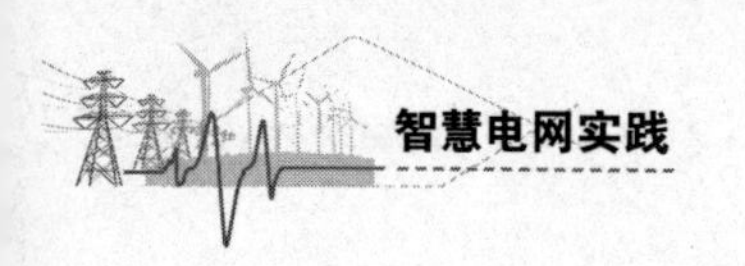

6.2.4.7 物联网在电力资产管理中应用

电力企业是资产密集型，技术密集型企业。目前，电力企业对资产的管理仍然以粗放式为主，这种粗放式管理存在很多问题，如资产价值管理与实物管理脱节、设备寿命短、更新换代快，技改投入大，维护成本高，每年电力企业投入大量人力、物力进行资产清查，以改善账、卡不符的问题。电力企业为改善资产管理已开展了大量工作，如国家电网公司正在开展的资产全寿命管理等，但由于电网规模的扩大，尤其是智慧电网的建设，发、输、变、配、用电设备数量及异动量迅速增多且运行情况更加复杂，加大了集约化、精益化资产全寿命管理实施的难度，亟需有效、可靠的技术手段。同时随着智慧电网建设的深入，各业务系统从不同维度对电力资产数据提出了不同的需求，因此需要通过对电力资产统一编码、统一模型、统一接口等诸多方面的研究，以满足日益增长的业务系统建设需求。电力企业利用物联网技术能够实现自动识别目标对象并获取数据，可以为实现电力资产全寿命周期管理、提高运转效率、提升管理水平提供技术支撑。

物联网在电力资产管理中应用研究的目标与重点见表6-12。

表6-12 物联网在电力资产管理中应用研究的目标与重点

研发目标	深入了解目前国内外物联网在电力资产管理中的应用现状，同时结合公司信息化建设的研究现状，从采集管理、资源管理、人员管理和安全管理等方面设计电力资产管理功能，提交物联网在电力资产管理中的应用研究报告。在此基础上，研究资产管理中心与公司SGERP体系下各业务应用间的关系，设计并实现公司信息化一级集中模式下的统一资产数据库
研发重点	主要研究电力资产全寿命管理的各功能模块如下。 ① 实时监控：采用RFID以及多种传感器采集技术实现设备资产的智慧收集，实现实时监控、及时报警。研究电力资产编码规范；提供灵活丰富的接口设计，实现与各业务应用的资产数据的双向同步服务。 ② 资产手动/自动盘点：利用机房部署的RFID传感器实现资产的智慧自动盘点；并结合掌上型RFID接收装置完成人工定期资产盘点功能。实时发现资产变更情况，及时报警。 ③ 巡检管理：通过对资产与人员手持接收装置的相互感知，实现资产巡检管理功能。 ④ 出入管理：综合门禁、RFID数据采集，实时监视人员的移动线路，人员违规进入特定区域会提供报警。 通过以上主要方向的研究，完成电力资产全寿命管理，实现资产盘点、自动化巡检、资源智能调配等资产管理功能

6.2.4.8 物联网在绿色机房智慧管理中应用研究

目前国内外各大IT公司在绿色机房实现过程中所采取的方法包括将机房建设在高纬度地区，利用冷空气为设备降温，减少制冷设备的能源能耗，同时通过对空调风道优化等方式提高能源利用效率。

物联网技术的引入有利于用电单位在绿色机房建设中实现全方位的能效优化。通过在机房设备附近安装各种物理环境和工作状况传感器，用电单位可综合掌握设备所处状态，有针对性地对环境进行优化，达到减少非必要能源消耗的目的。

物联网在绿色机房智慧管理中应用研究的目标与重点见表6-13。

表6-13 物联网在绿色机房智慧管理中应用研究的目标与重点

研发目标	针对机房环境和设备特点开发出适用的传感器装置，选择可靠稳定而不会对机房设备产生干扰的通信方式，开发出绿色机房智慧管理平台，实现对机房物理环境、设备运行状况、设备电源等的实时监控，在参数异常时发出报警信息，辅助管理机房设备并确保其在理想环境参数下运行。管理平台将根据分析采集的传感器资料实时调整制冷设备，使其达到减少能源消耗的目的
研发重点	① 机房采集系统：提供灵活的采集配置工具，通过RFID等技术进行机房设备的联网，实现各种被管设备的数据采集，满足对机房设备能耗相关数据采集的支持，如：安防（门禁等）、环境温度、湿度、水浸、风量、风速、气体（CO、CO_2等）、声音、震动、压力、运动、污染物、烟感、视频。 ② 能耗分析：借助能耗计算标准，综合配电、IT、空调、UPS等设备的能耗资料，实现能耗的计算和自动控制功能。研究国内外能耗计算标准，提出符合公司特点的能耗计算和评价规范。 ③ IT资源池监视与调度系统：为下一代数据中心资源整合提供支撑，通过实时监视掌握资源池的使用状态，并研究与主流虚拟化管理系统的联动，实现存储、技术资源的智慧调度与调配。 ④ 综合监控：采用三维虚拟现实技术，以机房监控为主线，实现机房电力、环境、安防、制冷的可视化监视，并提供设备自动和手动控制操作功能。 ⑤ 智慧化设备维护感知及全寿命管理：全方位感知网络、运维服务、信息安全、桌面终端的物理状态、运行参数、入侵检测，发现隐患进行告警，并通过自动、手动方式进行资产盘点的自动化；利用智慧巡检终端对机房设备进行全寿命管理

6.2.4.9 电力物联网综合展示平台

智慧电网作为物联网最主要的应用场景之一，受到业界广泛关注。智慧电网

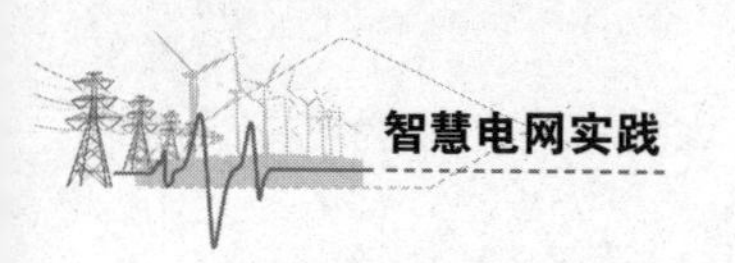

的实现，首先依赖于电网各个环节重要运行参数的在线监测和实时信息掌控，物联网作为“智能信息感知末梢”，可成为推动智慧电网发展的重要技术手段，也将进一步促进物联网技术的发展并推动其向应用实用化迈进，促进其行业应用，形成新型产业链。

目前物联网在电力系统重点研究领域包括以下几个方面：

① 基于物联网的智能用电信息采集；

② 基于物联网的智慧用电服务；

③ 智慧电网输电线路可视化在线监测平台；

④ 基于物联网的智慧巡检；

⑤ 基于物联网的新能源汽车辅助信息管理系统；

⑥ 智慧用能服务以及家庭传感局域网通用平台；

⑦ 绿色智慧机房管理；电力光纤到户，支撑三网融合等。

电力物联网综合展示平台研究的目标与重点见表6-14。

表6-14　电力物联网综合展示平台研究的目标与重点

研发目标	① 开发出电力物联网综合展示平台，实现多种传感数据、电网基础数据综合管理和分析，并提供友好标准数据接口，便于与各种生产管理、ERP等系统进行数据共享，建立统一的、面向服务的传感信息共享与应用服务体系。 ② 建立电力物联网综合展示平台，最终展示包括智慧用电、输电线路可视化在线监测、杆塔安全防护、电动汽车信息管理系统等内容。 ③ 通过无线传感器、通信设备实景展示和展板的形式直观展现先进物联网技术在智慧电网中的应用
研发重点	① 建立统一的、面向服务的智能电网传感网络应用系统一体化信息共享平台，研究一体化的空间数据、智能电网传感网络数据组织、信息共享、数据加密。 ② 研究建立在数据共享平台，研究浏览和分析优化图形的服务引擎，提供高效的平台可视化功能；研究多种异构传感网络数据的规整和存储，研究多种智能电网传感网络信息的综合分析，研究多源/多类型/异构数据一体化组织和管理。 ③ 在相关数据一体化组织和管理的基础上，研究统一的数据传输、存储技术，提高电网运行和传感网数据的安全。 ④ 研究电网运行和传感网资料快速检索和综合分析服务实现。 ⑤ 研究建立智慧用电展示，包括智慧用电方面的展示主要包含基于电力光纤到户（OPLC）的多网融合系统、智能用电服务系统和用电信息采集系统。 ⑥ 研究建立输电线路可视化在线监测系统展示，输电线路可视化在线监测系统主要利用先进的输电线路和杆塔感知技术、图像编码和传输技术、三维空间地理信息技术、宽带通信技术组成输电线路物联网网络，以实现对输电线路的各种状态，如覆冰、污秽、温度、舞动、微气象等进行多方位可视化实时监控及故障预警。

（续表）

研发重点	⑦ 研究建立杆塔安全防护展示，包括在杆塔及周围部署红外、振动等多种防护杆塔攀爬及非工作人员侵入的传感器，组成立体的杆塔及电力设备防入侵系统。向未经允许接近杆塔人员发出警告，并实时监控现场情况，向关联系统和值班人员发出报警信息。 ⑧ 研究建立电动汽车信息管理系统展示，展示利用多种传感技术、感知卷标、全球定位系统（GPS）以及宽带通信网路，实现的电动汽车、车载充电电池、充电站的智能感知、联动及高效互动，充电资源的优化配置，电动汽车、充电电池、充电站设备的全寿命管理

6.2.5 物联网安全防护体系

物联网具有节点资源有限、网内信息处理、终端部署区域开放及大量采用无线通信技术等特点，但安全性较低。电网是关系国际民生的基础，在电网中的应用任何技术，必须要有安全作保障。因此开展电力物联网的安全防护方案研究是必要和迫切的。

物联网安全防护体系研究的目标与重点见表 6-15。

表6-15 物联网安全防护体系研究的目标与重点

研发目标	① 完成电力物联网安全研究报告，分析电力物联网安全风险和安全需求，提出明确的电力物联网安全防护要求。 ② 形成电力物联网安全防护总体方案和典型应用方案。 ③ 提出电力物联网感知层安全增强协议，指导安全可信物联网终端产品的研发。 ④ 开发低成本、低功耗、高可靠性的安全芯片和电力物联网安全互联网关。 ⑤ 完成电力物联网安全监测体系研究，攻克关键技术。 ⑥ 形成电力物联网安全性测评研究报告。 ⑦ 提出电力物联网安全标准体系框架
研发重点	① 研究分析物联网在智慧电网各环节的应用，综合考虑智慧电网中物联网系统的业务需求和特征、通信方式、组网方式等，研究分析智慧电网中各环节物联网系统安全需求。 ② 研究分析电力物联网安全防护要求。在安全风险和需求分析的基础上，提出涵盖物联网感知层、信息传输层和应用服务层的安全防护要求。 ③ 研究提出电力物联网感知层安全增强协议。分析国内外无线传感器网络安全解决方案，结合智慧电网下物联网的应用特点，分析提出安全性高、开销低的安全增强协议，为构建安全可信的电力物联网奠定基础。 ④ 研究提出电力物联网总体安全防护方案。结合智慧电网下物联网的应用特点，根据安全防护要求，提出涵盖物联网感知层、信息传输层和应用服务层的总体安全防护方案。

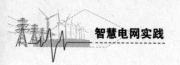

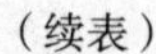
（续表）

研发重点	⑤ 研究提出电力物联网典型应用安全防护方案。在智慧电网的背景下，结合发、输、变、配、用各环节物联网的典型应用，研究提出典型安全防护方案。 ⑥ 研发适合在电力物联网中应用的低成本、低功耗、高可靠的安全芯片，研发用于实现电力物联网与企业信息网、生产控制网安全互联的网关产品。 ⑦ 研究电力物联网安全监测技术，实现对安全隐患、安全攻击和运行异常的及时发现。 ⑧ 研究电力物联网安全性测评技术，提出智慧电网下物联网安全测评方法、标准、用例集，搭建安全试评环境、开发安全试评工具。 ⑨ 提出电力公司物联网安全标准规范体系

6.2.6 标准体系研究

物联网发展涉及很多关键共性技术，直接影响物联网所面向的电网应用的开展，对于网络服务质量、运行维护、安全保障都起着非常重要的作用。虽然现在有大量无线传输标准和测试、检测设备，但是针对物联网系统、关键技术、标准、设备、芯片的测试、检测、评估的标准和设备仍是空白。

标准体系研究的目标与重点见表 6-16。

表6-16　标准体系研究的目标与重点

研发目标	物联网在智慧电网中应用的标准体系研究，将结合智慧电网的应用需求，紧密跟踪标准制订工作，严格规范传感器网络在通信接口标准、传感器接口标准、协议栈软件接口标准、处理类中间件接口标准等，为标准制订提供系统级互联互通测试环境，对标准制订工作起到极大地推动作用
研发重点	① 物联网在智慧电网中应用的标准体系研究立足于我国电力系统现有标准，积极跟踪物联网和智慧电网国内外标准的制订工作，建立规范化指导性的物联网和智慧电网技术融合的标准体系，推动相关标准制订的顺利进行。 ② 通过对输、变、配、用四个环节多个验证系统的研究，推动输电网各阶段数据安全管理方法、变电站和馈线中的设备控制、电费实时通知方法、家庭自动化、智慧电表与基础网的数据交换、智慧电表与住宅内设备的通信控制等智慧电网相关标准的研究与制订，推动面向智慧电网的物联网技术从战略研究到运转设计的转变，为相关产品的产业化推广奠定基础

6.2.7 物联网测试与仿真技术研究

随着产业应用等工作的快速推进，亟需建立统一的系统、成熟的电力物联网试验、测试体系及其环境，来保证传感器网络在电网运行的安全性、稳定性、可靠性。但目前缺少针对传感器网络的电力仿真试验平台，缺乏对传感器网络的传感器、模块、设备、系统等现有产品在不同电压等级的电网环境下运行的测试评估平台与评估方法，无法完成研发试验、型式试验、验收试验、生产试验等环节。拟搭建面向电网应用的传感器网络综合测试平台与评估验证环境，开展面向电网的传感器网络的研究、测试、仿真工作，构建电力传感器网络的试验环境，为面向电网的传感器网络系统提供测试手段与验证依据，为电力物联网应用厂商提供解决方案和技术支撑。这样可以缩短产品开发周期，提高产品开发效率。这对推动我国物联网 / 传感网络技术开发与应用具有非常重要的现实意义。

物联网测试与仿真技术研究的目标与重点见表 6-17。

表6-17　物联网测试与仿真技术研究的目标与重点

研发目标	① 建立适合于输电、变电环节的无线传感器标准平台。 ② 建立适合于配电、用电测试的实验仿真平台。 ③ 对无线传感器网络组网性能进行测试。 ④ 研究并测试无线传感器网络对设备电气性能的影响、电力设备对无线传感器网络的影响、无线传感器网络电磁电气特性、无线传感器网络信号屏蔽与穿透。提出满足智慧电网各应用环节需求的物联网测试、评估体系及标准，形成电力物联网安全性测评标准草案。 ⑤ 搭建面向电网应用的传感器网络综合测试平台，开展面向电网的无线传感器网络的研究、测试、仿真工作
研发重点	① 研究建立适合输电、变电环节的无线传感器网络测试仿真网络，根据应用场景、无线传感器网络节点部署位置，动态调整仿真网络环境，实现拓扑可变性、自适应性。可以通过对节点通/断电，达到动态控制网络拓扑的目的。通过控制终端设置标准网络中的节点组成，受测节点加入网络后可以进行连通性测试和网络、电气性能测试。 ② 配电、用电测试实验环境建设：建立典型配用电环境，评估验证一整套由智慧电表、智慧家电、智能交互终端、用电信息采集系统、多种传感器终端和通信装置组成的配电和智慧用电环境。各种设备、系统的验证评估建立在模拟典型配用电网络基础上，智慧电网配、用电测试环境搭建完毕后，可以模拟多种典型的电网拓扑结构，测试不同通信技术性能指标，评估包含多种通信方式在内的复合组网通信系统，为选择满足多种业务需求的通信组网技术、制订典型的通信解决方案提供依据。 ③ 无线传感器网络组网性能测试，如无线传感器网络互联互通测试、网络稳定性测试、路由协议开销测试、网络自愈能力测试、网络拓扑对网络性能的影响测试、路由协议功能测试、单向链路测试、端到端时延和时延抖动测试、吞吐量测试、多优先级业务混合测试等。

（续表）

研发重点	④ 无线传感器网络对设备电气性能的影响：研究及测试无线传感器网络对继电保护、运动终端、智慧电表、采集器、智能家居、智能插座等设备电气性能的影响。 ⑤ 电力设备对无线传感器网络的影响：开关操作引起的电磁辐射问题、SF_6间隙击穿放电以及真空间隙击穿放电产生的高频辐射分量、局部放电产生的电磁干扰对传感器数据传输引起的影响。 ⑥ 无线传感器网络电磁电气特性测试：电磁兼容性测量、抗干扰度测量、浪涌抗扰度测量、电气性能测量、器件性能测量等。 ⑦ 信号屏蔽与穿透：研究高频无线信号穿透性，可以得出在配、用电环境下，无线传感器网络的信号在哪些场景下是无法穿透的，需要利用多跳节点进行中继，绕过障碍区域

第7章

智慧电网之大数据应用

大数据在智慧电网中的应用范畴广泛，主要是因为在电网运行时发电、输电、变电、配电、用电和调度、设备检修和电力管理等过程会产生海量的异构、多态的数据。

大数据技术在智慧电网中的应用发展尚有许多可进步的空间，其与互联网数据、经济数据、交通情况、天气状况、商业及工业监测数据等融合，可促进智慧城市的建立，提供环保节能与高效使用的环境，除为用户提供便捷的电力外，还可为商业贸易经营、政府政策制定及公共事业管理提供有力的支持。

大数据时代为电力行业带来了新的发展机遇，同时也提出了新的挑战，通过良好的大数据管理，可切实提高电力生产、营销及电网运维等方面的管理水平。

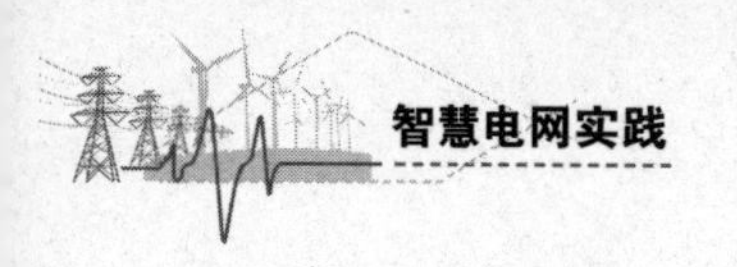

7.1 智慧电网中的大数据

7.1.1 智慧电网中的大数据的特点

根据数据来源的不同，智慧电网大数据可分为电力企业内部数据和电力企业外部数据，如图 7-1 所示。

电力企业内部数据源	电力企业外部数据源
· 广域量测系统	· 气象信息系统
· 数据采集与监控系统	· 地理信息系统
· 在线监测系统	· 互联网数据
· 用电信息采集系统	· 公共服务部门数据
· 生产管理系统	· 社会经济数据等
· 能量管理系统	
· 配电管理系统	
· 客户服务系统	
· 财务管理系统等	

图7-1 智慧电网大数据分类

这些数据分散放置在不同地方，由不同单位或部门管理，具有分散放置、分布管理的特性。

智慧电网大数据的结构复杂、种类繁多，除传统的结构化数据外，还包含大量的半结构化、非结构化数据，如客户服务中心信息系统的语音数据，设备在线监测系统中的视频数据与图像数据等。这些数据的采样频率与生命周期各不同，从微秒级、分钟级、小时级，直到年度级。

7.1.2 智慧电网中的大数据

7.1.2.1 电网数据分类

智慧电网在运行的过程中会不断产生庞大的数据，这些数据按照来源可以分为电力企业内部和外部数据，如图 7-2 所示。

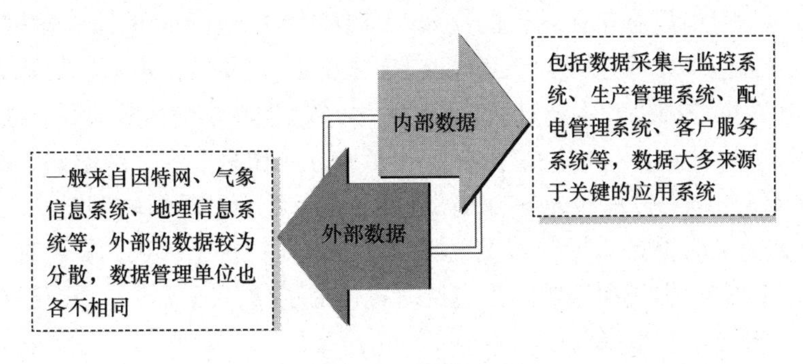

图7-2 电网数据分类

根据数据的内在结构，这些数据可以进一步细分为结构化数据和非结构化数据。结构化数据主要包括存储在关系型数据库中的数据，目前电力系统中的大部分数据是这种形式，随着信息技术的发展，这部分数据增长的很快。相对于结构化数据而言，不方便用数据库二维逻辑表来表现的数据即被称为非结构化数据，比如：客户服务系统中的语音数据、在线监测系统中的视频、图像数据，这些都属于非结构化数据，这些数据的价值密度不高，每种数据在采样、生命周期、频率等方面都各不相同。这部分数据增长非常迅速，互联网资料中心（Internet Data Center，IDC）的一项调查报告指出：企业中 80% 的数据都是非结构化数据，这些数据每年都按指数增长 60%。在电力系统中，非结构化数据的占智慧电网数据的比重很大。

结构化数据根据处理时限要求又可以划分为实时数据和准实时数据，比如电网调度和控制需要的数据是实时数据，这些数据需要快速而准确地处理；而大量的状态监测数据对实时性要求相对较低，可以作为准实时数据处理。

7.1.2.2 智慧电网中的大数据来源

在智慧电网中，大数据产生于电力系统的各个环节，如图 7-3 所示。

图7-3 智慧电网中的大数据来源

（1）发电侧

随着大型发电厂数字化建设的发展，海量的数据被保存下来。这些数据中蕴藏着丰富的信息，对于分析生产运行状态、提供控制和优化策略、故障诊断以及知识发现和数据挖掘具有重要意义，因此，基于数据驱动的故障诊断方法被提出。该方法利用海量的数据，解决基于分析的模型方法和基于定性经验知识的监控方法所不能解决的生产过程和设备的故障诊断、优化配置和评价的问题。

另外，为及时准确掌握分布式电源的设备及运行状态，我们需要对大量的分布式能源进行实时监测和控制。为支持风机选址优化，所采集的用于建模的天气数据每天以 80% 的速度增长。

（2）输变电侧

例如，美国的 100 个相位测量装置（Phasor Measurement Unit，PMU）一天收集 62 亿个数据点，数据量约为 60GB，而如果监测装置增加到 1000 套后，每天采集的数据点为 415 亿个，数据量达到 402GB。相位监测只是智慧电网监控的一小部分。

（3）用电侧

为准确获取用户的用电数据，电力公司部署了大量的、具有双向通信的智慧电表，这些电表每隔 5min 向电网发送实时用电信息。

电动汽车的无序充放电现象会给电网运行带来麻烦，如果能合理安排电动汽车的充放电时间，则会给电网带来便利，但前提是需监测电动机车的电池充放电状态。

7.1.2.3 智慧电网和大数据的关系

智慧电网是大数据的重要技术应用领域之一。中投顾问发布的《“十三五”数据中国建设下智慧电网产业投资分析及前景预测报告》分析认为智慧电网大数据的结构复杂、种类繁多，具有分散性、多样性和复杂性等特征，这些特征给大数据处理带来极大的挑战。智慧电网大数据平台是大数据挖掘的基础，通过智慧电网大数据平台可实现智慧电网的全数据共享，为业务应用开发和运行提供支撑。

智慧电网以物理电网为基础，将现代先进的传感测量技术、通信技术、信息技术、计算机技术、控制技术与物理电网高度集成而形成的新型电网。它涵盖发电、输电、变电、配电、用电和调度等各个环节，对电力市场中各利益方的需求和功能进行协调，在保证系统各部分高效运行的同时，尽可能提高系统的可靠性、自愈性和稳定性。随着智慧电网的发展，电网在电力系统运行、设备状态监测、用电信息采集、营销业务系统等各个方面产生了大量数据，充分挖掘这些数据的价值具有重要意义。

7.2 智慧电网大数据关键技术

智慧电网大数据包含了5项关键技术，如图7-4所示。

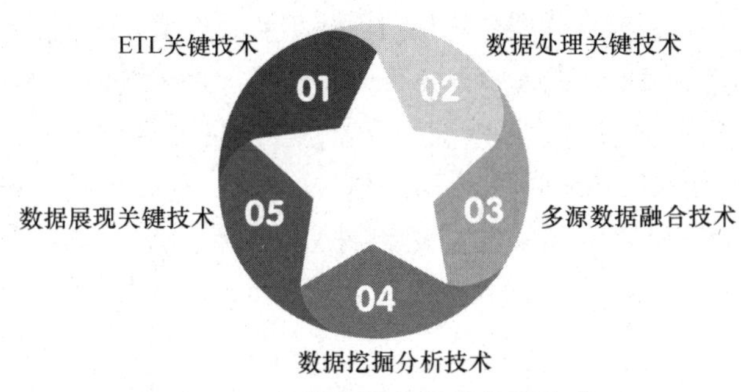

图7-4 智慧电网大数据关键技术

7.2.1 ETL关键技术

电力领域的智慧电网在数据分布上具有分散的特点，而且数据量和类型较多，这些都为数据处理工作带来了一定的困难。在这种情况下，数据处理工作应该按照标准流程进行规范操作，即“数据集成—抽取—转换—剔除—修止”。电力企业通常将数据仓库技术应用到数据集成上，ETL包括三个部分，即Extract、Transform和Load，Extract被叫作数据抽取，它将目的数据源系统需要的有关数据从数据源系统中抽取出来；Transform被叫作数据转换技术，它用数据抽取技术抽取出数据，并将该数据根据相关的要求转换成另一种形式，在这个过程中要处理数据源中出现的偏差和错误数据，并清洗或者加工数据；Load是数据加载技术，它将上一环节处理好的数据进行加载，之后将其保存到目的数据源系统内。

这一关键技术是智慧电网中电力大数据集成的关键技术，如果将其应用到企业中，需要全面考虑每种因素，在合理考虑后再结合多种先进技术，实现科学的数据集成化。

大数据技术的核心就是将信号转化成数据，利用ETHINK平台处理和分析数据后，将其转化为信息并提炼信息，可以为电力企业的决策和行动提供有效的参考和依据。

7.2.2 数据处理关键技术

电力大数据使用数据处理技术对采集的数据进行处理，这些处理包括分库、分区与分表。数据分库处理是指按照一定的处理原则将一些利用率高的数据输入到不同的数据库中，这样可以提高数据的利用率。数据分区处理是将通表数据有效地加载到不同存储区中，这样可以有效减轻大型表的压力，提高数据的访问性能，让系统运行情况更好。数据分表处理是指按照相关的数据处理原则来建造各种数据表，这样可以减轻单表的压力。除此之外，构建并行式和纵列式数据库可以提高数据的加载性能，实现高效的数据查询。例如，我们可以将结构化查询语言和 Map Reduce 有机结合，这样可加强数据库中数据的处理性能，提高数据的抗压弹性。

目前，智慧电网具有多量测点、运行快速、对于时效性以及关联性要求极强，所以如何有效地将现有的大数据处理应用于智慧电网的大数据处理中成为关键。

7.2.3 多源数据融合技术

综合多源数据的方法是数据的融合与集成，融合是将数据进行多层次的分析融合，将其逐步综合。例如综合来自多源传感器的数据时，我们将来自电力系统复杂的监测数据同社会经济数据融合集成，分析它们的潜在价值，指导电厂的发电、调度、用户用电、电价调整等行为。

数据融合是多级、多层面的分析处理过程，实际上是将多个信息源的数据进行整合、检测、关联、相关、估计及组合等。数据集成是在逻辑和物理层面上将不同来源的数据进行集中处理，为用户提供统一的视图。

传统关系型数据库中的数据仓库以及数据联合等方式不能满足流式处理和搜索应用的高新性能要求，因此未来的研究方向是将结合数据集成和流式处理等大数据技术。其中，数据仓库由提取（从原系统中选择、抽取和收集重要的数据）、变换（将提取的数据通过一定的规则转换为标准格式）、装载（将提取变换之后的数据导入最终存储）三个步骤组成。

7.2.4 数据挖掘分析技术

智慧电网的数据挖掘处理是将复杂结构、类型繁杂、数据量大的结构化和非结构化的数据进行高效地分析处理。目前,结构化数据的特征提取、数据挖掘分析、统计分析等方法已应用广泛。

非结构化数据的视频、音频和文本是研究的热点，需要采用智能的分析方法，如机器学习、模式识别、关联分析等，从而达到对大数据的深层次挖掘和多维化展示。分析智慧电网中的资料可以得出负荷、故障等信息，有助于电力系统的运行维护、更新升级等工作的开展。

分析挖掘智慧电网大数据中隐含的普适现象来进行预测和评估或者将数据抽象建模，再进行分析假设仿真来发现知识，并提供给各类人员来提升人们对智慧电网的整体感知。我们利用智慧电网在发电和用电之间建立起双向信息流，增强彼此之间的交流互动，提高供电效率，避免资源浪费。例如，某公司的智慧电表间隔 15 分钟读取一次用电数据，缩短了采集数据的时间，节省了人工抄表的费用，根据用电资料的分析，采用分时、分段计价的方式，对用电高峰及低谷采取分段计价，间接引导用户避开用电高峰。

端对端地挖掘分析各个系统产生的数据，将各业务层联系在一起，进而发现模式和规律，进而指导用户的用电行为，为用户指定合理的节能方案，为企业电力调度提供科学依据，这些对电网合理利用资源起着重要的作用。

随着新能源陆续接入电网，间歇式可再生能源具有间歇、随机、不可控、与气候紧密相关等特性，它的接入给电网带来了一定的影响。电力企业可通过运用大数据分析技术，对其进行有效地调节控制，合理地调度分配电能，同传统的能源进行有效结合。

7.2.5 数据展现关键技术

在智慧电网电力大数据中，展现数据的关键技术包括可视化技术、历史流展示技术和空间信息流展示技术，这三种数据展现关键技术被应用到智慧电网数据处理中，可以让企业中的管理者正确认识电力数据的意义和系统运行情况。

7.2.5.1 可视化技术

可视化技术被广泛地应用到智慧电网中，用来实时监测和控制电网的运行情况，这样可以有效提高电力系统的自动化水平。

可视化为电网大数据分析带来新思路，通过图、表、动画等方式来展现大数据的处理结果，主要过程是将数据建模即映像成物体的几何像素，再将像素转换成图形或者图像，以友好的方式表现出来。

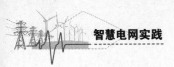

数据可视化是利用图形、图像等形式描述复杂的数据信息，合理良好的可视化可以使人们对数据信息有更加直观和立体的理解。数据库中的每个数据项将作为单个像素表示，并且构成数据图像，根据不同的维度（时间、空间等）集成处理分析资料时，智慧电网大数据的可视化既要符合生产和运营的需求，还要达到对外支持的要求。

可视化能够整体、全方位地表现电力系统的生产、运行、经营等方面的数据状态，当出现特殊状态或者预警状态时，异常信息能够及时、快速地被运行人员和管理人员发觉。

数据可视化能够呈现电网系统的发展全景，从而呈现用电侧数据和经济发展的变化规律和方向，体现电力行业在社会经济发展中的重大作用。例如电网数据集的全景能表现高维的、动态的数据价值以及未来的发展变化趋势，体现相关系统间的关联。数据可视化能展现用户的用电数据，例如电价的波动、用户用电特征以及各区域的用电情况。

7.2.5.2 空间信息流展示技术

空间信息流展示技术通常体现在电网参数和 GIS 的融合中，例如三维展示技术和虚拟现实技术。

7.2.5.3 历史流展示技术

历史流展示技术通常会被应用到电网历史数据管理和展示中，可以预测电力生产现场的实时监测数据或者电网规划、负荷预测数据等的走势，可见这一技术具备很大的应用价值。

在大数据时代的背景下，企业应该不断优化，搭建出更完善的电力大数据平台，充分挖掘数据的价值，通过一些关键技术，可以提高智慧电网中电力大数据的处理水平，为企业带来更多的经济利益，提高企业的竞争力，保证电网的正常高效运行。

7.3 智慧电网大数据的应用领域

智慧电网大数据目前重点在 3 个方面开展，如图 7–5 所示。

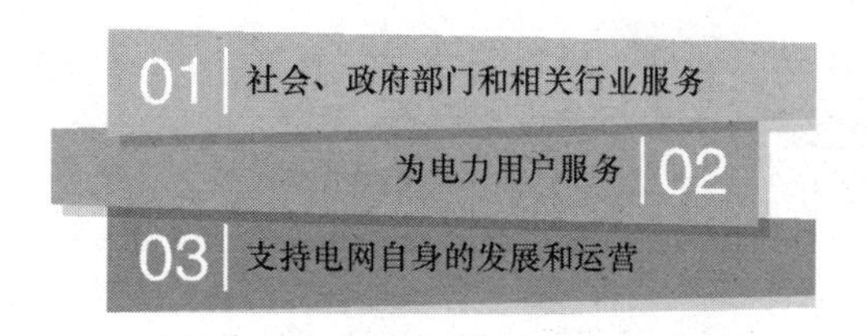

图7-5　智慧电网大数据的3个重点方向

7.3.1　服务社会与政府部门类的应用领域

服务社会与政府部门类的应用领域如图 7-6 所示。

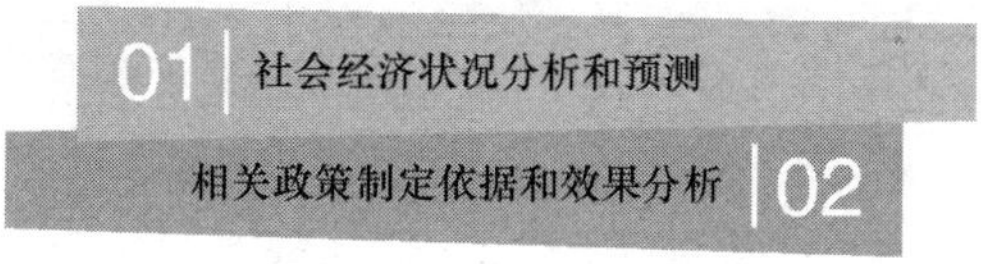

01 社会经济状况分析和预测

相关政策制定依据和效果分析 02

图7-6　服务社会与政府部门类的应用领域

7.3.1.1　社会经济状况分析和预测

电力关系到经济发展、社会稳定和群众生活，电力需求变化是经济运行的“晴雨表”和“风向标”，能够真实、客观地反映国民经济的发展状况与态势。智慧电网中部署的智慧电表和用电信息采集系统可获取详细的用户用电信息。用电信息采集系统与营销系统所累积的电量数据属于海量数据，需要采用大数据技术，实现多维度统计分析、历史电量数据比对分析、经济数据综合分析等分析工作。电力企业对用户电量数据从分行业、分区域、分电价类别等多维度开展用电情况统计分析，提取全社会用电量及相应的社会经济指标，分析用电增长与相应的社会经济指标的关联关系，归纳总结各指标增长率与全社会用电情况的一般规律。电力企业通过对用户用电数据的分析，可为政府了解和预测全社会各行业的发展状况和用能状况提供基础，为政府就产业调整、经济调控等做出合理决策提供依据。

7.3.1.2　相关政策制定依据和效果分析

分析行业的典型负荷曲线、用户的典型曲线及行业的 GDP 能耗可为政府制定新能源补贴、电动汽车补贴、电价激励机制（如分时电价、阶梯电价）、能效补贴等国家和地方政策提供依据，也可为政府优化城市规划、发展智慧城市、合理部署电动汽车充电设施提供重要的参考依据，还可以评估不同地区、不同类型用户的实施效果，并分析其合理性，提出改进建议。

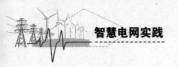

7.3.2 面向电力用户服务类的应用领域

面向电力用户服务类的应用领域如图 7-7 所示。

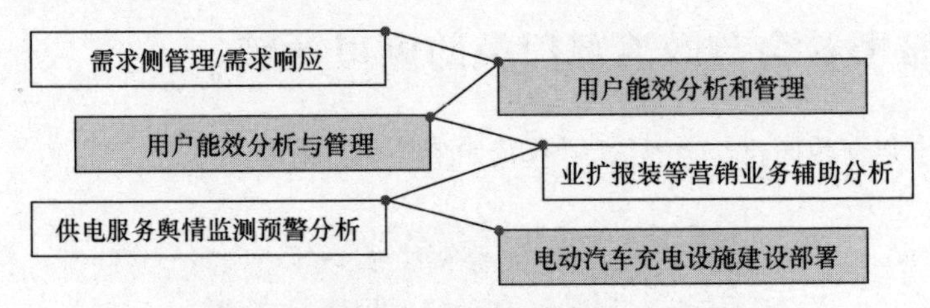

图7-7 面向电力用户服务类的应用领域

7.3.2.1 需求侧管理/需求响应

根据不同的气候条件（如潮湿、干燥地带、气温高、海拔低地区）、不同的社会阶层，智慧电网建设单位将用户进行分类；对于每一类用户，智慧电网建设单位又可绘制不同用电设备的日负荷曲线，分析主要用电设备的用电特性，包括用电量出现的时间区间、用电量影响因素以及是否可转移、是否可削减等。对于受天气影响的用电设备，如热水器、空调等，智慧电网建设单位需分析这些用电设备对天气的敏感性，不同的季节以及一天中的不同时间，用户用电对天气的敏感性都不相同。智慧电网建设单位分析不同用户对电价的敏感性，包括在不同季节、不同时间对电价的敏感性。在分类分析的基础上，智慧电网建设单位通过聚合，可得到某一片区域或某一类用户可提供的需求响应总量，再分析哪一部分容量、多少时间段的需求响应量是可靠的，分析结果可为制订需求管理 / 响应激励机制提供依据。

7.3.2.2 用户能效分析和管理

对用户进行用电效率分析，首先需要采集电器的用电数据。在智慧电表部署之前，采集方式多采用侵入式方法，例如，在不同的用电设备接线处加装传感器，传感器获取不同的电器用电数据后，可以通过与典型数据、平均数据进行比对给出能效分析结论。在智慧电表大量部署的情况下，智慧电表可以获得较短时间内的用电数据，因此，无需再加装传感器。智慧电表可以通过电表数据，识别客户端的不同电路类型的负荷比例，并与典型数据的比对得出能效分析结果。

智慧电网建设单位根据海量用户的负荷曲线，采用数据挖掘技术，按照特定的函数算法，按行业、季度聚合成行业的典型负荷曲线模型，然后将所有的用户负荷曲线与行业的典型负荷曲线进行对比，分析出与典型负荷曲线变化趋势不一致的用户，由此给出用户的能效评价，并提出改进建议。

7.3.2.3 业扩报装等营销业务辅助分析

业扩报装辅助分析以营配集成为纽带，将用电信息采集系统、营销系统和PMS及SCADA系统的数据相融合，监测分析变电站、线路及下挂用户和台区的负荷和电量，为加快业扩报装的速度和提高供电服务水平提供技术支撑。同时，业扩报装辅助分析极大地提高电网设备运行的可靠性，为优化配电网结构，降低电网生产故障，提高电力企业用电营销管理精益化水平提供了手段。

7.3.2.4 供电服务舆情监测预警分析

电力公司通过与微博、微信等互联网新媒体的服务对接机制收集海量用电信息、用户信息以及互联网舆论信息，建设大数据舆情监测分析体系，利用大数据采集、存储、分析、挖掘技术，从互联网海量数据中挖掘、提炼关键信息，建立负面信息关联分析监测模型,及时洞察和响应客户行为,拓展互联网营销服务管道，提升企业精益营销管理和优质服务水平。

7.3.2.5 电动汽车充电设施建设部署

融合电动汽车的用户信息、居民信息、配电网数据、地理信息系统数据、社会经济数据等，电力公司可利用大数据技术预测电动汽车的短、中、长期保有量、发展规模和趋势、电量需求和最大负荷等情况。电力公司参照交通密度、用户出行方式、充电方式偏好等因素，依据城市与交通规划以及输电网规划，建立电动汽车充电设施规划模型和后评估模型，为电动汽车充电设施的部署方案制订和建设后期的效能评估提供依据。

7.3.3 支持电力公司运营和发展类的应用领域

支持电力公司运营和发展类的应用领域如图 7-8 所示。

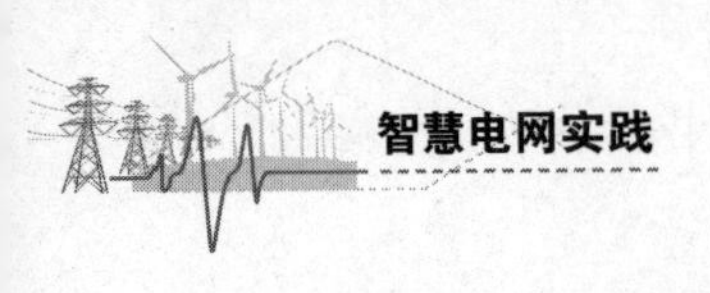

应用领域

- 电力系统瞬时稳定性分析和控制
- 基于电网设备在线监测数据的故障诊断与状态检修
- 短期/超短期负荷预测
- 配电网故障定位
- 防窃电管理
- 电网设备资产管理
- 储能技术应用
- 风电功率预测
- 城市电网规划

图7-8　支持电力公司运营和发展类的应用领域

7.3.3.1　电力系统瞬时稳定性分析和控制

在线瞬时稳定分析与控制一直是电力运行人员追求的目标，随着互联电网的规模越来越大，“离线决策，在线匹配”和“在线决策，实时匹配”的瞬时稳定分析与控制模式已不能满足大电网安全稳定运行的要求，因而逐渐向“实时决策，实时控制”的方向发展。

基于 WAMS 数据的电力系统瞬时稳定判据和控制策略决策已有很多研究成果，但这些研究成果目前主要停留在理论研究阶段，并没有付诸实施。在大数据理论和技术的指导下，将现有的分析方法与资料的处理技术相结合，不仅需要考虑计算速度能否满足需求，还需要考虑数据的缺失和错误对分析结果的影响等问题。此外，如何将分析结果用直观的方法展示出来，有效指导运行人员做出科学的决策也是需要解决的问题。

7.3.3.2　基于电网设备在线监测数据的故障诊断与状态检修

在实现 GIS、PMS、在线监测系统等各类历史数据和实时数据融合的基础上，应用大数据技术诊断电网故障，并为状态检修提供决策，为解决现有状态维修问题提供技术支撑。

7.3.3.3　短期/超短期负荷预测

分布式能源和微网的并网增加了负荷预测和发电预测的复杂程度。负荷预测也必须考虑天气的影响以及能源交易状况，包括市场引导下的需求响应等。传统的预测方法无法体现某些因素对负荷的影响，从根本上限制了应用范围和预测精度。

应用大数据技术建立各类影响因素与负荷预测之间的量化关联关系，有针对性地构建负荷预测模型，可更加精确地预测电网短期/超短期负荷。

7.3.3.4 配电网故障定位

利用大数据技术，配合故障投诉系统，融合SCADA、EMS、DMS、D-SCADA等系统中的数据做出最优判断，建立新型配电网故障管理系统，可以快速定位故障，应对故障，提高供电的可靠性。此外，随着分布式电源在系统中的比重逐渐增加，其接入会影响系统保护的定值及定位判据。带分布式电源的配电网故障定位要根据不同的并网要求选择合适的定位策略。

7.3.3.5 防窃电管理

电力公司通过电量差动越限、断相、线损率超标、异常告警信息、电表开盖事件等数据的综合分析，建立窃电行为分析模型，对用户窃电行为进行预警；通过营配系统的数据融合，可比较用户负荷曲线、电表电流、电压和功率因子数据和变压器负载，结合电网运行数据，实现具体线路的线损日结算，通过线损管理功能不仅可以知道实施窃电用户所在的具体线路，并且可以定位某一具体用户，克服检查范围广和查处难度大的问题。

7.3.3.6 电网设备资产管理

电力公司基于电网设备信息、运行信息、环境信息（气象、气候等）以及历史故障和缺陷信息，从设备或项目的长期利益出发，全面考虑不同种类、不同运行年限设备的规划、设计、制造、购置、安装、调试、运行、维护、改造、更新直至报废的全过程，寻求寿命周期成本最小的一种管理理念和方法。电力公司依据交通、路政、市政等可能具备的外部信息，如工程施工、季节特点、树木生长、工程车GPS等，关联电网设备及线路GPS坐标，对电网外力破坏故障进行预警分析。

7.3.3.7 储能技术应用

由于储能系统大多是由数量庞大的电池单体组成（动辄以万计），每个电池单体又包含单体电压、电流、功率、电池荷电状态、平均温度、故障状态等相关信息，汇总起来整个电站监测信息可能达到数十万个点，储能相关资料量十分庞大。电力公司利用大数据分析技术，可对储能监控系统相关数据进行有效采集、处理与分析，为储能应用提供依据。

7.3.3.8 城市电网规划

电力公司通过实现用户用电数据、用户停电数据、城市电力服务数据、基于 GIS 的城市配电网拓扑结构和设备运行数据、城市供电可靠性数据、气候数据和天气预报数据、电动汽车充电站建设及利用数据、人口数据、城市社会经济数据、城市节能和新能源政策及实施效果数据、分布式能源建设和运行数据、社交网站数据等的整合，识别城市电网薄弱环节，辅助城市电网规划。在上述数据融合的基础之上，电力公司利用人口调查信息、用户实时用电信息和地理、气象等信息绘制“电力地图”，以街区为单位，反映不同时刻的用电量，并将用电量与人的平均收入、建筑类型等信息进行比照。“电力地图”能以更优的可视化效果反映区域经济状况及各群体的行为习惯，为电网规划决策提供直观的依据。

7.4 智慧电网大数据的应用规划

7.4.1 应用背景

7.4.1.1 能源互联网的推进

能源互联网本质上是通过能源互联、信息互联、能源与信息融合、构建复杂交互式网络与系统，其特征为可再生、分布式、开放、互联与智能。而大数据应用是其重要一环。

7.4.1.2 《关于积极推进“互联网+”行动的指导意见》

国务院日前印发的《关于积极推进“互联网 +”行动的指导意见》针对“互联网 + 智慧能源”专项中指出，“推进能源生产智慧化”“鼓励能源企业运用大数据技术对设备状态、电能负载等数据进行分析挖掘与预测，开展精准调度、故障判断和预测性维护，提高能源利用效率和安全稳定运行水平”。

7.4.2 国家电网公司电力大数据应用规划

国家电网公司方面，在《国家电网公司“十三五”科技战略研究报告》中指出，“十二五”期间“先进计算与电力大资料技术取得良好开端”，进一步地，从电网科技发展战略和国家科技发展战略结合、推进基础支撑技术与电网发展的全面融合的角度来看，国家电网公司提出“需要利用先进计算与大数据技术成果，探索先进计算体系及高性能计算技术，研究电力大数据分析挖掘算法、优化策略和可视化展现技术，以及电力大数据仿真、测试与评价技术；开展面向智慧电网的各业务领域大数据典型应用。”

7.4.2.1 电网安全与控制技术

（1）电网安全控制与保护技术

研发融合大数据技术的大电网自适应防御控制系统的关键技术为大电网在线及广域优化协调控制中，研究基于广域时空大资料的电网稳定态势量化评估与自适应防御控制；控制保护新设备研制、检验测试评估及运维技术中，研究基于大数据的设备监控及状态评估技术。

（2）电力系统自动化技术方面

优化调度计划关键技术中，研究基于大数据及云平台的特高压交直流混联电网一体化协调优化调度技术。

7.4.2.2 输变电设备运行与防灾技术

① 基于大数据和云计算的电网智慧化运检管控技术，达成利用大数据、云计算等技术，构建覆盖输变电设备全寿命周期的生产管理信息系统和设备状态管控平台，实现各类输变电设备状态检测的智慧化。

② 智慧巡检与带电作业技术中，研究基于可穿戴和大资料的智能化巡检技术。

③ 研究基于“互联网 +”、大数据、云计算、物联网技术手段的设备状态自动采集、实时诊断、可视化和远程感知技术。

④ 电网防灾减灾技术中，研究基于大数据挖掘、多物理场模型的电网覆冰等致灾机理。

7.4.2.3 配用电技术

配用电技术表现在两个方面，具体见表 7-1。

表7-1 配用电技术

序号	技术表现	说明
1	配电网及分布式电源并网技术	① 研究支撑精益化管理的配电大数据融合与挖掘技术。 ② 配电大数据应用技术中，研究支撑精益化管理的配电大数据分析基础平台技术。 ③ 研究智慧配电网信息标准化与集成交互技术。 ④ 研究面向营配调融合的配电网海量数据质量提升与修复技术。 ⑤ 研究基于大数据的配电网风险辨识与资产运行效率分析技术。 ⑥ 研究电改体制下智慧配电网运营管理与互动服务支撑技术
2	用电能效与电动汽车技术	① 研究典型业务场景的营销大数据挖掘与应用技术。 ② 面向“互联网+”的营销大资料运营技术中，研究基于用电大数据分析的客户用能行为分析、能效潜力挖掘技术。 ③ 基于售电大数据分析的营销核心指针预测技术。 ④ 基于客户服务大数据分析的优质服务水平提升技术。 ⑤ 基于“互联网+”的营销大数据服务平台技术。 ⑥ 基于营配信息集成的营配业务融合技术。 ⑦ 多售电主体环境下营销大数据融合与共享技术。 ⑧ 营销大数据典型应用算法及引擎。 ⑨ 基于用电大数据的经济发展分析与预测技术。 ⑩ 基于线损大数据与用户用电行为分析的智慧反窃电技术。 ⑪ 适应“互联网+”的营销与客服大数据商业化运营模式

7.4.2.4 基础和共性技术

基础和共性技术包括3个方面，如图7-9所示。

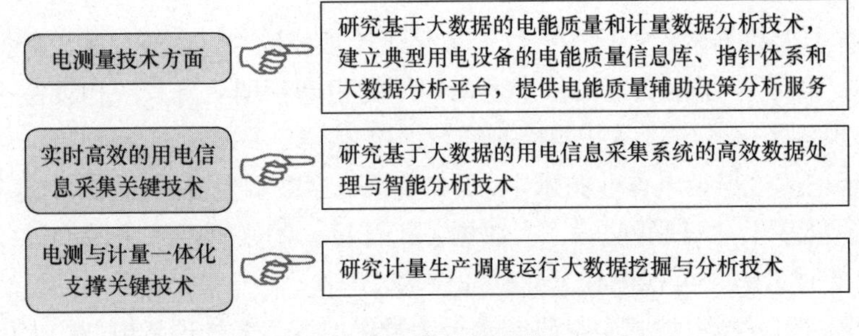

图7-9 基础和共性技术的3个方面

7.4.2.5 重点跨领域技术

重点跨领域技术包括两个方面，如图7-10所示。

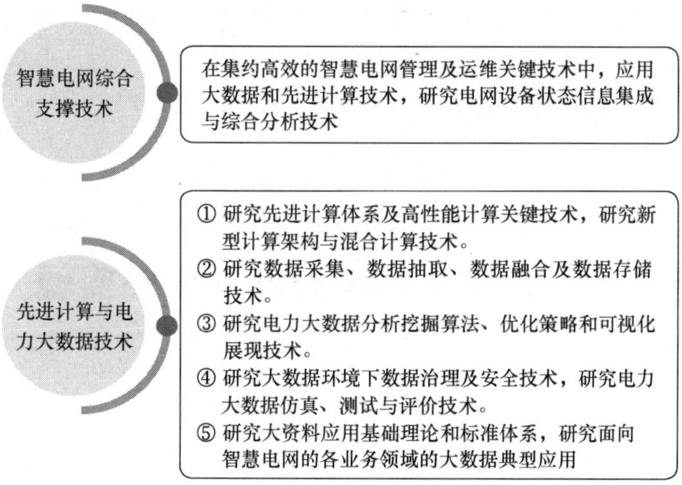

智慧电网综合支撑技术

在集约高效的智慧电网管理及运维关键技术中，应用大数据和先进计算技术，研究电网设备状态信息集成与综合分析技术

先进计算与电力大数据技术

① 研究先进计算体系及高性能计算关键技术，研究新型计算架构与混合计算技术。
② 研究数据采集、数据抽取、数据融合及数据存储技术。
③ 研究电力大数据分析挖掘算法、优化策略和可视化展现技术。
④ 研究大数据环境下数据治理及安全技术，研究电力大数据仿真、测试与评价技术。
⑤ 研究大资料应用基础理论和标准体系，研究面向智慧电网的各业务领域的大数据典型应用

图7-10 重点跨领域技术

7.4.3 应用模式

对于电力领域来说，要实现电力设备的数字化和智慧化，就需要利用计算机软件技术、计算机网络技术、远程实时监测技术、远程诊断技术、通信技术等，建立起一套高效、稳定的电力大数据采集、监测、管理、分析与服务系统，从而为电网安全、可靠、经济、高效地运行提供保障。并且在大数据及云计算技术的支撑下，电能双向传输才能更有针对性，并能形成供需的动态平衡，如图 7-11 所示。

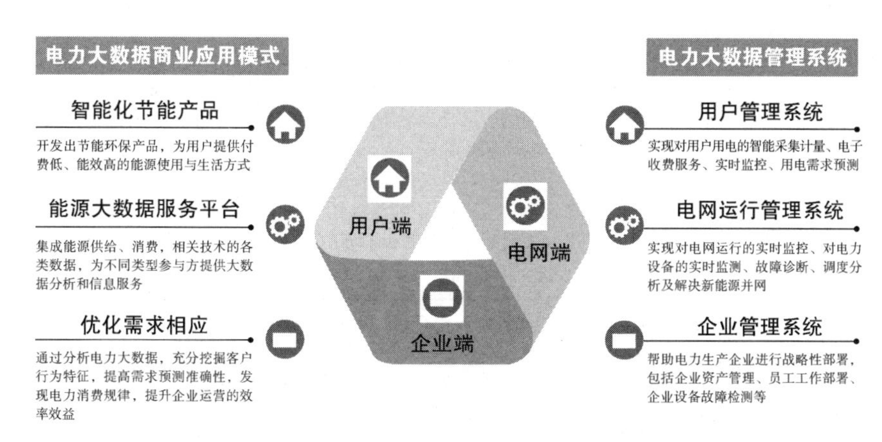

图7-11 电力大数据的应用模式

电力大数据的应用模式中，将电力大数据管理系统分成用户管理系统、电网运行管理系统、企业管理系统；相应地，电力大数据也有三种商业模式，即智能化节能产品、能源大数据服务平台和优化需求响应，如图 7-11 所示。

7.5 智慧电网数据可视化的实现

7.5.1 智慧电网可视化概述

7.5.1.1 可视化

可视化（Visualization）是利用计算机图形学和图像处理技术，将数据转换成图形或图像在屏幕上显示出来，再进行交互处理的技术。

7.5.1.2 智慧电网可视化模块

从总体结构对智慧电网进行设计时，我们可以把智慧电网的可视化分成多个模块，每个模块实现各自的功能，再把这些模块集成在一起，就能够实现整个电力系统的信息可视化功能。智慧电网信息可视化总体设计功能可分为 3 个模块，如图 7-12 所示。

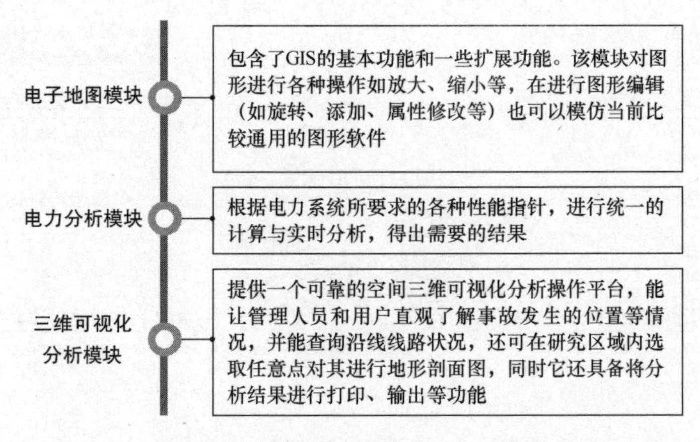

图7-12 智慧电网可视化的3个模块

7.5.2 运行监测

为了提高智慧电网的安全稳定水平和电网设备的管理效益，我们需要加强和提升电网设施的监控能力，尤其加强提升针对输变电设备状态检测的有效方法和先进技术，包括传感技术、状态评估技术、信息技术以及通信支撑技术开展技术等的研究和工程应用。国家电网公司早在2009年7月就决定全面推广实施状态检修，全面提升设备智慧化水平，推广应用智慧设备和技术，实现电网安全在线预警和设备智慧化监控。

7.5.2.1 智慧电网与传统电网在状态检测方面的差异

（1）传统电网状态检测技术的现状

状态检修以设备当前的实际工作状况为依据，通过先进的状态监测手段、可靠的评价手段以及寿命预测手段来判断设备的状态，识别故障的早期征兆，对故障部位及其严重程度、故障发展趋势作出判断，并根据分析诊断结果在设备性能下降到一定程度或故障发生之前进行维修。

状态检修的高效开展需要大量的设备状态信息为设备状态评价以及状态检修策略的制订提供基础数据。设备状态信息包括巡检、运行工况、带电检测、停电例行试验、停电诊断试验数据等。

随着状态检测技术的发展，人们越来越清晰地认识到“带电检测、在线监测、停电检修试验”三位一体的检测模式代表着未来输变电设备状态检测技术的发展方向。

1）带电检测

带电检测一般采用便携式检测设备，在运行状态下对设备状态量进行现场检测，其检测方式为带电短时间内检测，区别于长期连续的在线监测。国内外目前采用的主要带电检测技术包括油色谱分析、红外测温、局放检测、铁心电流带电检测、紫外线成像检测、容性设备绝缘带电检测、气体泄漏带电检测，其中最常用、最有效的是局放带电检测、油色谱分析及红外测温技术。尤其是局放检测技术，它是目前发展最为迅速、对电气设备绝缘缺陷检测最为有效的一种带电检测技术。

2）在线监测

在在线监测技术方面，目前应用较多的主要集中在变电设备，而输电线路和电缆也逐步出现一些应用。对于变电设备，变压器和电抗器采用的在线监测技术主要包括油色谱、局放、铁心接地电流、套管绝缘、顶层油温和绕组热点温度；CT、CVT、耦合电容等容性设备主要是监测电容量和介损；避雷器主要监测其泄漏电流；而断路器、

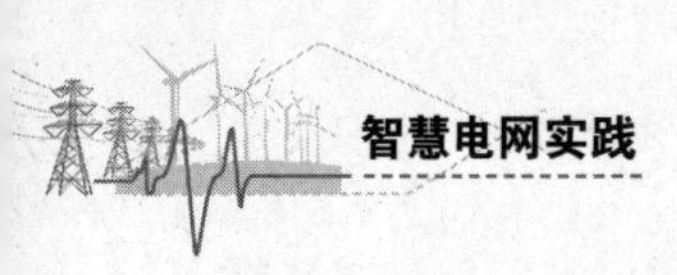

GIS 等开关设备主要在线监测技术包括开关机械特性、GIS 局放、SF_6 气体泄漏及 SF_6 微水、密度。其中应用比较成熟有效的为变压器油色谱在线监测、容性设备和避雷器在线监测。对于输电线路，目前主要应用的在线监测方法主要有雷电监测、绝缘子污秽度、杆塔倾斜、导线弧垂等监测技术，比较成熟的主要是雷电监测和绝缘子污秽度监测。对于电力电缆，主要在线检测方法是温度和局放，相对成熟的是分布式光纤测温。

3）停电检修

在停电检修试验方面，国内外都形成了一套成熟的预防性试验方法和规程。

（2）我国状态监测技术应用的问题

我国状态检测和评估工作还处于起步阶段，状态检测技术应用及推广上存在的问题如图 7-13 所示。

1 状态检测技术应用范围不广，与电网设备总量相比，状态监测技术应用的设备覆盖面还处于较低水平

2 状态检测装置可靠性不高，存在误报现象，并且装置的故障率高，运维的工作量较大

3 缺乏统一的标准和规范指导，各厂家装置的工作原理、性能指针和运行可靠性等差异较大，同时各类装置的校验方法、输出数据规范以及监测平台都各不相同

4 缺乏深入有效的综合状态评估方法

5 在线监测技术需要深化研究，现行的在线监测技术在设备缺陷检测方面还存在盲区，状态参量还不够丰富，对突发性故障预警作用不够明显

6 缺少统一的考核、评估和指导方面的行业管理机构

图7-13　我国状态监测技术应用的问题

（3）智慧电网与传统电网在状态检测方面的差异

智慧电网对状态信息的获取范围与有很大不同。未来智慧电网的状态信息不仅包括电网装备的状态信息，如发电及输变电设备的健康状态、经济运行曲线等；电网运行的实时信息，如机组运行工况、电网运行工况、潮流信息等；还应有自然物理信息，如地理信息、气息信息等。

传统电网的信息获取及利用水平较低，且难以构成系统级的综合业务应用。智慧电网将通信技术、计算机技术、传感测量技术、控制技术等诸多先进技术和原有的电网设施进行高度融合与集成，与传统电网相比，智慧电网进一步拓展了

电网的全景实时信息的获取能力，通过安全、可靠的通信通道，可以实现生产全过程中系统各种实时信息的获取、整合、分析、重组和共享。通过加强对电网实时、动态状态信息的分析、诊断和优化，可以为电网运行和管理人员展现更加全面、精细的电网运行状态展现，并给出相应的控制方案、备用预案及辅助决策策略，最大限度地实现电网运行的安全可靠、经济、环保。智慧电网状态检修将不仅仅局限于电网装备的状态检修，势必延伸出更多的复合型高级应用。

7.5.2.2 智慧电网状态检测关键技术

智慧电网状态检测的应用范围将不再局限于状态检修、全寿命周期管理等狭隘的范畴，而是扩大至对安全运行、优化调度、经济运营、优质服务、环保经营等领域。智慧电网状态检测技术应涵盖以下方面：电网系统级的全景实时状态检测；真正意义的电网装备全寿命周期管理；电网最优运行方式；及时可靠的电网运行预警；实时在线快速仿真及辅助决策支持；促进发电侧经济、环保、高效运行等。下文主要探讨了输电线路设备检测管理、状态检修及资产全寿命周期管理、智慧变电站相关技术等方面的问题。

（1）输电线路设备检测管理

输电线路智能化关键技术是基于信息化、数字化、自动化与互动化对输电线路设备进行监测、评估、诊断和预警的智慧化技术，以保证输电线路运行的安全性。而输电线路设备管理是实现输电线路状态检测智慧化的重要方面，具体而言，针对输电线路设备管理的研究需涵盖的内容如图 7-14 所示。

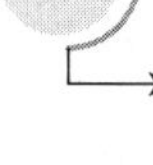

4

输电线路设备“事故预警、辅助决策”功能
构建设备运行可靠性预计模型，实现设备故障的数值预报功能；实现设备寿命周期成本的优化管理；结合设备的特征参量开发辅助决策系统，使其能够为电网调度提供设备的可靠性数值预报信息，提供先进的供电安全快速预警功能

图7-14 输电线路设备检测管理

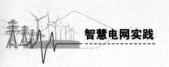

（2）状态检修和资产全寿命管理

状态检修过程中设备基础数据的收集与管理、设备状态的评价、故障诊断与发展趋势预测、剩余寿命评估 4 个方面的内容是资产全寿命周期管理过程中资产的利用、维护、改造、更新所需要开展的基础性工作，同时资产的规划、设计、采购的管理也离不开设备在使用和维护期间的历史数据、状态和健康记录等的回馈。针对面向智慧电网的输变电设备的状态检修和资产全寿命管理需研究 5 项内容，如图 7-15 所示。

1 基于自我诊断功能的故障模式、故障风险的数值预报技术

以油浸式电力变压器、断路器和GIS为对象，在初级智能化设备的基础上，进一步开展增加自我检测参量、改进自我检测功能的研究；在自我诊断方面，开展提高智慧化水平的研究，实现设备故障概率和故障风险的数值预报，服务于智慧化设备乃至电网的安全运行管理

2 状态检修辅助决策

在已有输变电设备状态检修辅助决策功能的基础上，研究基于状态检修的检修计划编排及优化技术、设备状态分析及故障诊断技术、输变配设备典型缺陷标准化技术、设备厂家唯一性标识建立和跟踪技术、在线监测数据接入技术等，并完善扩充输变电设备的评价导则

3 资产全寿命周期管理

在已有成熟软件包、生产管理、调度管理、营销管理、可靠性管理、招投标管理、计划统计等应用基础上，研究电网资产从规划、设计、采购、建设、运行、检修直至报废的全寿命周期管理中的各种信息化关键技术，重点研究设备资产信息模型、设备资产全寿命周期管控技术、基于资产表现与服务支持的电力设备供货商综合评价技术、设备资产全寿命周期优化评估决策体系及其相关算法、基于资产全寿命周期的技改辅助决策技术等，最终实现以资产全寿命周期评估决策系统为关键支撑系统的资产全寿命周期管理体系

4 面向智慧电网的设备运行和检修策略

研究面向智慧电网的变电站巡检技术、巡检项目和巡检技术规范；研究面向智慧电网的停电试验和维护策略；研究完成符合智慧电网运行特点的设备停电试验和检修建模；研究智能化附件的现场维护、检验和检定技术和策略，建立起一套面向智慧电网的设备运行和检修技术体系和标准体系，满足智慧电网的运行管理要求

5 面向智慧电网的设备寿命周期成本管理策略

研究各类一次设备的故障模式及故障发生概率，研究各种故障模式下的检修模型（所需时间和资源分布规律），研究各种故障模式下的风险损失（检修成本、供电损失成本、社会影响折算成本等）。面向智慧电网，研究设备的技术经济寿命模型，按新、旧设备分类建立寿命周期成本模型和与之相适应的设备检修和更换策略。面向智能电网，完成设备寿命周期成本管理技术体系和标准体系，满足智慧电网的运行管理要求

图7-15　状态检修和资产全寿命管理

7.5.3 智慧巡检

7.5.3.1 巡检工作现状

线路巡检工作，是电力等能源行业的核心维护工作。目前在电力行业的巡检工作中，一些系统结合智能手机终端人员定位等功能，能查看巡检人员的位置，可以起到监督巡检人员的作用，如通过终端 GPS 定位功能，结合管理系统平台，即可查看巡线人员的位置信息。

但在实际应用中，目前常见的地理信息平台技术仍有许多不足以满足实际巡检需求的现状，主要体现在以下 4 个方面，如图 7-16 所示。

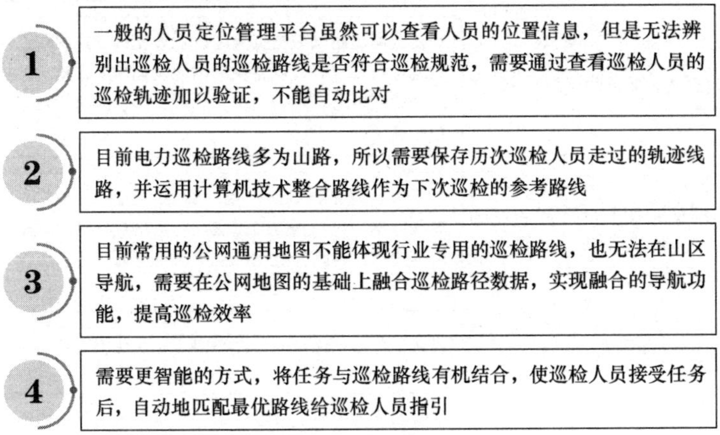

一般的人员定位管理平台虽然可以查看人员的位置信息，但是无法辨别出巡检人员的巡检路线是否符合巡检规范，需要通过查看巡检人员的巡检轨迹加以验证，不能自动比对

目前电力巡检路线多为山路，所以需要保存历次巡检人员走过的轨迹线路，并运用计算机技术整合路线作为下次巡检的参考路线

目前常用的公网通用地图不能体现行业专用的巡检路线，也无法在山区导航，需要在公网地图的基础上融合巡检路径数据，实现融合的导航功能，提高巡检效率

需要更智能的方式，将任务与巡检路线有机结合，使巡检人员接受任务后，自动地匹配最优路线给巡检人员指引

图7-16 目前的电力巡检现状

7.5.3.2 线路规划

智慧巡检路线规划的实现方法包括 8 点内容，如图 7-17 所示。

7.5.3.3 智慧巡检平台结构

智慧巡检平台结构可分为智慧巡检 App（Application，应用程序）、管理台软件、智慧巡检云端服务、公网地图接口 4 个部分。

（1）智慧巡检 App

智慧巡检 App 由巡检人员使用，主要有以下 3 个功能。

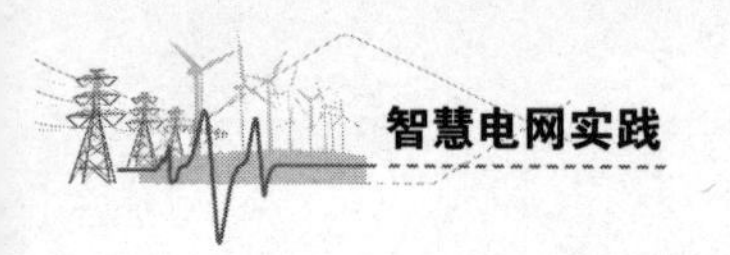

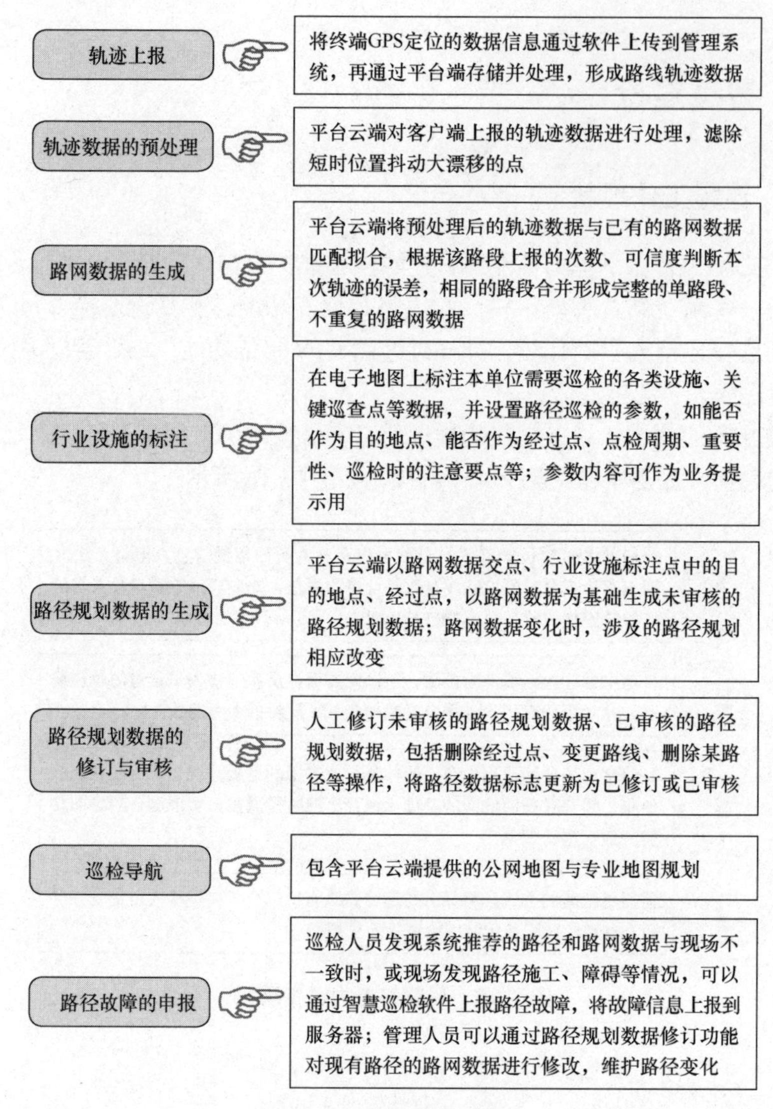
轨迹上报
将终端GPS定位的数据信息通过软件上传到管理系统，再通过平台端存储并处理，形成路线轨迹数据
轨迹数据的预处理
平台云端对客户端上报的轨迹数据进行处理，滤除短时位置抖动大漂移的点
路网数据的生成
平台云端将预处理后的轨迹数据与已有的路网数据匹配拟合，根据该路段上报的次数、可信度判断本次轨迹的误差，相同的路段合并形成完整的单路段、不重复的路网数据
行业设施的标注
在电子地图上标注本单位需要巡检的各类设施、关键巡查点等数据，并设置路径巡检的参数，如能否作为目的地点、能否作为经过点、点检周期、重要性、巡检时的注意要点等；参数内容可作为业务提示用
路径规划数据的生成
平台云端以路网数据交点、行业设施标注点中的目的地点、经过点，以路网数据为基础生成未审核的路径规划数据；路网数据变化时，涉及的路径规划相应改变
路径规划数据的修订与审核
人工修订未审核的路径规划数据、已审核的路径规划数据，包括删除经过点、变更路线、删除某路径等操作，将路径数据标志更新为已修订或已审核
巡检导航
包含平台云端提供的公网地图与专业地图规划
路径故障的申报
巡检人员发现系统推荐的路径和路网数据与现场不一致时，或现场发现路径施工、障碍等情况，可以通过智慧巡检软件上报路径故障，将故障信息上报到服务器；管理人员可以通过路径规划数据修订功能对现有路径的路网数据进行修改，维护路径变化

图7-17　线路规划内容

1）智慧寻路

App 可调用手机全球定位系统（Global Positioning System，GPS），周期性地将当前位置上报到云服务器，服务器记录信息并存储形成本次轨迹得数据；App 位置的定位周期可适当配置，每个周期都定位一次当前位置，并成组地上报位置信息；当网络信号不好时，位置数据还可暂存到本地，等网络信号恢复后将暂存的位置数据批量上报；App 进入工作模式后，可展示手机地图，手机地图是在线

地图的方式，数据能实时展示；还可在手机地图上迭加显示云端发布的附近路网，迭加显示附近的行业设施标点 POI（Point of Interest），便于巡检人员寻找路径。

2）查看巡检详情及回馈问题

App 可接收云端下发的巡检任务清单，查看巡检任务详情，包括巡检起始点、目的地点、经过点、任务描述、任务要求、回馈时限等内容；在设备巡检完成后，如发现问题，可拍照上报，并注明发现的问题并附注描述。

3）智慧导航

App 可在任务中选择任务目的地点、任务起始点、任务经过点，或选择行业设施标点进行导航，可选择当前位置为出发点，以选择的点为目的，调用云端导航服务，得到推荐路径并醒目显示，帮助巡检人员寻找路径。

（2）管理台软件

管理台软件由管理人员或计算机自动分析使用，主要功能有 5 个，如图 7-18 所示。

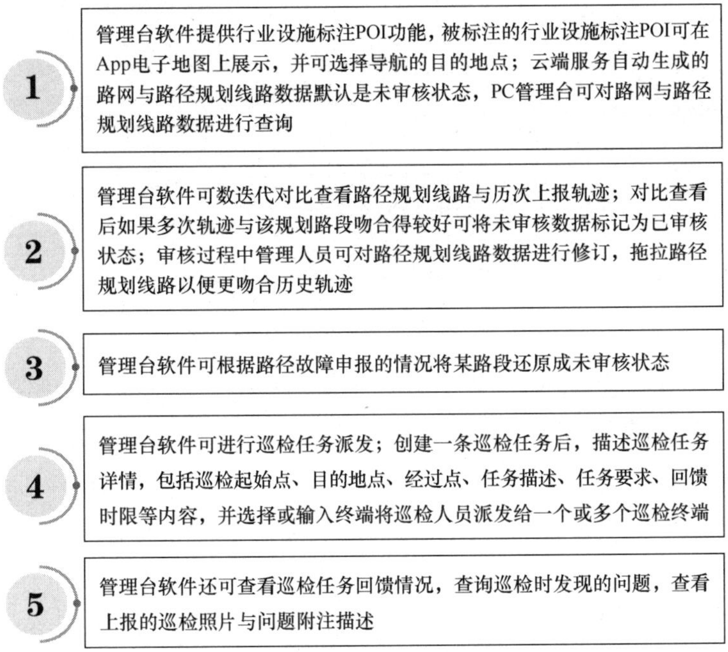

管理台软件提供行业设施标注POI功能，被标注的行业设施标注POI可在App电子地图上展示，并可选择导航的目的地点；云端服务自动生成的路网与路径规划线路数据默认是未审核状态，PC管理台可对路网与路径规划线路数据进行查询

管理台软件可数迭代对比查看路径规划线路与历次上报轨迹；对比查看后如果多次轨迹与该规划路段吻合得较好可将未审核数据标记为已审核状态；审核过程中管理人员可对路径规划线路数据进行修订，拖拉路径规划线路以便更吻合历史轨迹

管理台软件可根据路径故障申报的情况将某路段还原成未审核状态

管理台软件可进行巡检任务派发；创建一条巡检任务后，描述巡检任务详情，包括巡检起始点、目的地点、经过点、任务描述、任务要求、回馈时限等内容，并选择或输入终端将巡检人员派发给一个或多个巡检终端

管理台软件还可查看巡检任务回馈情况，查询巡检时发现的问题，查看上报的巡检照片与问题附注描述

图7-18 管理台软件的功能

（3）智慧巡检云端服务

智慧巡检云端服务由云计算服务平台实现，具体功能如图 7-19 所示。

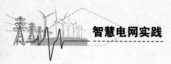

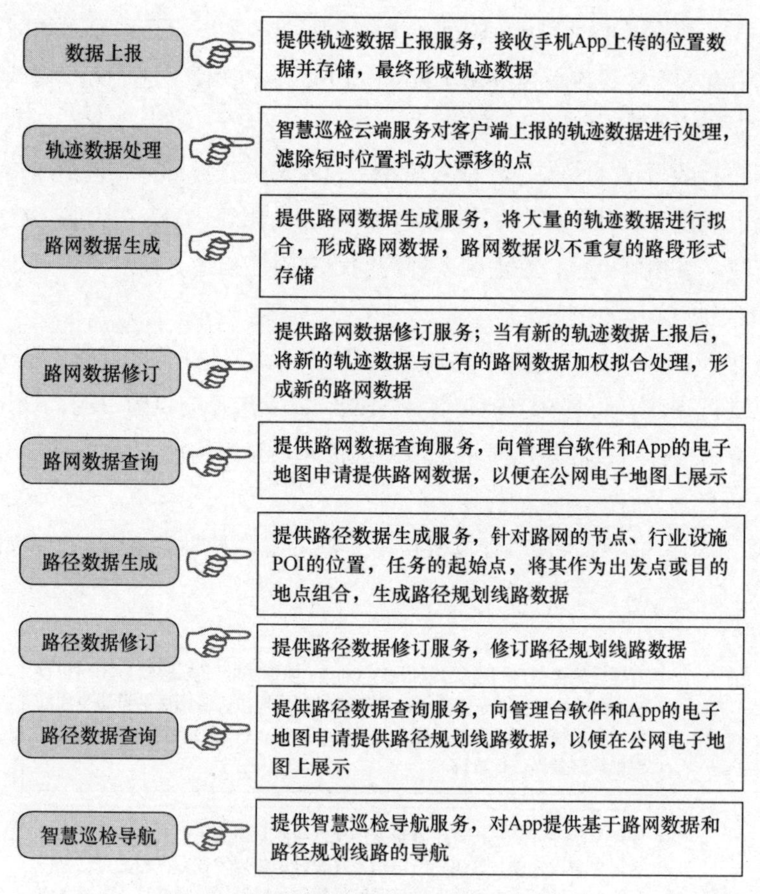

数据上报	提供轨迹数据上报服务，接收手机App上传的位置数据并存储，最终形成轨迹数据
轨迹数据处理	智慧巡检云端服务对客户端上报的轨迹数据进行处理，滤除短时位置抖动大漂移的点
路网数据生成	提供路网数据生成服务，将大量的轨迹数据进行拟合，形成路网数据，路网数据以不重复的路段形式存储
路网数据修订	提供路网数据修订服务；当有新的轨迹数据上报后，将新的轨迹数据与已有的路网数据加权拟合处理，形成新的路网数据
路网数据查询	提供路网数据查询服务，向管理台软件和App的电子地图申请提供路网数据，以便在公网电子地图上展示
路径数据生成	提供路径数据生成服务，针对路网的节点、行业设施POI的位置，任务的起始点，将其作为出发点或目的地点组合，生成路径规划线路数据
路径数据修订	提供路径数据修订服务，修订路径规划线路数据
路径数据查询	提供路径数据查询服务，向管理台软件和App的电子地图申请提供路径规划线路数据，以便在公网电子地图上展示
智慧巡检导航	提供智慧巡检导航服务，对App提供基于路网数据和路径规划线路的导航

图7–19　智慧巡检云端服务的功能

（4）公网地图接口

公网地图接口提供目前市面上常见的公网地图接口，支持多种免费地图接口，如百度地图、高德地图等接口，通过这些第三方授权的免费地图接口能实现 PC 地图展示、手机地图展示、导航等功能。

7.5.3.4　故障定位分析

智慧电网一旦出现故障，会引发一系列的安全和运行问题。所以，在智慧电网出现故障时，电力企业应该迅速找到问题的原因，及时处理故障，以免给用户造成不必要的损失，影响人们的生活。

（1）智慧电网的故障诊断方法

随着科技的进步和社会的发展，人工智能科技也在不断地更新和进步。现在各国都在逐渐推进智慧电网的技术，许多从事电力工作的学者、专家从各个方面研究智慧电网系统的故障诊断方法，经过他们的不懈努力，研究工作取得了阶段性的胜利，目前已经研究出了几种可行的智慧电网故障诊断方法，如图 7-20 所示。

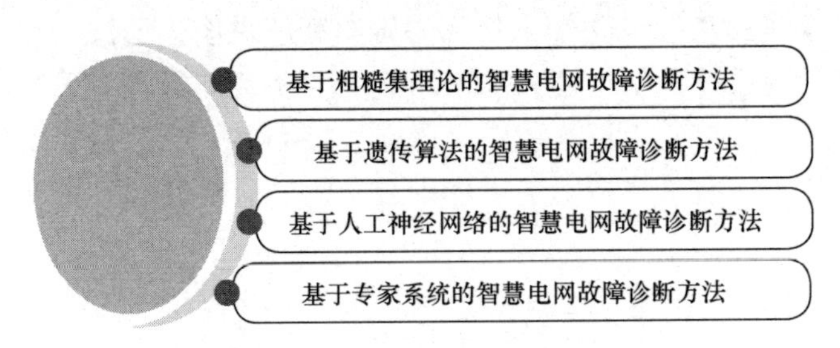

图7-20 智慧电网的故障诊断方法

1）基于粗糙集理论的智慧电网故障诊断方法

基于粗糙集理论的故障诊断方法主要是先对智慧电网可能出现的全部故障进行一个分类，然后，再根据现实情况对产生的故障种类进行合理地推理、分析和假设，在确定得出一个假定条件之后，根据相关原理一步步排除绝不可能出现的故障，最后得出正确的故障诊断结果。

应用粗糙集理论方法诊断故障时，根据约简算法，适当地简化计算决策表，即把断路器的警告信号、保护线路作为智慧电网故障问题分类的根据，将全部有可能发生的故障类型建立成一个决策表，再约简故障决策表，这样，就可以得出多个与原有信息等同的约简，在从这些约简结果中找到最小的约简，并根据相关的抽取决策原则，得出正确的诊断结果。

2）基于遗传算法的智慧电网故障诊断方法

遗传算法是以模仿生物遗传的发展过程为基础的，探索出解决智慧电网故障问题的一种优化技术。遗传算法的最大优点在于它不涉及非常复杂的数学模型和求解过程，对问题类型也没有特别要求。

诊断智慧电网故障问题时，使用的是已经存在的故障信息，通过对适应度的计算，利用生物遗传模式求解最优化，以得出准确的配电网故障诊断。

这种方法具有高容错、高效率的优良性能，搜索过程速度快，节省时间，准确性也很高，与智慧电网的拓扑结构非常适应，是常用的一种智慧电网故障诊断方法。

3）基于人工神经网络的智慧电网故障诊断方法

人工神经网络技术是模拟人类大脑中的神经系统传递信息、处理过程的一种现代化的人工智能技术。其原理是利用神经系统中的各个神经元之间的有向连接把智慧电网的故障问题隐含起来，加上人工神经网络技术存在超高的容错能力、

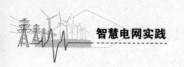

自主学习能力和学习泛化能力，因此，在智慧电网故障的类型识别以及定位上发挥着主要功用。

4）基于专家系统的智慧电网故障诊断方法

专家系统是一种以电力知识作为基础的智能系统，通过专业化的知识对智慧电网故障问题进行分析推理。专家系统的主要特征是具有很强的专业性、灵活性、启发性，经常使用词语逻辑、语义连接网络、产生式规则等知识表征方法解决一些建立在数学模型上的、特别复杂的、需要具有丰富专业经验判断的技术问题。

在电力应用中，专家系统会将电力应用过程中的故障信息收集，形成智慧电网故障诊断的专家系统知识库，之后专家系统知识库会根据实际的报警信息做出进一步的推理和判断，然后快速准确地得出智慧电网具体的故障诊断结果。

（2）智慧电网的定位分析

1）智慧电网故障的定位步骤

目前智慧电网故障的定位步骤如图 7-21 所示。

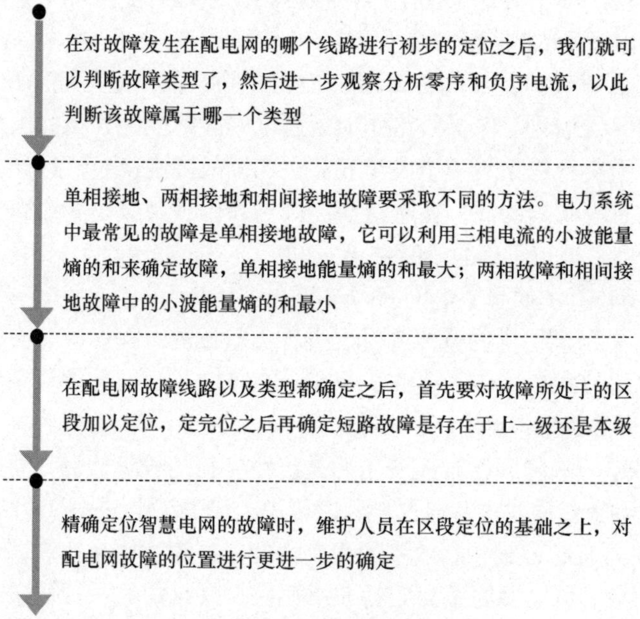

在对故障发生在配电网的哪个线路进行初步的定位之后，我们就可以判断故障类型了，然后进一步观察分析零序和负序电流，以此判断该故障属于哪一个类型

单相接地、两相接地和相间接地故障要采取不同的方法。电力系统中最常见的故障是单相接地故障，它可以利用三相电流的小波能量熵的和来确定故障，单相接地能量熵的和最大；两相故障和相间接地故障中的小波能量熵的和最小

在配电网故障线路以及类型都确定之后，首先要对故障所处于的区段加以定位，定完位之后再确定短路故障是存在于上一级还是本级

精确定位智慧电网的故障时，维护人员在区段定位的基础之上，对配电网故障的位置进行更进一步的确定

图7-21　智慧电网故障的定位步骤

2）智慧电网故障的定位方法

智慧电网常用的故障定位法主要是两个，一是神经网络法，二是行波法，这

两种方法都有各自的优势，被广泛应用于配电网故障问题的定位。具体如图 7-22 所示。

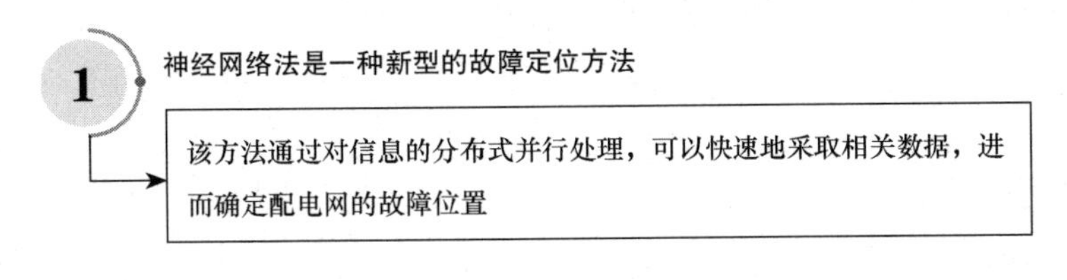

1
神经网络法是一种新型的故障定位方法
该方法通过对信息的分布式并行处理，可以快速地采取相关数据，进而确定配电网的故障位置

2
行波法相对于神经网络法来说，发展已经达到成熟阶段

按照网络结构故障类型的差异可以将行波法划分为A～F六个不同的类型，每个类型都通过一定的原理定位故障

图7-22 智慧电网故障的定位方法

7.5.3.5 智慧巡检机器人

随着科技的不断进步，智能机器人也越来越多地被应用到了智慧电网领域，特别是智慧电网的巡检工作，使用智能机器人不仅提高了工作效率，也减少了失误率。

（1）智能机器人

智能机器人可以经受高温、狂风、暴雨、冰雪、高原、大雾等恶劣环境的考验，能全天候、全方位、全自助智慧巡检和监控变电站，成为变电站的骨干力量。

（2）无人机巡检系统

无人机巡检系统可与人工和直升机协同开展在复杂地理环境下的常规、状态及特殊巡检，实现对杆塔、导线等输电线路设备缺陷的全自主、全方位检测，被广泛应用于电力杆塔线路巡检、灾后应急救援、灾后电网评估、光伏发电站缺陷检测等场合。

（3）架空线机器人

架空线机器人是指在架空输电线路上爬行的电力机器人。有的机器人装上刀具可以清除覆冰，有的则装上摄像头可以巡视线路，有的甚至可以跨越障碍执行任务。

（4）特种机器人

特种机器人是适合在不同环境下工作的机器人，如阀厅智慧巡检机器人、隧道智慧巡检机器人、带电水冲洗机器人等。阀厅智慧巡检机器人的应用满足了阀厅巡检全方位覆盖的要求，填补了国内机器人在阀厅检测中的空白。隧道智慧巡检机器人不但能精准检测设备，详尽记录数据，而且还能全天候自主巡检隧道内的环境、设备和道路和给设备自主充电。

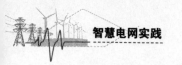

变电站设备带电水冲洗机器人可以解决人工带电作业的各种问题。

中国电网湖南检修公司首次启用智能机器人巡检，替电工完成高危工作

用机器人代替运营维护人员对特高压线路进行检查，能检查查到人无法检查的死角。2017年9月初，中国电网湖南检修公司首次启用智能机器人巡检。

（1）“小盒子”检查高压线

和大家熟悉的人形机器人不同，这个能问诊特高压线路的机器人其实就是一个“小盒子”，从“盒子”上伸出的两根细长的“胳膊”就是吊在空中完成各种高难度动作的利器。通过无线遥控，“小盒子”在高压电线上进行检修，准确地拧紧松掉的螺栓。这根细长的“胳膊”在连接高压线后，还可以将数据传回给后方。“梦想1号”机器人向记者展示了自己灵活的身姿，在特高压输电线路上，它能够替代人工完成线路巡视、检测绝缘子串、更换防震锤等高难度动作，在国内处于领先地位。

记者了解到，这些机器人的“体重”普遍在50公斤左右，配备了高清摄像云台、作业臂等“眼”和“手”，可在输电线路上悬挂“行走”。巡视和检测机器人精准发现问题后，检修机器人便派上了用场。其中，“梦想1号”机器人可带电紧固引流板、更换绝缘子，目前正在调试的“梦想2号”和“梦想3号”还可以带电更换防震锤，进入工作人员无法进入的紧凑线路，带电清除缠绕在输电线路上的塑料、布条等异物，也可精准地更换绝缘子、紧固引流板等。

“带电作业机器人属于工业特种机器人，其他工业机器人的应用，如汽车工厂等，作业环境都有固定的轨道，但是带电作业机器人面临的环境是随机的，要复杂得多。”实验室副主任牛捷告诉记者，带电作业机器人工作的环境以高山、丛林等为主。

（2）人工操作半小时，机器人5分钟解决

线路工作人员高空作业，既艰苦又危险。工作人员在离地数十米甚至上百米的电线上，手脚并用地缓步行走；如果需要在不停电的情况下作业，还要穿着厚厚的绝缘服，在高空烈日下“蒸桑拿”，看上去短短几百米的距离，有时候需要跨越河流，翻山越岭。

“以前，如果高压线路出现问题是需要停电处理的。”牛捷说，以110千伏线路为例，停下一条线路，会影响几万户居民。尤其是作为骨干网架的特高压，一旦投运很难停电检修。如果人工带电作业，作业人员的技能、体能和心理素质都要承受很大的考验。

实验室严宇博士告诉记者，11万伏至22万伏的高压电，在工作人员两个回路之间进行操作时，稍微超出几厘米就会触电，目前全省能够进行特高压输电线路作业的电工不到30人。“更换一个绝缘子，人工操作大约要半个小时，机器人5分钟就能搞定。”严宇说。

“目前在这方面，机器人只能替代部分人工。”牛捷表示，由于工作环境非常恶劣，同时带电作业，因此想要做到更加智慧尚有距离。他表示，目前国内的带电作业机器人仍停留在原理研究阶段，而中国电网智能带电作业技术及装备（机器人）实验室研发的机器人更注重应用，并即将亮相在建的常德真龙桥牵引站，为该线路进行全面体检。

7.5.4 智慧建站

智慧建站主要是通过自动解析匹配或手动配置变电站设备内容，快速搭建变电站的三维场景，为变电站可视化管理提供高效便捷的方法。

7.5.4.1 三维变电站建模手段

二维 GIS、数码照片和视频监控等可视化技术已经逐渐成熟并被应用于变电站的可视化管理中，但这些可视化手段并不能直观、真实地反映变电站的设施设备在三维空间的分布情况。很多行业的设计、施工和管理过程中开始采用三维可视化手段来真实表现各种特征、细节、操作环境和运行过程，变电站也不例外。

常用的三维变电站建模手段主要包括两种，如图 7-23 所示。

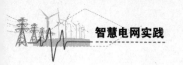

利用地面激光雷达扫描变电站，获取密集的三维点云数据，然后使用MicroStation、3DMax等三维建模工具建立变电站

基于设计图纸和厂家设备图纸，利用3DMax等三维建模工具，建立各种设备的组件模型，并将其组合成整个变电站的三维模型

图7-23　三维变电站建模手段

以上两种方法均是采用逆向建模的方法。这两种方法建立的模型非常细致，每个组件都可单独建模，再辅之以面向对象的编程等手段，可形成非常完备和清晰的变电站模型，并在此基础上进行各种操作的应用。

但这些方法，建模的工作量大、周期长，只适合被应用于要求高、投入大的变电站的三维可视化。此外，这些方法建立的三维模型比较复杂，需要较高配置的计算机和复杂的算法才能实现顺畅的浏览和操作。

7.5.4.2　数据的制作和存储

为了将采集整理的素材转换成软件平台可以识别使用的数据，我们需要对素材进行再加工形成可以使用的格式。

7.5.4.3　模型建立

场景设备模型的建立，首先设备厂商、设计规划部门提供CAD设计图纸，即向量线段构成的模型三视图，通过AutoCAD（Autodesk Computer Aided Design）整理图纸，去除标识、文字等建模不需要的部分，再用拼合工具合成导入3DMax中，将其放在单独的层，按照三个视图，设计人员分别旋转到相应的方向，然后冻结，将其作为建模参考；接着运用polygon低分辨率建模技术，从立方体、球体、圆柱体等基本元素开始，辅以挤压、切削、放样、布尔等建模工具分别构建出房屋、设备的外形特征；再按照事先设计的多边形预算，综合运用塌陷、焊接、删除不可见面等优化手段，手工精简优化多边形的数量，同时保持整洁的多边形网格拓扑结构，运用光滑组修正法线方向和纹理坐标工具为模型指定纹理坐标，通过透视视角检查问题并修改；最后使用3DMax的文件拼合功能将其整合到一起，按照CAD电气设备平面图标注的方位，通过位移、旋转使模型的空间关系与图纸设备一一对齐。

7.5.4.4 材质模拟

材质模拟包括纹理、光照等。纹理是设计人员通过 Photoshop 无缝、锐化处理的照片被制成相关数据，再通过纹理坐标吸附在多边形模型的上面，使用导出插件导出文件，用来表现物体的细节和表面属性。

光照模拟在 Quest3D 中主要有以下 3 类材质：对网格密度高的小物体模拟使用即时光照模型；对粗糙的亚光表面模拟使用高级渲染器功能生成光照贴图照明，再混合基本纹理；对光泽表面或金属表面模拟使用高光纹理和反射纹理并通过程序坐标贴覆到模型上。

7.5.5 智慧电网可视化平台

基于大数据架构的智慧电网可视化平台，通过与其他子项统一数据接口，可提升存储、计算、分析和管控电力大数据的能力；运用物联网及云计算技术，可提升采集、处理与分析海量用电信息的能力，用户能耗分析、用电方案优化能力、电力负荷预测分析能力，配电网故障抢修精益化分析能力也能同步提升。智慧电网可视化平台构建了以业务趋势预测、用电行为数据价值挖掘为主的大数据服务体系，实现了与智慧电网总体工程中各子项的全方位集成；通过多媒体动画技术、三维虚拟现实技术及 Flash 等技术，可实时、直观地反映智慧电网的建设成果并实时监控智慧电网的各项业务。

7.5.5.1 整体架构

智慧电网可视化平台将整体采用大数据技术架构进行构建，能容纳全景的电网状态数据，包括电网运行、检修和能量采集过程中产生的海量、异构、多态的数据集合。智慧电网大数据信息平台提供了海量数据和云计算模式，在提供高性能的并行处理能力的基础上，还可以实现智能调度领域的高级应用，同时还能解决状态检测、电能损耗分析等领域所遇到的问题，并在负荷分布式控制和用户侧短期负荷预测方面取得突破。

7.5.5.2 平台的层次

智慧电网可视化平台系统采用了大数据处理技术、云计算技术、物联网技术、虚拟现实技术、多媒体技术、数据挖掘技术，结合公司管理理念及发展状况，按照系统的建设内容和设计原则进行设计的。平台建设从技术架构上分成 3 个层次，

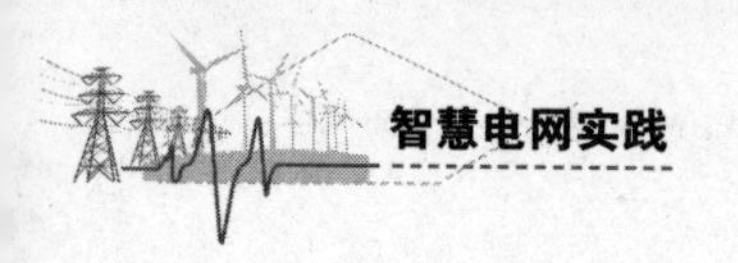

包括前台展示层、中间服务层和后台数据层，如图 7-24 所示。

前台展示层

多媒体技术采用Maya、3DMax动画建模工具及3D和2D的整合软件Virtools；前台开发采用Flash Builder，融合流行的三维动画技术并采用Flash接口展现丰富多彩的智慧电网建设成果

中间服务层

协助大数据分布式计算配置支持，满足实时应用（业务监控、实时决策）、离线应用（统计分析、预测/挖掘、可视化）的分析挖掘需求，为公司分析决策应用构建提供基础的中间层支撑

后台数据层

建立分布式并行计算平台（以下简称分布式平台），结合数据中心，解决电力运行过程中需要实时大规模信息采集、高吞吐、大并发地数据存取和快速高效地分析计算的业务系统存在的性能瓶颈问题

图7-24　智慧电网可视化平台的3个层次

电力三维基础信息平台

电力三维系统平台集成 GIS、RS 和虚拟现实技术，同时也集成了多源（包括影像数据、DEM、三维模型数据、业务数据）海量数据，客户端可实现三维数据快速浏览、空间分析、三维渲染、功能设计、拓展需求等操作。系统运用三维可视化技术和空间信息技术，构筑了一个“数字电网”，能够实时、直观地了解电网的各类信息，辅助工作人员进行业务管理和决策，从而实现对电网科学、有效的管理，提高电网管理的质量和运行效率、降低运营成本。

一、电网设备管理系统

该系统高精度建模仿真电网设施设备，过程中采用细节层次模型技术，并且在客户端采用缓存技术，实现了高速浏览三维数据的功能，并将电力设备的属性信息，包括基础地理、自然环境、电力设备设施、电网运行状态等信息以及视频、图片、影像等多媒体信息集成到系统中，减少了外业作业量，提高了管理效率，实现了电力工程的智能化管理。该系统的功能模块主要包括以下几点：

① 日常生产安全管理；

② 电网基础信息管理；

③ 电力设备动态监测；

④ 可视化运维管理；

⑤ 突发事件应急指挥。

二、电力规划设计辅助系统

电力规划设计辅助系统是一个数字化的管理和决策支持系统，该系统采用了基于高精度的数字地形模型（Digital Terrain Model，DTM）、高分辨率遥感影像以及三维设备模型技术，在计算机上仿真电力设计区域，从而再现了该区域的自然环境，实现了二维、三维同步显示、坐标系实时转换、查看送电线路纵断面等功能。设计部门可以在虚拟的三维场景中进行送电线路路径的规划，进行各种空间分析，使路径走向更加合理，达到缩短线路路径、降低投资成本的目的。该系统的使用可以减少大量的野外勘察工作，减少了工程建设对人民生活造成的不利影响，保护了环境，与传统作业相比优势十分明显。该系统的功能模块主要包括以下几点：

① 线路设计快速模拟；

② 排塔软件交互操作；

③ 区域对象快速切割；

④ 电网建设环境仿真；

⑤ 电网设施风险评估。

三、电网安全生产管理系统

电网安全生产管理系统可以快速直观了解高压输电线路的走向情况。输电线路距离长，通道的地理环境复杂，通过该系统线路巡视人员打破了视野局限，可以完成电网生产过程监控、电网生产故障查看、电网安全监管与维护等工作，能够对输电线路、电网建设区域进行航行浏览，自定义巡航路线，把握输电区域的总体情况，大幅度减少了外业作业量。该系统的功能模块主要包括以下几点：

① 电网区域模拟巡线；

② 电网生产过程监控；

③ 电网生产故障查看；

④ 电网安全监管与维护。

四、电网应急指挥管理系统

我国发生的自然灾害种类繁多，可靠的电力供应是抗灾救灾的重要保证。然而在突发自然灾害中，电网首先遭受损毁。而输、变电力设备的监控、自动化信息展示等功能通常是由不同的系统实现的。在实际的电力生产活动中需要有统一的平台来集中展示和查阅这些信息，特别是在应急指挥过程中，指挥人员希望了解各方面的信息，以便于决策。但这些信息比较分散，且不易组织，这给应急指挥带来不便。该系统作为统一的展示平台，将监控、自动化等信息在平台上集中展示，方便了应急指挥领导小组对信息的查阅和使用。电网应急指挥管理系统的功能模块主要包括以下几点：

① 受损电网设备快速定位；

② 突发事件过程模拟；

③ 应急方案制订与应急演练；

④ 应急资源调度指挥；

⑤ 灾情后果分析与事故处理。

输电网多维可视化在线监测解决方案

一、建设背景

近年来，随着在线监测技术不断发展和成熟，逐渐在我国电力系统逐步获得应用和推广，并积累了一定的实践经验，已被我国电力企业尤其是以国家电网公司为代表的电网企业所接受和认同。随着国家电网公司建设坚强智慧电网战略的提出，建设全面的输电网在线监测系统正在成为新时期的热点。

“输电网多维可视化在线监测”以电网智能化运行管理为目标，集成各种在线监测技术，实时监测输电架空线路和地下输电电缆的运行状态，实现异常及故障状态的预警和报警，实现设备健康状况的动态评估，实现管理模式从“事后处置”到“事前预警”“粗放控制”到“状态评估”“定期巡视”到“状态监视”的转变，实现电网运行状态的多维可视化以及异常立体报警模式，对突发事件实现三位一体的应急指挥。

二、建设框架与内容

建设框架与内容如图 7-25 所示。

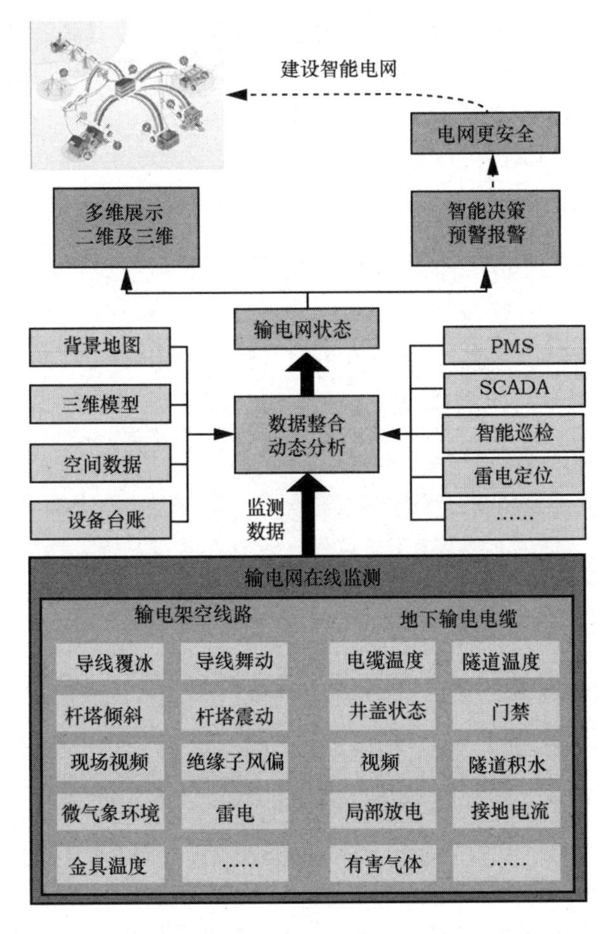

图7-25 输电网多维可视化在线监测框架与内容

1. 输电线路线上监测

输电架空线路监测项目主要包括导线覆冰、导线舞动、杆塔倾斜、杆塔振动、现场视频、微气象环境、金具温度、绝缘子风偏、泄漏电流、雷电等。

电缆线路监测项目包括电缆表面温度、接地电流、局部放电、井盖状态、隧道积水、隧道温度、视频监控等。

系统根据输电网运行相关规范，建立各监测参数的预警及报警数据库，并自动判断对采集的参数，对于符合条件的参数，按照系统预定的规则以各种方式进行预警和报警，如推屏、声光、短信等，同时利用三维GIS、图表、曲线、虚拟仪表、动画等多种形式，实现预警和报警的多维可视化。

2. 输电网状态的动态评估

整合EMS/SCADA、生产管理、在线监测、环境气象、智慧巡检、雷电定位等信息，采用多维动态分析手段，对输电网运行状态及设备健康状况进行动态评估，为科学安排巡视、检修、试验等计划提供依据，实现由“周期管理”向“状态管理”的转变。

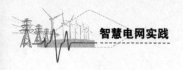

三、系统总体结构

系统总体结构如图 7-26 所示。

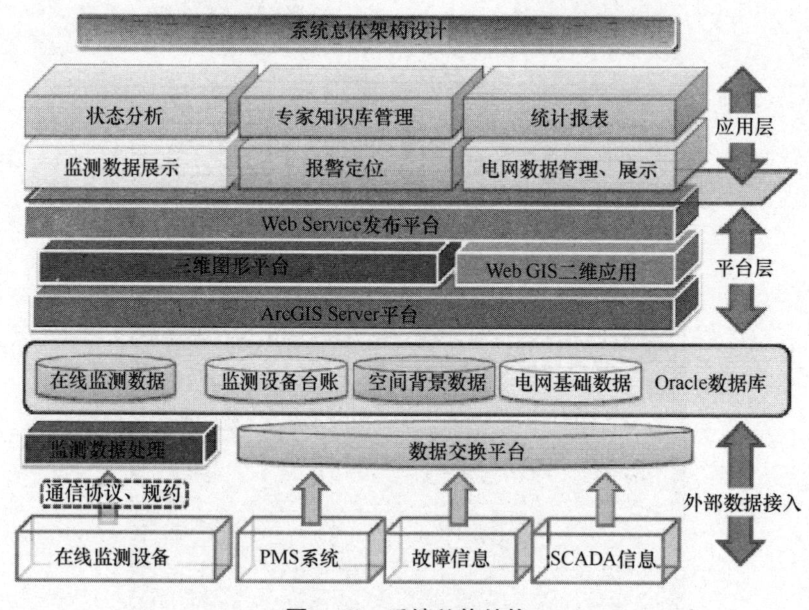

图7-26　系统总体结构

输电网多维可视化在线监测系统运行于复杂的网络环境中，需要与众多的业务系统进行交互。为保证系统有良好的适应性和扩展性，本系统采用分层设计思路，包括业务应用层、应用系统平台层、数据存储层和外部数据接入层。

1. 应用系统平台层

用于管理数据模型并为业务应用层提供服务的应用服务器软件，如 ArcGIS Server 和三维图形平台、Web Service 等。

2. 业务应用层

各类业务功能应用，具体包括电网数据管理和展示、监测数据展示、报警信息定位、架空线路和电缆运行状态分析、统计报表等。

3. 数据库存储层

该层主要存储电网设备信息的属性数据库、电网图形信息的 GIS 数据库、依据基础数据构建的电网数字化模型库、在线监测数据的监测库等。

4. 外部数据接入层

该法包含在线监测设备、通信设备、通信协议、通信规约、前置数据接收设备等内容，以及 PMS 系统信息、故障信息、SCADA 信息和通过数据交换平台提供的数据集内容。

四、架空线路监测

架空线路可视化监测的主要功能包括线路三维可视化、线路工况监测可视化、视频监控可视化、线路负荷监视可视化、异常天气可视化、预警与报警可视化等。

1. 线路三维可视化

工作人员通过拖动、平移、旋转等方式进行浏览时，系统动态加载三维地形模型数据和三维输电线路、在线监测设备、变电站模型数据。在实际浏览过程中，工作人员可以使用鼠标拖动、鼠标双击、惯性飞行等方式进行场景内的浏览，同时还可以使用鼠标滚轮进行视点远近控制。

2. 线路工况监测可视化

线路工况监测内容包括导线覆冰、导线温度、导线舞动、杆塔倾斜、微风振动、微气象环境、绝缘子风偏、绝缘子污秽（盐密、灰密）、泄漏电流等。

3. 视频监控可视化

系统可远程监视杆塔现场环境，当监视到异常情况时可进行远程录像、拍照，同时，系统可以对指定线路的视频分组自动轮询，实现远程巡视。

4. 线路负荷监视可视化

以 EMS/SCADA 系统信息为基础，系统对线路负荷进行实时监测，并以图形化的方式直观展示线路负荷。

5. 异常天气可视化

系统根据气象预报及实况展示异常天气，通过与气象局的数据交换接口，获取气象信息，可以在 GIS 上展示实时天气信息和气象预报信息，也可以展示气象历史信息。

6. 报警与预警可视化

系统监测到异常或故障时，如线路超载、覆冰过厚等，自动进行报警和预警，同时自动定位到所在位置。

五、地下电缆监测

地下电缆网可视化监测功能包括模拟巡视、电缆温度热谱图、井盖监控可视化、视频监控可视化、综合监测可视化、电缆网专题图危险点可视化等。

1. 模拟巡视

在二三维场景下，系统通过模拟地面巡视和地下模块巡视方式对输电

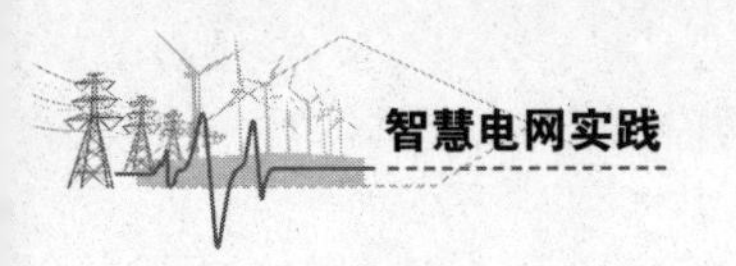

网进行巡视，同时实现二维三维的同步。例如，在二维巡视时，系统可快速切换到三维场景下进行巡视，查看整个电缆网的三维分布情况；当需要查看某段隧道的详细细节时，可切入地下模块巡视模式，通过模块行走查看隧道内的设备详细分布情况。

2. 电缆温度热谱图

以线芯温度监测和电缆线路负荷监测为主，温度或负荷过高时系统将自动进行预警，同时自动在 GIS 上定位预警电缆线路。

电缆温度主要以温度曲线和温度热谱图两种方式展示；电缆线路负荷以负荷曲线的方式展现。

3. 井盖监控可视化

井盖监控的主要内容是井盖开合状态，当井盖被非法开启时，会自动进行报警，并在 GIS 上自动定位井盖的位置。在 GIS 图中，系统可以通过专用符号标识井盖开合状态并直观地进行展示。同时，在 GIS 图中，系统可以便捷地对井盖进行远程开启或关闭操作。

4. 视频监控可视化

视频监控通过视频的方式获取隧道内部的现场信息，可以从各个角度观察隧道内的情况，实时监视隧道内部情况。系统支持分屏展示视频信息，可对同一隧道的多个位置或者对多条隧道同时进行监视。

5. 综合监测可视化

其他在线监测信息还包括隧道水位、接地电流和局部放电信息。GIS 图上均绘有这三类参数的监测点，因此可以便捷地在 GIS 图上查阅实时数据。当水位深度、接地电流值、局部放电值过大时，系统自动进行报警，自动在 GIS 图中定位告警位置。

6. 电缆网专题图

系统包括隧道断面图、测温分布专题图和井盖监控分布专题图等 GIS 专题图。隧道断面图包括，横断面图和纵断面图两种。隧道横断面图用于直观地展示电缆通道的占用情况，纵断面图用于展示隧道沿线的坡度；测温分布专题图是光纤测温设备覆盖范围图；井盖监控分布专题图是指井盖监控设备的覆盖范围图。

7. 危险点可视化

在三维场景中，系统提供对各种危险点和施工工地的绘制功能。绘制时，用户只需在地表选定当前需要绘制的危险点区域，自动根据危险点类型生成相应的三维模型。

第8章

智慧电网之新能源发电

智慧电网作为未来电网发展的主要方向，以及新能源发展的有力平台，促进其发展相应地也会促进新能源产业的发展，是可持续发展的基本要求。首先，智慧电网经过近些年的发展和改进，其配置与容纳能力得到较大提高，能够保证新能源合理入网及利用；其次，不断发展的新能源相关产业同时也为智慧电网的大力发展提供了强有力的技术保障，两者相互促进、相辅相成，共同发展与完善。

8.1 新能源概述

8.1.1 新能源的定义

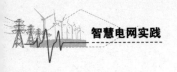

新能源（NE）：又称非常规能源，是指在新技术基础上加以开发利用的可再生能源，包括太阳能、生物质能、风能、地热能、波浪能、洋流能和潮汐能，以及海洋表面与深层之间的热循环等；此外，还有氢能、沼气、酒精、甲醇等，而已经广泛利用的能源有煤炭、石油、天然气等能源，这些被称为常规能源。随着常规能源的有限性以及环境问题的日益突出，以环保和可再生为特质的新能源越来越得到各国的重视。

8.1.2 新能源的分类

8.1.2.1 光伏发电

光伏发电是将太阳能直接转换为电能的技术，是利用半导体接口的光生伏特效应而将光能直接转变为电能的一种技术。

光伏发电装置主要由太阳电池板（组件）、控制器和逆变器三大部分组成，主要部件由电子元器件构成。太阳能电池经过串联后可进行封装保护形成大面积的太阳电池组件，再配合上功率控制器等部件就形成了光伏发电装置。

1. 光伏发电的原理

光伏发电是根据光生伏特效应原理，利用太阳能电池将太阳光能直接转化为电能。

理论上讲，光伏发电技术可以用于任何需要电源的场合，上至航天器，下至家用电源，大到兆瓦级电站，小到玩具，光伏电源无处不在。太阳能光伏发电的最基本组件是太阳能电池（片），它包括单晶硅、多晶硅、非晶硅和铜铟镓硒薄膜电池等。

2. 光伏发电系统分类

（1）独立光伏发电系统

独立光伏发电系统也叫离网光伏发电系统，如图 8-1 所示。

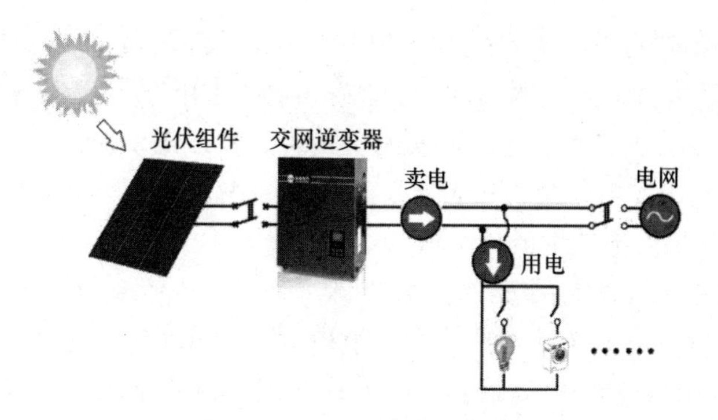

图8-1　独立光伏发电系统

1）组成

独立光伏发电系统主要由太阳能电池组件、控制器、蓄电池组成，若要为交流负载供电，还需要配置交流逆变器。

2）分类

独立光伏发电的分类如图 8-2 所示。

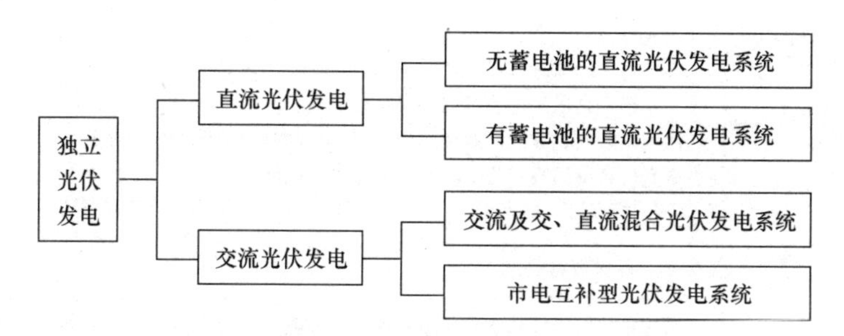

图8-2　独立光伏发电的分类

（2）并网光伏发电系统

并网光伏发电是指太阳能组件产生的直流电经过并网逆变器被转换成符合市电电网要求的交流电之后直接被接入公共电网，如图 8-3 所示。

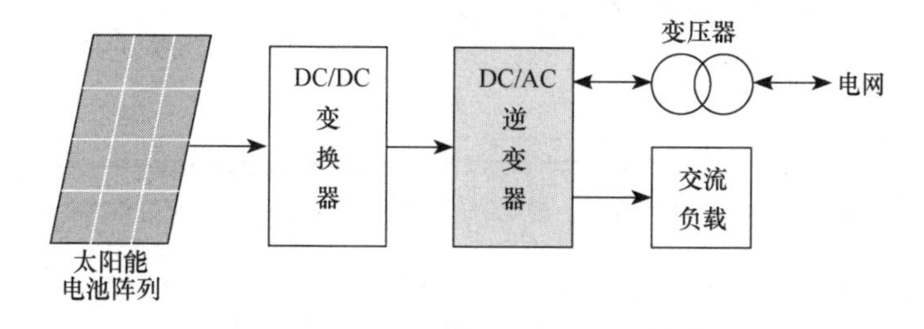

图8-3　并网光伏发电系统结构

并网光伏发电的集中式大型并网光伏电站一般都是国家级电站，主要特点是将所发的电能直接输送到电网中，由电网统一调配向用户供电。但这种电站投资大、建设周期长、占地面积大，还没有太大发展。而分布式小型并网光伏，特别是光伏建筑一体化光伏发电，由于投资小、建设快、占地面积小、政策支持力度大等优点，是并网光伏发电的主流。

（3）分布式光伏发电系统

分布式光伏发电系统，又称分布式发电或分布式供能，是指在用户现场或在靠近用电的现场配置较小的光伏发电供电系统，以满足特定用户的需求。

分布式光伏发电系统的基本设备包括光伏电池组件、光伏方阵支架、直流汇流箱、直流配电柜、并网逆变器、交流配电柜等，另外还有供电系统监控装置和环境监测装置。其运行模式是在有太阳辐射的条件下，光伏发电系统的太阳能电池组件数组将太阳能转换输出的电能，经直流汇流箱集中送入直流配电柜，由并网逆变器逆变成交流电供给建筑自身负载，多余或不足的电力通过联接电网来调节。

分布式光伏发电系统的特点如图 8-4 所示。

1 输出功率相对较小

一个分布式光伏发电项目的容量在数千瓦以内。与集中式电站不同，光伏电站的大小对发电效率的影响很小，因此对经济的影响也很小，小型光伏系统的投资收益率并不会比大型的低

2 污染小，环保效益突出

分布式光伏发电项目在发电过程中，没有噪声，也不会对空气和水产生污染

3 能够在一定程度上缓解局地的用电紧张状况

分布式光伏发电的能量密度相对较低，每平方米分布式光伏发电系统的功率仅约100W，再加上适合安装光伏组件的建筑屋顶面积有限，不能从根本上解决用电紧张的问题

4 可以发电用电并存

大型地面电站发电是升压接入输电网，仅作为发电电站而运行；而分布式光伏发电是接入配电网，发电用电并存，且要求尽可能地就地消纳

图8-4　分布式光伏发电系统的特点

8.1.2.2 风力发电

1. 风能

风能是指在太阳辐射下流动所形成的能源。风能与其他能源相比，具有明显的优势，蕴藏量大，是水能的10倍，且分布广泛，永不枯竭，对交通不便、远离主干电网的岛屿及边远地区尤为重要。风能最常见的利用形式为风力发电。

风能的优缺点如图8-5所示。

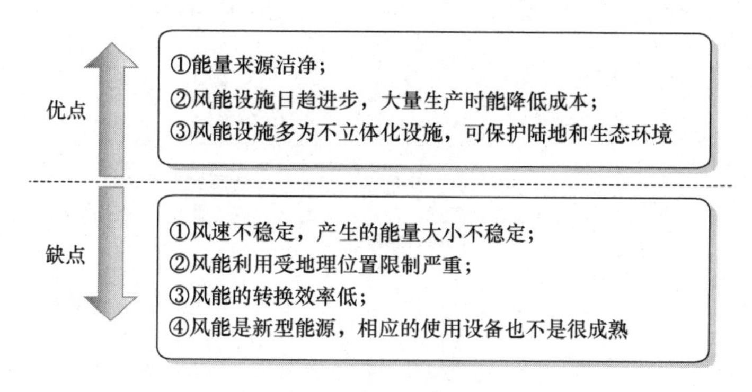

图8-5 风能的优缺点

2. 风力发电的原理

风力发电是指把风的动能转为电能。风是一种没有公害的能源，利用风力发电非常环保，且产生的电能巨大，因此越来越多的国家更加重视风力发电。

3. 风力发电的优缺点

风力发电的优缺点如图8-6所示。

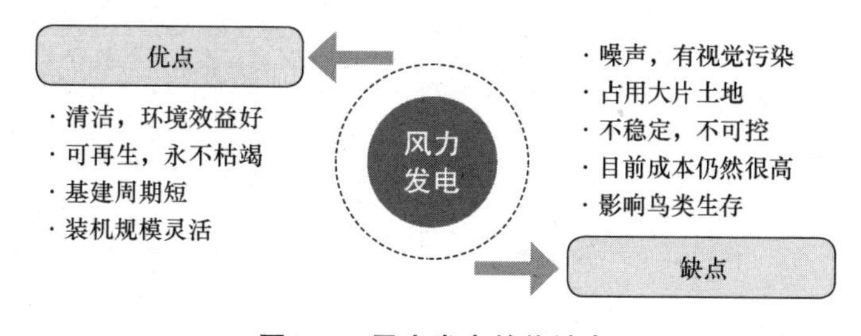

图8-6 风力发电的优缺点

8.1.2.3 地热能发电

地热能（Geothermal Energy）是从地壳抽取的天然热能，这种能量来自地球内部的熔岩，并以热力形式存在，是引致火山爆发及地震的能量。

地热发电是利用地下热水和蒸汽为动力源的一种新型的发电技术。其基本原理与火力发电类似，也是根据能量转换原理，首先把地热能转换为机械能，再把机械能转换为电能。地热发电实际上就是把地下的热能转变为机械能，然后再将机械能转变为电能的能量转变过程。

开发的地热资源主要是蒸汽型和热水型两类，因此，地热发电也分为两大类。

1. 地热蒸汽发电

地热蒸汽发电包括一次蒸汽法和二次蒸汽法两种，具体如图 8-7 所示。

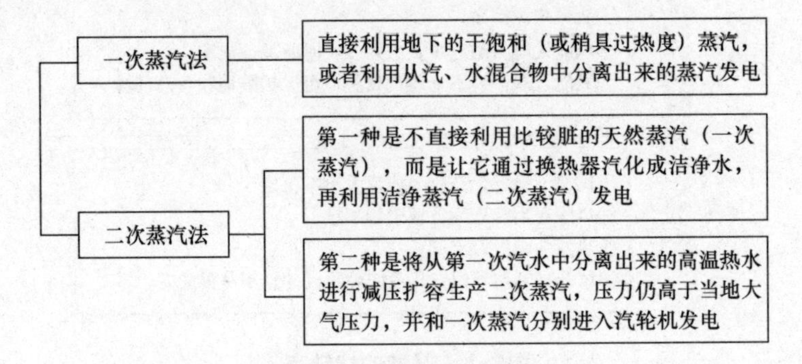

图8-7　地热蒸汽发电

2. 地热水发电方法

地热水中的水，按常规发电方法是不能直接被送入汽轮机的，必须以蒸汽状态输入汽轮机做功。对温度低于 100℃的非饱和状态的地下热水发电，有两种方法：一种是减压扩容法，另一种是利用低沸点物质，具体如图 8-8 所示。

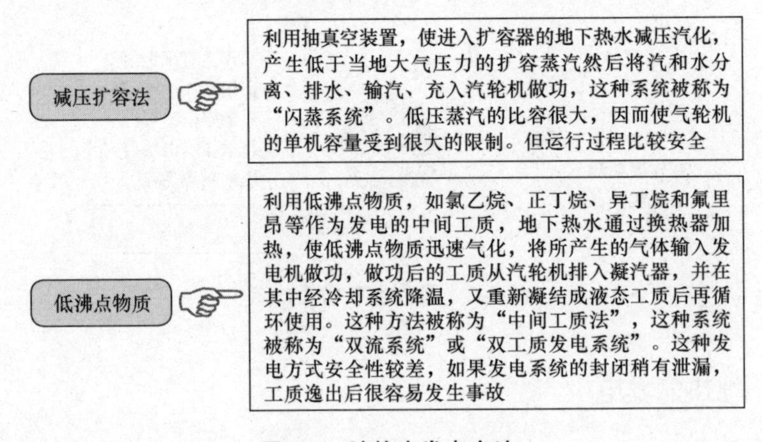

图8-8　地热水发电方法

8.1.2.4　生物质能发电

生物质能发电是指太阳能以化学能形式贮存在生物质中的能量形式，即以生物质为载体的能量，这些能量直接或间接地来源于绿色植物的光合作用。

生物质能可转化为常规的固态、液态和气态燃料，取之不尽、用之不竭，是一种可再生能源，同时也是唯一一种可再生的碳源。

生物质能发电技术是以生物质及其加工转化成的固体、液体、气体为燃料的热力发电技术，其发电机可以根据燃料的不同、温度的高低、功率的大小分别采用煤气发动机、斯特林发动机、燃气轮机和汽轮机等。

1. 生物质能发电的特点

基于生物资源分散、不易收集、能源密度较低等自然特性，生物质能发电与大型发电厂相比，具体特点如图 8-9 所示。

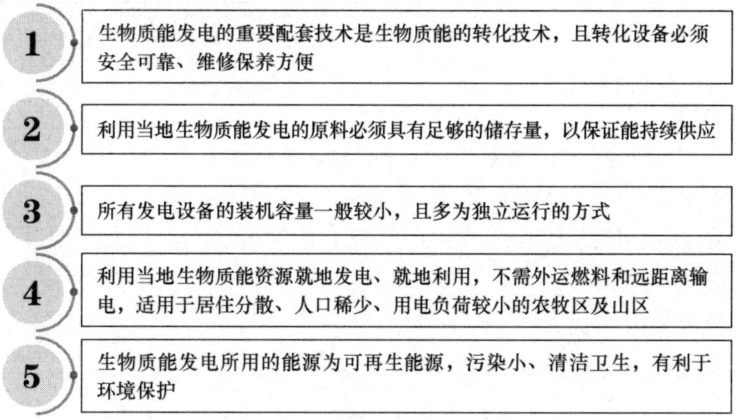

1　生物质能发电的重要配套技术是生物质能的转化技术，且转化设备必须安全可靠、维修保养方便

2　利用当地生物质能发电的原料必须具有足够的储存量，以保证能持续供应

3　所有发电设备的装机容量一般较小，且多为独立运行的方式

4　利用当地生物质能资源就地发电、就地利用，不需外运燃料和远距离输电，适用于居住分散、人口稀少、用电负荷较小的农牧区及山区

5　生物质能发电所用的能源为可再生能源，污染小、清洁卫生，有利于环境保护

图8-9　生物质能发电的特点

2. 生物质能的发电形式

生物质能的发电形式有几种，如图 8-10 所示。

8.1.2.5　核能发电

核能发电（nuclear electric power generation）是利用核反应堆中核裂变释放出热能的进行发电的方式。它与火力发电极其相似，以核反应堆及蒸汽发生器来代替火力发电的锅炉，以核裂变能代替矿物燃料的化学能。除沸水堆外（见轻水堆），其他类型的动力堆都是一回路的冷却剂通过堆心加热，在蒸汽发生器中将热量传给二回路或三回路的水，然后形成蒸汽推动汽轮发电机。沸水堆则是一回路

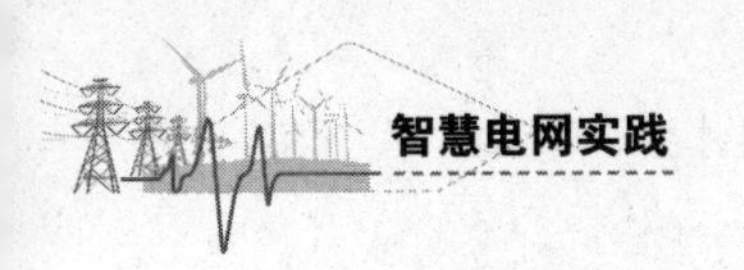

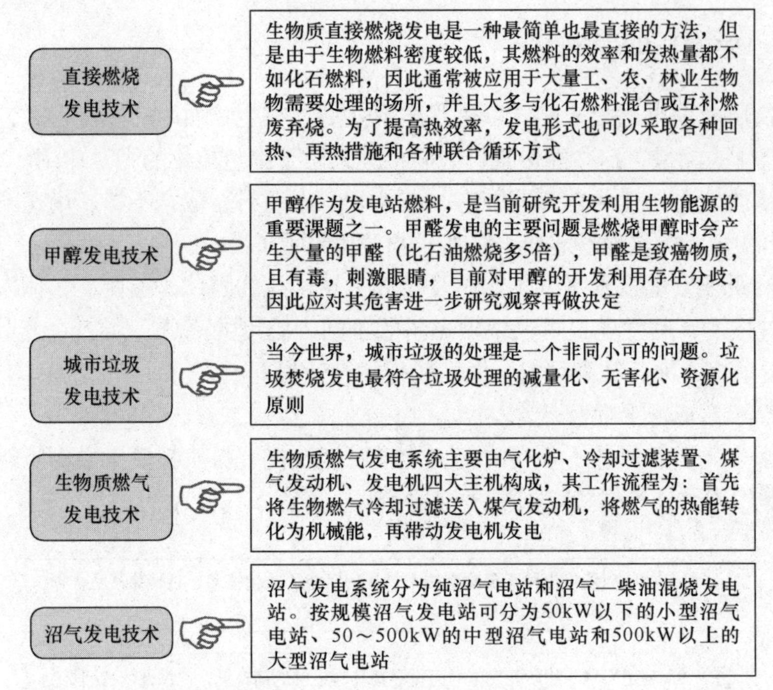

图8-10　生物质能的发电形式

的冷却剂通过堆心加热变成 70 个大气压左右的饱和蒸汽，经汽水分离并干燥后直接推动汽轮发电机。

（1）核能发电的优点

核能发电的优点如图 8-11 所示。

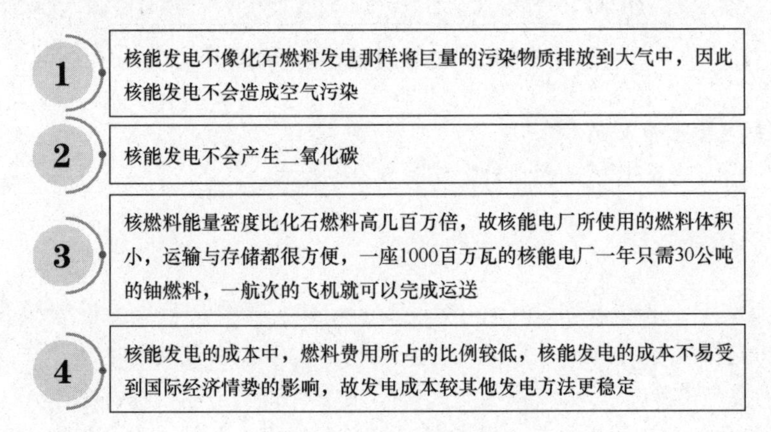

图8-11　核能发电的优点

（2）核能发电的缺点

核能发电也存在一些明显的缺点，如图 8-12 所示。

1 核电厂会产生高低阶放射性废料，或者是使用过的核燃料，虽然所占体积不大，但因其具有放射性，必须慎重处理

2 核电厂热效率较低，因而比一般的化石燃料电厂排放出更多的废热，故核电站对环境的热污染较严重

3 核电站的投资成本太大，电力公司的财务风险较高

4 核电较不适宜满负荷运转，也不适宜低于标准负荷运转

5 兴建核电站常易引发政治歧见的纷争

6 核电站的反应器内存有大量的放射性物质，如果在事故中被释放到外界环境中，会对生态及民众造成伤害

图8-12　核能发电的缺点

8.2　新能源发电与智慧电网

8.2.1　新能源需适应智慧电网的发展趋势

8.2.1.1　智慧电网建设适应能源分布

智慧电网建设是根据我国能源负荷消纳地域分布特点而建设的，适应我国当前和未来社会发展方式，能够实现能源资源的大范围、高效率配置。我国智慧电网的建设已经上升至国家战略层面的高度。智慧变电站是坚强智慧电网建设中实现能源转化和控制的核心平台之一，前景广阔。

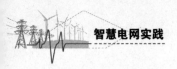

8.2.1.2 新能源开发前提下的智慧电网发展趋势

为实现新能源的开发、输送和消纳，电网必须提高其灵活性和兼容性。为抵御日益频繁的自然灾害和外界干扰，电网必须依靠智慧化手段不断提高安全防御能力和自愈能力。为降低运营成本，促进节能减排，电网运行必须更加经济高效，同时必须对用电设备进行智慧控制，尽可能减少用电消耗。分布式发电、储能技术和电动汽车的快速发展，改变了传统的供用电模式，促使电力流、信息流、业务流不断融合，以满足日益多样化的用户需求。

8.2.2 智慧电网建设对新能源发展的促进意义

智慧电网建设对新能源发展的促进意义如图 8-13 所示。

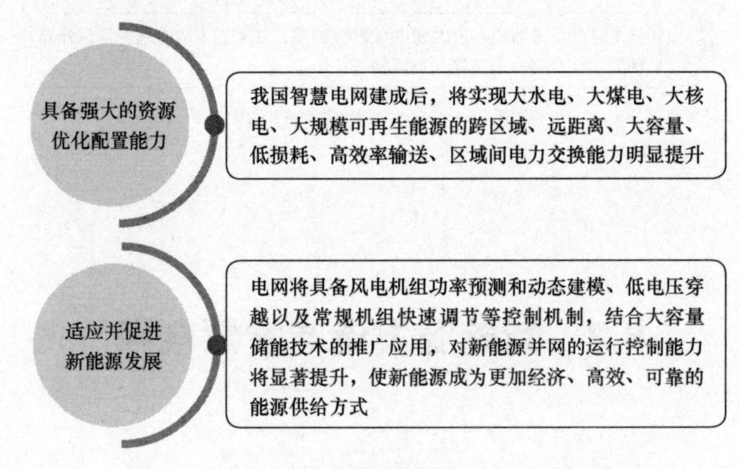

图8-13 智慧电网建设对新能源发展的促进意义

8.2.3 新能源发电接入对智慧电网的影响

新能源发电的目的是增加电力系统的电量，减少电力系统对一次能源的消耗。新能源发电具有间歇性、随机性、可调度性差的特点。在电网接纳能力不足的情况下，新能源发电会给电力系统带来一些不利影响。

8.2.3.1 影响电能质量

风力发电和光伏发电受天气影响均具有间歇性和波动性的特点，且一般配有整流一逆变设备和大量的电力电子设备，会产生一定的谐波和直流分量。谐波电流注入电力系统后，会引起电网电压畸变，影响电能质量，造成测量仪表不准确、加重负荷，还会造成电力系统继电保护、自动装置误动作，影响电力系统的安全运行。由于其并网电量随机波动较大、可调节性差，并网时会产生较大的冲击电流，从而会引起电网频率偏差、电压波动与闪变，引起馈线中的潮流发生变化，进而影响稳态电压分布和无功特性，使电网的不可控性和调峰容量的余度增大。频繁启动新能源发电单元会使配电线路的负荷潮流变化大，从而加大了电压调整的难度。由于发电设备采用了大量的电力电子装置，电压的调节和控制方式也与传统电网的控制方式不同。虽然一般新能源的发电装置上装有逆功率继电器，正常运行时不会向电网注入功率，但当配电系统发生故障时，短路瞬间会有电流被注入电网中，增加了配电网的开关电流，可能使配电网的开关短路电流超标，影响电网的安全运行。

8.2.3.2　影响网损

新能源接入配电网后，配电系统将由原有的单电源辐射式网络变为用户互联和多电弱环网络。电网的分布形式将发生根本性的变化，负荷大小和方向都很难预测，这使得网损不但与负载等因素有关，还与系统连接的电源具体位置和容量大小密切相关。

8.2.3.3　影响配电网系统的实时监控

现行的配电网是一个无源的放射形电网，信息采集、开关的操作、能源的调度等都比较简单。配电网的实施监测、控制和高度是由供电部门统一执行的。新能源的接入使此过程复杂化，特别需要对新能源接入后可能出现的“孤岛”现象进行监测预防。当新能源的本电网与主配电网分离后，仍继续向所在的独立配电网输电，就会形成“孤岛”现象。“孤岛”中的电压和频率不受电网控制，如果电压和频率超出允许的范围，可能会对用户设备造成损坏；如果负载容量大于孤岛中逆变器的容量，会使逆变器超载，可能会烧毁逆变器；同时，也会对检修人员造成危险；如果对“孤岛”进行重合闸操作，会导致该线路再次跳闸，而且可能出现供需不平衡现象，严重损害电能的质量，从而降低配电网的供电可靠性。

8.2.3.4　并网标准

目前，我国还没有统一的关于新能源发电的并网标准，关于大中型新能源发电并网对电力系统的安全稳定性、电能质量、电网调度和运行等影响因素，以及电网接纳能力等方面的技术问题尚没有明确定论，对接入系统的有功 / 无功控制能力、电能质量及低电压穿越能力等检测手段也不完善，也包括对控制器、逆变器、输配电设备、双向计量设备及系统安全性方面的检测。随着大中型新能源并网系统的发展，在电网的接纳能力、电量调度运行、配套政策等方面出现新的要求。

第三篇

案　例　篇

第9章

电网云GIS平台

9.1 公司简介

厦门亿力吉奥信息科技有限公司成立于 2012 年 12 月 27 日，始终坚持“技术创新引领转型，市场拓展驱动跨越”的发展思路，专注于地理信息平台软件、数据服务、行业解决方案及智能终端产品等业务领域，并逐步发展成为行业地理信息定制化整体解决方案提供商及地图资源数据服务商。

公司重点服务电力行业，充分将地信技术和大数据、云计算、物联网、移动互联等信息通信新技术相结合，形成了涵盖发电、输电、变电、配电、用电、调度各环节的电力信息化管理软件产品，并提供数据服务、地图加工、实施推广、系统集成、人才培训及认证、运维服务等全方位技术服务。公司立足国家电网，持续推进完善地理信息产业链，并逐步辐射到能源、公共事业、智慧城市及社会公众服务等领域。

公司坚持“以人为本、诚信服务、求真务实、不断创新”的经营理念，倡导“敬业、精业、勤业、乐业”的企业文化。未来，公司将持续专注于电力 GIS 应用领域，为电力行业提供基于 GIS 的空间信息可视化整体解决方案和增值服务，力争成为国网公司电网 GIS 平台的技术中心、管理中心和服务中心。同时，公司将继续完善基于 GIS 的电网信息化管理系列产品和服务，巩固在国网电网 GIS 建设的主导地位，利用公司先发的市场优势和竞争力，引领中国电力 GIS 为发展目标，成为中国电力 GIS 的领军企业。

9.2 技术简介

9.2.1 系统架构

电网云 GIS 平台系统架构如图 9-1 所示。

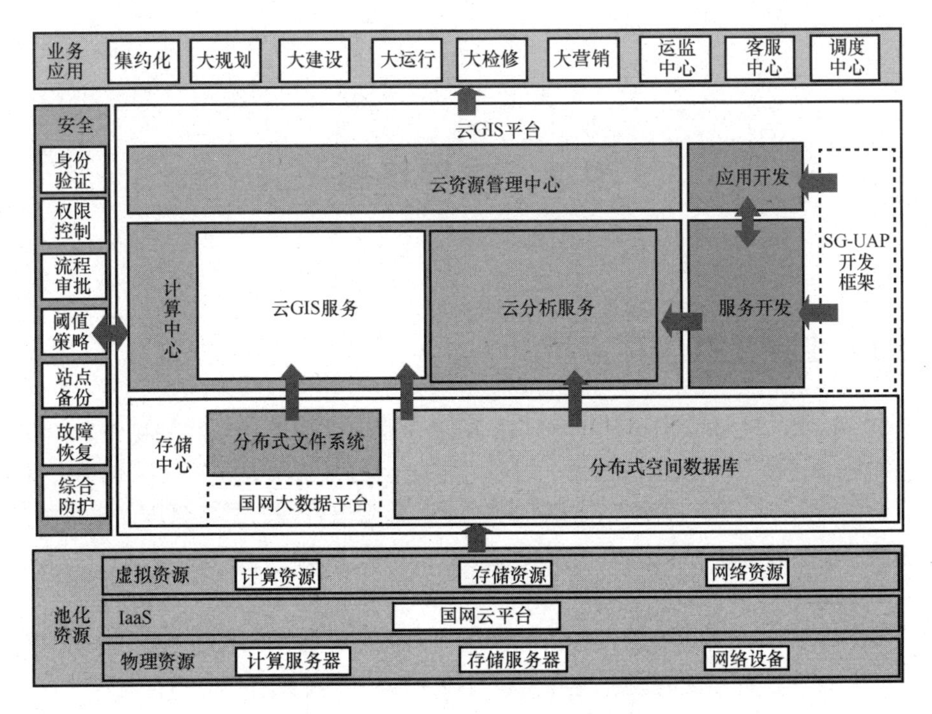

图9-1 电网云GIS平台系统架构

9.2.2 系统具备的技术特点

电网云 GIS 平台系统的技术特点如图 9-2 所示。

关键技术和难点	主要内容
分布式内存数据管理	利用了内存分区管理、内存编辑指令集等技术，解决多人在线实时协同编辑的问题
海量数据实时计算	使用了内存集群、数据镜像、内存空间等技术，解决再海量数据、高并发压力下计算慢的问题
时空电网模型	提供电网模型的全生命周期管理，解决电网资源信息模型时态化
自主可控的基础GIS组件	实现自主可控的基础GIS组件，增强平台的可扩展性和实用性，研制具有电力行业应用特性的企业级GIS平台
多层智能集群	利用多层集群模式的负载算法和节点智能伸缩，解决高并发吞吐量的访问
分布式切片管理与发布	提供分布式模式的并行切片，解决地形和影像航拍的高效切片
面向多租户的云资源管理	解决云架构模式下的多租户管理，提供云模式下的自服务
服务自动化管理	解决云架构模式服务的自动化部署、运维和自动应用迁移

图9-2 电网云GIS平台系统的技术特点

9.3 应用场景

9.3.1 电网生产管理应用

电网 GIS 平台是为电网生产提供一种基于空间信息的可视化共享平台，有效地将电网地理信息、设备接线图、设备台账、运行维护信息、实时监测信息等数据有机结合并进行统一管理，支撑现场作业、输变电管理、配电管理、电网规划、状态检修，实现生产系统的应用集成和跨部门、跨地域的数据共享。

1. 功能应用

电网 GIS 平台是构建在“SG186”工程一体化平台之内的。它实现电网资源的结构化管理和图形化展现，为各类业务应用提供电网资源共享的企业级平台。

（1）资源图形展示

资源图形展示采用了 C/S、B/S 的方式，在地理图、配网系统详图、台区图等专题图上展示地理背景、影像和电网资源等信息，并在图形上提供缩放、漫游等基础视图操作和图形输出功能。

（2）图形资源建模

图形资源建模是针对发电、变电、输电、配电和用电的电力设备，提供图形建模、设备导入、图形变更、属性编辑等操作。

（3）属性查询统计

属性查询统计包括电网资源的属性查询、设备统计、导出等功能。

（4）图形空间分析

图形空间分析包括电网资源的停电范围分析、供电范围分析、查询统计分析、馈线分析、电源点分析等各类业务的应用分析。

（5）设备变更管理

设备变更管理是为设备的异动、电网的规划提供图纸的版本管理功能。

（6）多业务应用集成

多业务应用集成包括与生产管理系统、营销管理系统、调度管理系统、实时系统、防灾应急系统、通信资源管理系统、电网规划应用、车辆管理系统等的应用集成。

2. 优势特点

① 通过 GPMS 建设形成了全省统一的生产信息化标准体系。

② 采用多层混合技术架构和分布、集中相结合的部署模式。

③ 系统覆盖电网生产管理输变配电、设备监管、技改大修项目管理业务。

④ 实现空间海量数据的一体化管理、数据交换与异地备份。

⑤ 应用设计、施工、竣工等多时态图纸的多版本融合技术，可自动更新电网模型。

9.3.2 电网应急管理应用

近几年来，随着各种电力事故的发生，国家和公司更加重视应急管理工作，出台了一系列文件和要求，要求“通过加强应急信息与指挥系统建设，构建较为完善的突发事件信息网络；全面完成公司总部、省、地市、县供电企业应急指挥中心建设。”

1. 功能应用

（1）应急日常管理

应急日常管理主要实现应急中心日常应急业务管理职能，包括信息报送、新闻发布、值班排班、文档管理、应急警情、应急资源、工作计划、应急预案管理、应急宣传汇报管理等功能。

（2）应急指挥

应急指挥功能的研发是以 GIS 为基础的，主要用于省公司、安全生产相关部门在应急过程中，针对不同事件的发展态势和指挥方案进行标绘和与各级有关部门进行在线协同应急会商的工作，提高管理和科技人员对应急事件的判断和处置协调能力，基于地理信息和事件信息，进行资源、装备、队伍的有效资源配置；提高对应急事件的处置能力，为电网安全运行提供保障，促进经济的发展。

（3）应急培训演练

应急演练应以预案为指导，实现对预案的过程推演；以脚本为核心，提供演练调整改善的能力，以评估为手段，不断改善演练完善预案提升应急能力。通过模拟演练使应急人员切身体验应急处置过程，应急人员在突发事件发生后，做到有序、规范、准确地进行应急抢险救灾。

（4）移动应急平台

移动应急平台是利用智能客户端，为电网企业现场应急指挥提供应急数据下载、无线数据采集与上报、即时通信、语音通信、电网设备查询与地图定位、台账详细查询、灾情统计图表功能。

2. 优势特点

① 多源信息集成融合共享技术。

② 基于 GIS 平台的应急资源优化调配。

③ 智能生成辅助决策指挥方案。

④ 基于物联网技术的移动应急客户端应用。

9.3.3 电网三维 GIS 应用

电网三维 GIS 应用依托电网 GIS 平台，集成 GIS、RS、VR、数据共享、物联网等技术，整合多源海量空间数据和电网资源数据，构建电网 GIS 平台三维 GIS 扩展应用及服务。平台构建三维数字化电网，形象直观地表达电网网架空间分布，提升电网可视化展现能力；实现电网 GIS 平台二、三维一体化集成应用，为电网规划设计、工程建设、生产运行监控、应急等业务需求应用提供服务；通过三维虚拟现实技术，结合电网运行信息，为电网仿真计算和仿真培训提供技术手段。

1. 功能应用

电网三维 GIS 平台是由电网三维资源管理系统、电网三维服务发布系统、电网三维 GIS 基础应用以及二次开发包组成的。

电网三维资源管理系统提供全面的三维模型编辑功能，可快速整合多源、海量的空间数据，并生成具有高效空间索引机制和渲染索引机制的空间数据集，为单机、网络应用提供优质的数据支持。

电网三维 GIS 服务发布系统是企业级的 3D GIS 服务聚合与发布平台，它基于面向服务体系构架（SOA）创建、组织和管理各种空间数据服务，并通过高效的空间索引机制组织数据，通过动态负载均衡技术响应海量并发访问请求，通过高效的流媒体压缩技术和网络传输技术，将三维空间数据快速地推送到系统应用的终端，从而为网络用户海量并发访问提供高质量的网络数据服务。

电网三维 GIS 基础应用在统一电力三维应用接口层的基础上，实现了基本的三维应用，并扩展了输变电、地下管线、无人机等三维业务的应用，形成公司自主的电力三维应用 GIS 框架（包括 C/S 和 B/S），方便开发人员快速开发，减少了项目实施成本。

二次开发包采用标准的 COM 控件技术，提供了 3D GIS 应用所需的相机控制、三维漫游交互、空间分析、地形分析、特征要素绘制等功能接口，可满足不同用户的开发需要。通过二次开发包，开发用户可以独立定制开发三维应用系统。

2. 优势特点

① 时空属一体的完整地理特征数据库和数据引擎。

② 完备的几何模型及算法：全面支持点、线、面、体、点云、聚合等几何模型，完全遵循 OGC 标准。

③ 面向对象，支持多空间列：从“地理信息系统”到“地理信息系统”。

④ 全新的电网三维服务发布系统，更安全、更高效。

⑤ 渲染引擎性能大幅提升，三维可视化的绝对领先地位。

⑥ 极强的兼容性：支持多平台，支持 64 位，支持 D3D 和 OpenGL。

9.4 应用实例

国家电网公司电网云GIS平台——EGIS

1. 实施背景

2009 年 6 月，国家电网公司正式启动电网 GIS 平台，经历了多个阶段，该平台目前已提供 600 多个模块、4000 多个功能点、6 大类集成方式，形成了一个开放的、面向企业级应用的电网空间信息公共服务平台，为生产、营销、规划等专业领域的应用提供技术支撑，已与生产管理、营销管理、规划设计、配电自动化、输变电状态监测等 13 个业务系统进行集成，同时与超过 100 个自建业务应用进行集成。

截至 2014 年 9 月，除上海电力外已完成总部及 25 家单位统推电网 GIS 平台上线运行，初步构建了国网“总部—省 / 直辖市”两级部署的统一电网资源空间数据中心，实现了对各省、市公司电网资源图形数据、属性数据、拓扑数据的统一管理和可视化展示。截止到 2014 年 9 月 30 日，25 家单位全部设备入库量达 3.9 亿，其中城网数据量为 1.38 亿，用户及低压数据量为 2.25 亿，地图切片容量为 25.13TB。各单位平台用户均已覆盖电网运行检修（输电、变电、配电）专业的数据维护、电网运行、电网检修人员及管理人员，注册用户数 57748，活跃用户占总用户的 10%，平台平均每年接受 17 万次的设备异动变更工程。

在适应公司“三集五大”体系的建设中，电网 GIS 平台发挥了重要作用，满足了公司信息化建设需求，提高了电网业务的生产效率。但是，随着公司电网业务应用的不断深化、信息技术发展日新月异和信息安全挑战日益严峻，电网 GIS

平台难以适应公司业务的发展需要，逐渐暴露出很多不足。

电网 GIS 平台尚未完成对区域、业务和电网设备的全覆盖，存在对未来数据和应用发展的支撑能力明显的不足，尚难以支撑未来百亿电网设备的管理和 PB 级基础地图数据的存储与访问，亟待完善和提高平台性能与可视化展示能力。电网 GIS 平台对生产、应急指挥等业务应用相关功能的数据与展现支撑工作有待深入，用户使用体验有待完善与提高。

基础地理数据覆盖工作仍需持续，目前存在自采与统采不统一、数据质量参差不齐、地图数据覆盖不完整、更新不及时的问题。电网资源空间数据对农网的覆盖尚处于起步阶段，形成全国“一张网”的目标尚未完成。电网资源数据总量大，全采集模式费用高，后续更新困难，数据准确度亟待提高。

经过 5 年的建设，电网 GIS 平台信息化取得了非常喜人的成就。但随着管理要求的不断提升、各业务系统应用的不断深化和信息技术的快速发展，对平台功能进行适应性改造和功能提升来满足智慧电网建设对电网 GIS 平台的要求。

2. 系统构成

电网云 GIS 平台是采用云计算技术的全新架构，主要研发的内容包括电网云 GIS 资源管理中心、云 GIS 计算中心、GIS 云端开发框架、GIS 数据云存储中心、基于 GIS 的云分析框架、基于云存储时空电网模型等多个方面。

① 电网云 GIS 资源管理中心：一个综合性的可定制的电网云 GIS 服务入口，集管理、数据、应用于一身，为用户提供数据共享、工作协同、服务自动化管理的支撑。

② 云 GIS 计算中心：基于跨平台 GIS 内核和采用原生智能云架构的 GIS 服务集群，通过它可以以服务的形式共享二、三维地图、地址定位器、空间数据库和地理处理等 GIS 资源，并允许多种客户端（如 Web 端、移动端、桌面端等）使用这些资源创建 GIS 应用，提高统一管理、调配 GIS Server 的能力，并合理分配服务。

③ GIS 云端开发框架：云端开发框架提供了不同平台访问云端服务的接口和本地化应用的接口，可以让使用者快速地搭建不同平台的本地化应用。

④ GIS 数据云存储中心：电网数据包括结构化的基础 GIS 数据、电网 GIS 数据和非结构化的瓦片、影像等，因此数据云存储中心同时使用分布式文件系统和分布式数据库系统以支持电网数据的这些数据特性。分布式文件系统和分布式数据库系统均采用物理上分散部署，逻辑上统一使用的方式。

⑤ 基于 GIS 的云分析框架：采用 Map/Reduce、MongoDB Map/Reduce 和技术框架 Hadoop 作为核心分析手段，为各业务系统提供快速高效的分析接口或功能。

⑥ 基于云存储时空电网模型：基于云存储技术，对电网模型进行时空设计、时态设计并提供时态查询分析功能。

电网 GIS 平台 2.0 功能描述见表 9-1。

表9-1　电网GIS平台2.0功能描述

系统名称	一级功能	功能描述	二级功能	功能点说明	状态
电网GIS平台2.0	电网云GIS资源管理中心	电网云GIS资源管理中心是一个综合性的可定制的电网云GIS服务入口，集管理、数据、应用于一体工作协同、服务自动化管理的支撑	云部署及性能优化	通过接入VMware和华为云平台管理软件，实现对云部署策略的控制。对云部署需要的虚拟资源、虚拟资源分配、自动化部署策略和虚拟资源扩展策略进行配置，实现云系统部署配置工作的简易化、流程化和自动化	新增
			为用户提供数据共享、发布、管理、共享资源	通过接入云存储中心、云服务中心，对数据进行发布和管理工作。通过和用户群组权限的配合，使部分共通的资源在需要的群组内可以共享，减少重复工作	新增
			群组、安全管理	为系统新增、修改、删除用户和群组，管理用户所属的群组，管理用户及群组的权限	新增
			服务管理	发布新的业务服务、撤除不再需要的服务、设定服务的生命周期、管理服务使用的资源、提供工具的配置等策略	新增
			在线GIS功能	提供完整的地图制图功能并可以在后台对不同用户的制图能力进行控制，实现使用功能的定制化。用户可以通过Web制图配置地图数据源、地图图层比例、图层样式等，制作出一份完整的地图	新增
	云GIS计算中心	云GIS计算中心，是基于跨平台GIS内核和采用原生智能云架构的GIS服务集群，通过它可以以服务形式共享二三维地图、地址定位器、空间数据库和地理处理等GIS资源，并允许多种客户端（如Web端、移动端、桌面端等）使用这些资源创建GIS应用，提供统一管理、调配GIS Server的能力，合理分配服务	自动部署及扩展	云GIS计算中心可被简易的到华为FusionCube和vmware vcloud上，并提供简易的安装镜像文件，其中预设了基础的GIS Server及其默认配置，可以方便地在FusionCube、vmware vcloud上加载GIS Server、服务及数据，对需要的资源进行自动扩展	新增
			基于云的智能集群	集集群技术、负载平衡、故障处理技术于一体，保证平台具有高可用性、便捷的管理性以及经济高效的伸缩性	新增

（续表）

系统名称	一级功能	功能描述	二级功能	功能点说明	状态
电网GIS平台2.0	云GIS计算中心		分布式计算框架	由GIS数据分布式计算框架、分布式分块、分布式查询、分布式渲染等部分组成分布式计算框架	新增
			服务开发框架	云GIS计算中心的另一个高扩展的体现是开放式的服务开发框架。服务开发框架另一特性是和云的结合，在保证其他服务的正常运行下，可动态地添加、更新、删除服务	新增
	GIS云端开发框架	云端开发框架提供了不同平台访问云端服务的接口和本地化应用的接口，可以让使用者快速地搭建不同平台的本地化应用	SDK设计	SDK设计为统一的接口、统一的命名，因此在不同平台上提供SDK的功能大致相同，接口基本一致	新增
			桌面应用SDK	提供SDK for Java、SDK for .net等开发SDK，迅速搭建桌面应用系统	新增
			Web应用SDK	提供SDK for flex、SDK for Slverlight、SDK for JavaScript开发包，快速构建WebGIS应用	新增
			移动应用SDK	提供SDK for Android、SDK for ios、SDK for Windows phone等移动开发，快速构建移动应用	新增
	GIS数据云存储中心	电网数据包括结构化的基础GIS数据、电网GIS数据和非结构化的瓦片、影像等数据，因此数据云存储中心同时使用分布式文件系统和分布式数据库系统以支持电网数据的这些数据特性并预期可以提供高效的访问效率和好的扩展。分布式文件系统和分布式数据库系统均采用物理上分散部署，逻辑上统一使用的方式	云存储架构	存储架构采用典型的分布式存储架构。系统数据存储采用主从互备的方式保证数据安全性并在此基础上实现存储结构的读写分离	新增
			分布式文件系统	包括块规模、元素据、数据完整性等方面的内容，采用流行的分布式文件系统管理GIS数据	新增

（续表）

系统名称	一级功能	功能描述	二级功能	功能点说明	状态
电网GIS平台2.0	GIS数据云存储中心		分布式数据库系统	分布式数据库系统（DDBS）包含分布式数据库管理系统（DDBMS）和分布式数据库（DDB）。在分布式数据库系统中，一个应用程序可以对数据库进行透明操作，数据库中的数据分别在不同的局部数据库中存储，并由不同的DBMS进行管理，在不同的机器上运行，由不同的操作系统支持、被不同的通信网络连接在一起	新增
			数据管理方式	对电网GIS平台矢量地图数据、遥感影像数据、数字高程数据、电网模型数据、地图瓦片数据、用户专题数据进行管理	新增
	基于GIS的云分析框架	采用Map/Reduce、MongoDB Map/Reduce和技术框架Hadoop，作为核心分析手段，为各业务系统提供快速高效的分析接口或功能	Map/Reduce	Map/Reduce是Google提出的一个软件架构，用于大规模数据集（大于1TB）的并行运算。引入电网GIS平台，作为核心分析手段	新增
			MongoDB Map/Reduce	MongoDB提供了两种内置分析数据的方法：Map/Reduce和Aggregation框架。Map/Reduce非常灵活，很容易部署	新增
			技术框架Hadoop	Hadoop实现了一个分布式文件系统（Hadoop Distributed File System），简称HDFS。HDFS有高容错性的特点，并且设计用来部署在低廉的（low-cost）硬件上，而且它提供高吞吐量（high throughput）来访问应用程序的数据，适合那些有着超大数据集（large data set）的应用程序	新增
	基于云存储时空电网模型	基于云存储技术，对电网模型进行时空设计、时态设计、提供时态查询分析功能	分布式时空电网模型设计	对发、输、变、配、用电网模型进行设计，还有公共设施、通信资源、规划设计模型等	新增
			分片及索引设计	对电网模型数据进行分片和索引设计	新增
			时态设计	包括规划态、设计态、运行态进行设计	新增
			时态查询设计	根据时间和版本信息查询规划和设计数据，与现在的电网叠加现实，动态展示差异和变化情况	新增

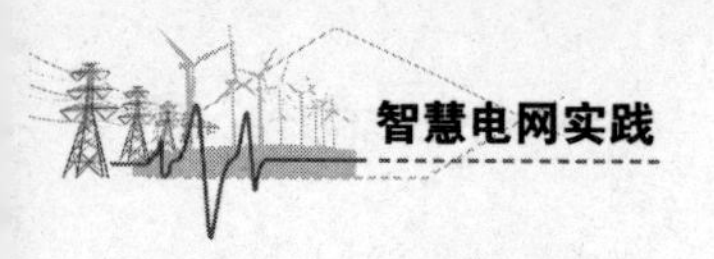

3. 实施效果

平台从 2014 年 11 月开展需求调研、设计，12 月完成相关评审工作，2015 年 1 月进入详细设计及技术验证阶段，经过两个多月的技术分析，证明了总体技术架构的可行性。2015 年 3 月正式进入研发阶段，参照项目制定的总体计划，完成功能研发，并开展内部测试及调优。

未来，通过 SG-GIS2.0 平台的建设，将满足国家电网公司在电网地理信息化的功能需求，遵守国家电网公司相关工作标准和规范，为国家电网公司提供一个图形、数据、信息相对应，“标准统一、源端唯一、专业协同、共维共享”的柔性支撑平台。

平台将构建在总部和省市两级部署模式基础上，满足支撑基础地理数据和电网资源数据全覆盖的需求，实现对公司主要业务的全面支撑。作为基础支撑平台，电网云 GIS 平台具备架构清晰、性能优良、运行可靠、功能实用等特点，为国家电网公司构建一张能够动态反映过去、现状、规划的“电力地图”，为支撑电网规划、设计、建设、运行、检修、营销全过程业务协同和深度融合提供基础支撑。

平台具备全网兴趣点检索能力，具备承载百亿级电网设备、PB 级基础地图数据的能力，可实现历史、现状、规划电网的统一入口维护，其安全性满足相关要求，具备对全网基础地理数据统一切片和发布的支持，实现基于云计算技术的分布式空间数据管理，建成全维度的设备设施空间数据模型。

第10章

北京未来科技城智能配用电方案

10.1　北京未来科技城智能配用电项目背景和意义

在国家提出加强智慧电网建设的大背景下，在北京未来科技城“创新、开放、人本、低碳、共生”五大核心理念的内在需求下，国家电网公司提出：在未来科技城建设综合性的智慧电网城市。未来科技城将建成坚强、灵活、经济的智慧电网，为高科技的发展、建立世界级创新基地做坚强后盾。智慧电网将推动未来科技城的建设和发展，为在高端区域建设智慧电网建设提供可借鉴的经验。

北京未来科技城的智慧电网工程是国家电网公司的智慧电网综合示范项目。北京未来科技城智慧电网建设项目涵盖了发、输、变、配、用、调度、通信信息等各个环节。该项目建成后将以坚强智慧电网为基础，以“物联信息通信网”和“信息交互总线 + 数据中心”两个平台作为信息传输支撑，利用先进技术实现智能运检一体化、智能调控一体化和智能营配一体化，并将其整合为一个有机的整体，最终实现具有信息化、自动化、互动化为特征的“安全、互动、干净”的城市智慧电网。

该项目建成后，客户可以充分体会到智慧电网带来的便捷生活，例如 24 小时网上办理电力业务、遥控智能家电、获取家庭用电专业分析、利用电网峰谷时段为电动汽车充电、实现路灯按需照亮等。这些功能被实现的背后，则是智能小区综合互动管理系统、用电信息采集系统、电能质量监控系统、智能路灯监控系统、物联网等的支持。

全球能源互联网研究院有限公司（以下简称“联研院”）位于昌平区未来科技城，院区采用 4 路 10kV 电源供电，在联研院内设 10kV 智能开关站 2 座，设 10kV 智能变配电所 5 座，它们分别位于实验室组 A、实验室组 B、科研主楼、值班宿舍、电动车充电站。各配电室采用两路 10kV 供电，变压器低压侧采用单母线分段方式运行。

为适应智慧电网快速发展的需要，相关人员需对联研院内的智能用电进行规划与设计，建设灵活互动的智能用电服务体系，实现标准规范、灵活接入、即插即用、友好开放的互动用电模式。未来科技城智慧电网总体架构如图 10-1 所示。

项目目标是建设与未来科技城发展定位相匹配、各级电网协调发展的国际化区域智慧电网，构建业务范围清晰、业务流程顺畅的电网管理模式，实现具有信息化、自动化和互动化特征的城市智慧电网。

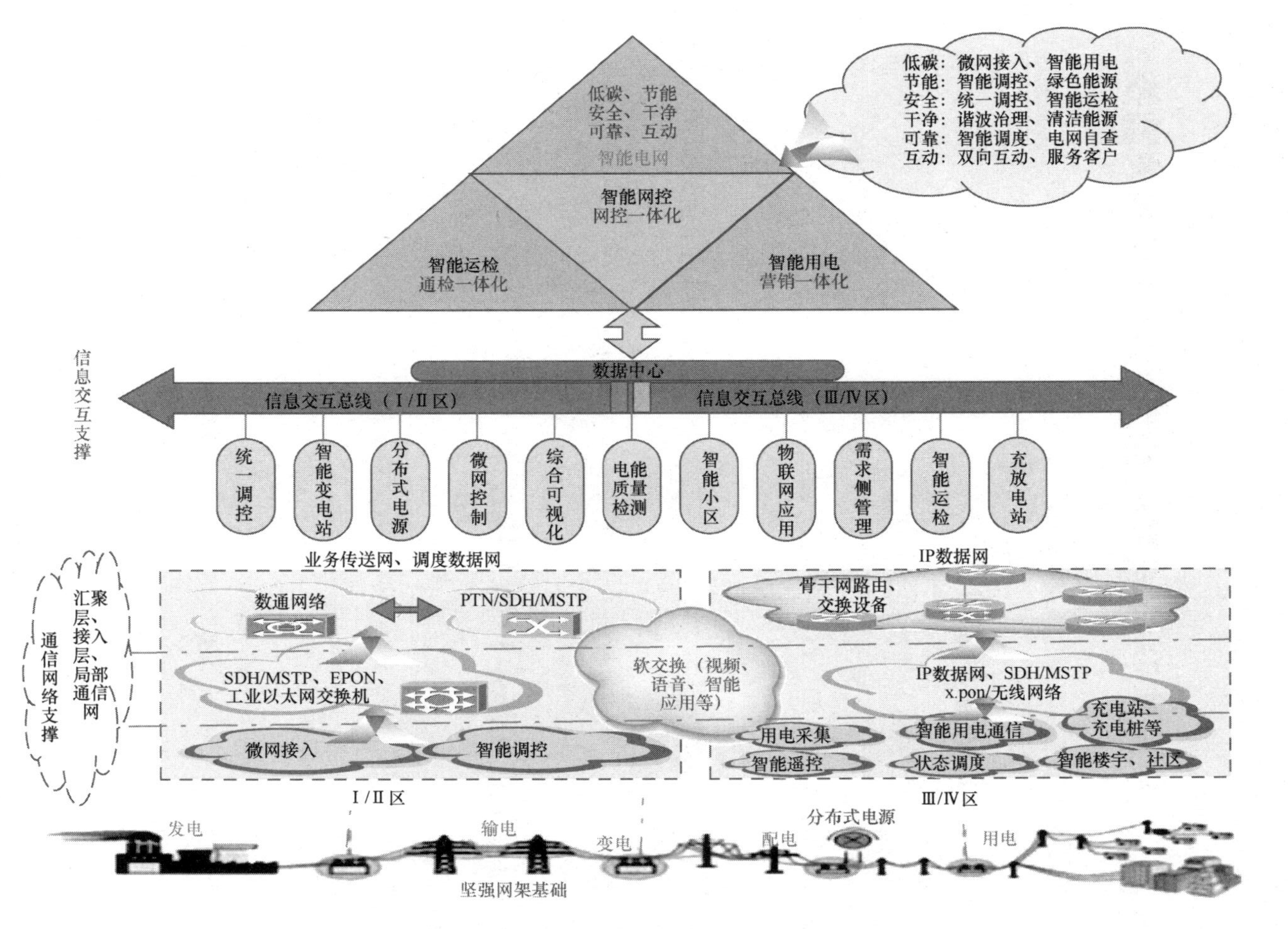

图10-1 未来科技城智慧电网总体架构

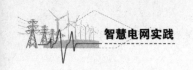

10.2　北京未来科技城智能配用电项目实施关键技术

10.2.1　项目实施单位介绍

信桥公司于 2009 年在深圳高新区成立，是业界领先的控制网络化技术研发企业。该公司一直专注网络工业控制技术的研发，并拥有信桥无主钟自主同步、网络传送无损传送、信号硬处理等多项专利技术。

2013 年，珠海市智慧电网与新能源技术重点实验室在北京理工大学珠海学院成立，2015 年正式挂牌为珠海市重点实验室，与深圳信桥公司为产学研合作单位，参与了信桥公司在信息物理系统（CPS，Cyber-Physical Systems）、超实时控制系统、虚拟仿真等的研发工作。

以下技术为两家单位共同研发并用于本次案例的技术简介。

10.2.2　项目实施单位的关键技术

1. 深圳信桥公司 CPS 架构

深圳信桥公司 CPS 系统由执行器、控制器以及中间网络构成，如图 10-2 所示。

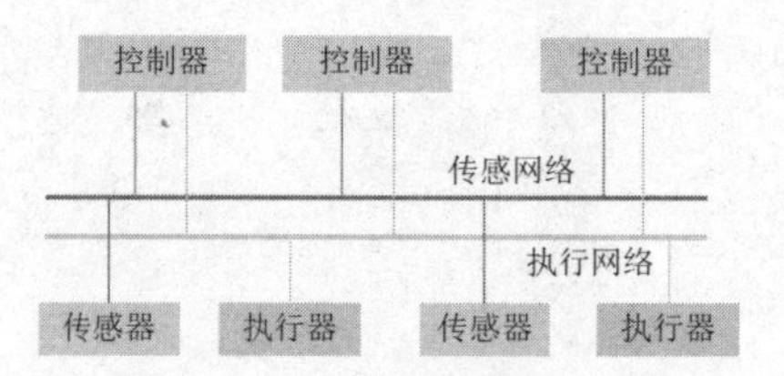

图10-2　信桥CPS系统架构

CPS 通过传感网络将采样数据发送到控制器，控制器再通过执行网络将控制信息发送到执行器，形成闭环控制。信桥 CPS 架构特点如图 10-3 所示。

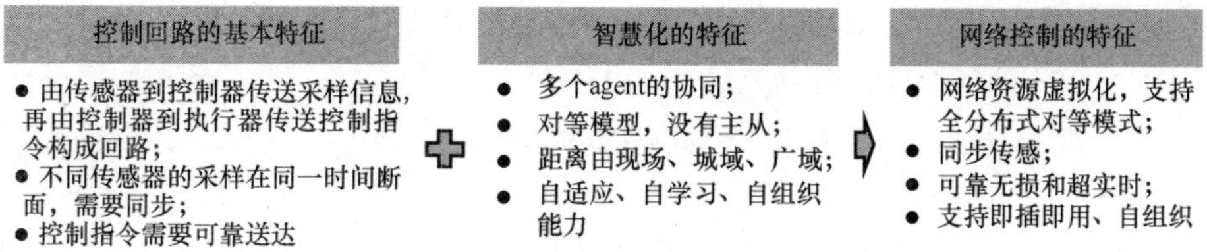

控制回路的基本特征

- 由传感器到控制器传送采样信息，再由控制器到执行器传送控制指令构成回路；
- 不同传感器的采样在同一时间断面，需要同步；
- 控制指令需要可靠送达

智慧化的特征

- 多个agent的协同；
- 对等模型，没有主从；
- 距离由现场、城域、广域；
- 自适应、自学习、自组织能力

网络控制的特征

- 网络资源虚拟化，支持全分布式对等模式；
- 同步传感；
- 可靠无损和超实时；
- 支持即插即用、自组织

图10–3 信桥CPS架构的特点

2. 超实时精密协同分布控制 FrtScDc 技术

（1）超实时精密协同分布控制 FrtScDc 的关键技术

1）分布式网络时钟技术

分布式网络时钟技术分为无主钟和虚拟时钟专利技术，没有关键路径依赖，可提高系统可靠性，大大降低设备开发成本。报文时延随带测试机制保证高精密度同步，10 跳数百公里系统同步精度最高由于 10ns，常规优于 500ns。

2）网络无损传送技术

网络无损传送技术基于 IEC 62439 标准，已经成为 61850 标准；通过网络冗余，传送错误率减小到 8 个 0。

3）改进的先进电信网络技术

改进的先进电信网络技术是在先进的 carrier 以太网技术基础上，支持网络资源虚拟化、虚拟专线、无阻塞调度和 Cut–throgh 技术；受惠互联网规模经济，速率为 2500bit/s、10000bit/s，最快保证 16 节点网络；闭环控制周期小于 10μs，广域距离为 100km，控制闭环保障为 250μs，保证超时控制。

（2）FrtScDc 控制系统构成、特点和优势

① FrtScDc 控制系统遵守 IEC 61850 网络化控制标准，并能与其他厂商的设备进行互通、互联、互操作。

② 传感采集与控制去耦合，控制器不用涉及采集过程，大大简化控制算法和过程，缩短控制闭环时间和减少控制复杂性。

③ 传感信息提供主动化、总线化，支撑多脑和多层控制，系统容易扩展和协同，控制对象数目可以成倍增加。

④ 超实时传送保障闭环控制时间，提高控制精度。

⑤ 控制与传感对等，保障即插即用、自组织能力和交叉控制能力，还能提高系统的智能性、可靠性。

⑥ 巨大传送带宽支持多种控制信息融合，视觉、运动、能量控制信息同网，方便实现多维度控制及其协同，智能性被提高。

⑦ 区分传送支持管理信息和控制信息同网，实现生产、管理、商务深度融合，极大提高公司经营效率和降低运营成本。

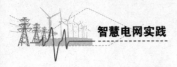

⑧ 突破空间限制、局域控制、城域控制和广域控制。

⑨ 享受互联网规模经济好处。

超实时精密协同分布控制 FrtScDc 的局域控制图如图 10-4 所示，广域 / 城域控制如图 10-5 所示。

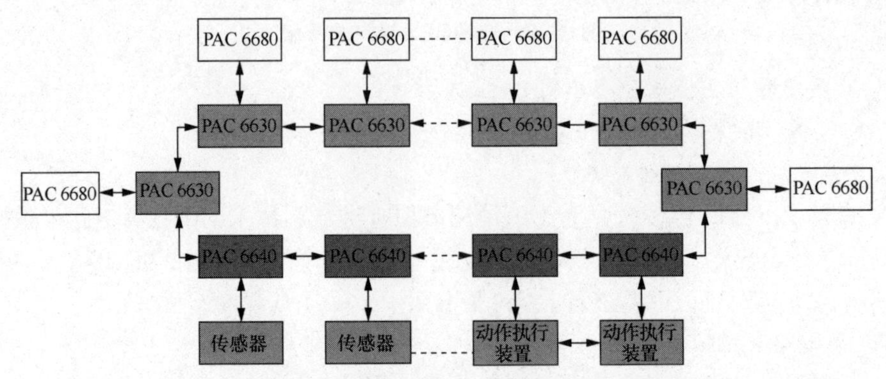

图10-4　超实时精密协同分布控制FrtScDc的局域控制

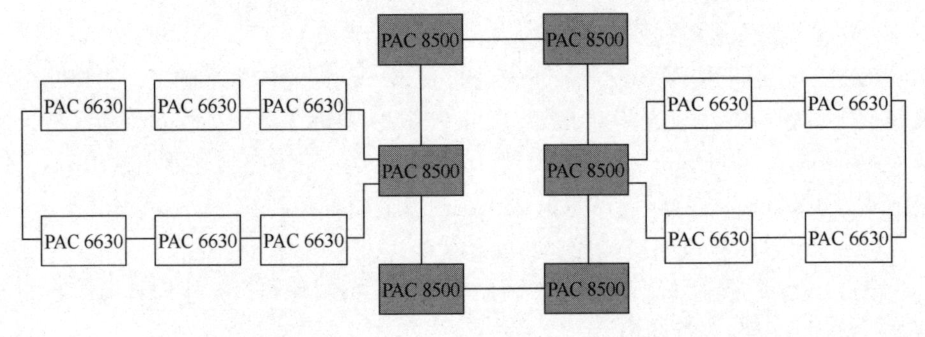

图10-5　超实时精密协同分布控制FrtScDc的广域/城域控制

（3）FrtScDc 技术的主要应用

1）基于 FrtScDc 的能量自治控制系统

FrtScDc 技术在应用方面，可以用在基于 FrtScDc 的能量自治控制系统中，该系统由控制器、控制网络和传感器 / 执行器构成，具体如图 10-6 所示。其中，PAC 6630 保障微秒级的超实时、安全、无损网络通信和纳秒精度自主协同；PAC 6800 网络控制器系列，实现保护、能量路由和动态调节、系统稳定；PAC 6640 网络化采集 / 传感器 / 执行器，实现 PCS 调节、协同，实现 TV/TA 同步采集和开关动作。

基于 IEC 61850SV/GOOSE 采样和命令组成网络控制总线，提供开放的多控制器分散协同控制，实现微电网能量动态调节、HCP 多种能源互联、保护自愈、系统稳定、离网并网运行等功能，如图 10-7 所示。

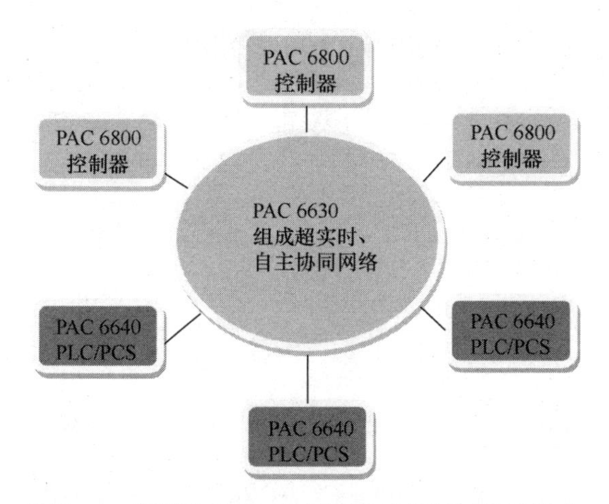

图10-6 基于FrtScDc的能量自治控制系统的结构

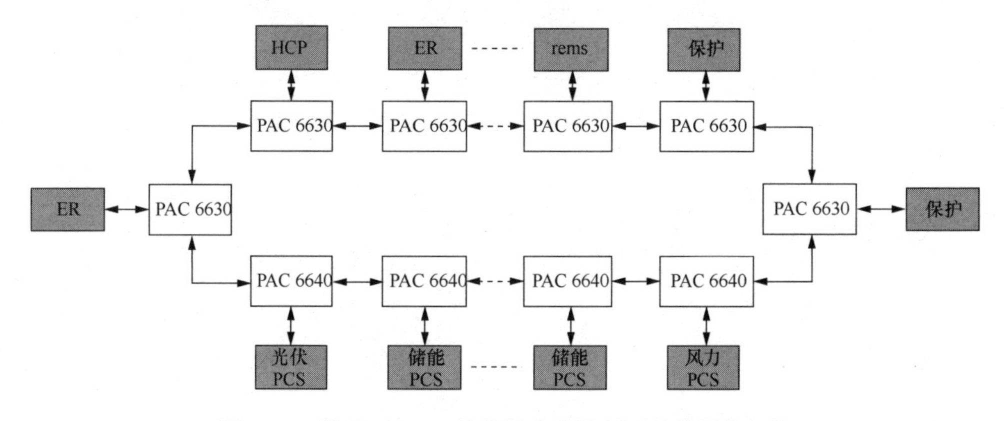

图10-7 基于FrtScDc的能量自治控制系统的网络架构

2）基于 FrtScDc 的智慧工厂和柔性制造系统

FrtScDc 技术可以用在智慧工厂和柔性制造系统中，其具有全网络化、扁平化的特点，基于 FrtScDc 的智慧工厂和柔性制造系统架构，如图 10-8 所示。

3）基于 FrtScDc 的分散分布式超实时混合仿真系统

基于 FrtScDc 的分散分布式超实时混合仿真系统，可以用于智能变电站系统平台。基于 FrtScDc 的分散分布式超实时混合仿真系统依靠数字技术仿真变电站一二次设备及其运行过程，实现虚拟和现实设备的无缝联接，完成测试、培训、运行维护、规划设计、事故分析、事故反演、科研等任务。该系统为智能变电站的规划和运行提供仿真环境，为电力系统提供智能变电站开放的测试环境和研究平台（如出厂集成测试）。基于 FrtScDc 的分散分布式超实时混合仿真系统架构如图 10-9 所示。

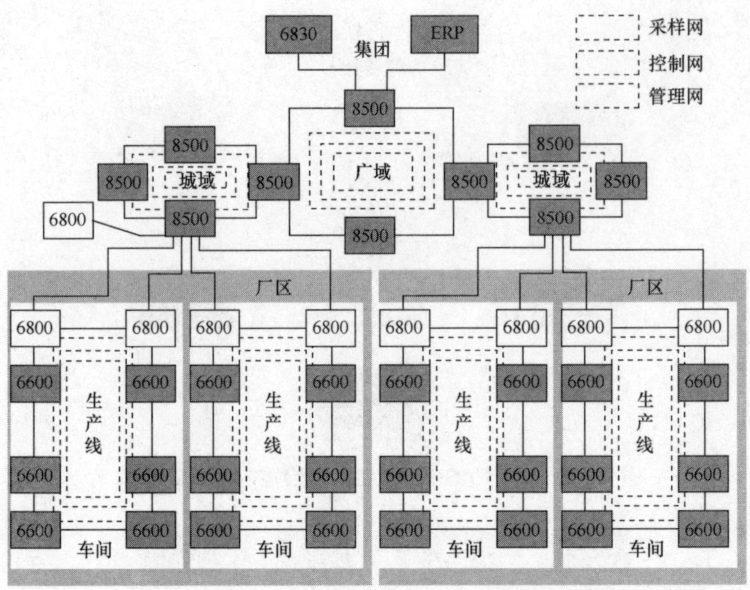

图10-8　基于FrtScDc的智慧工厂和柔性制造系统架构

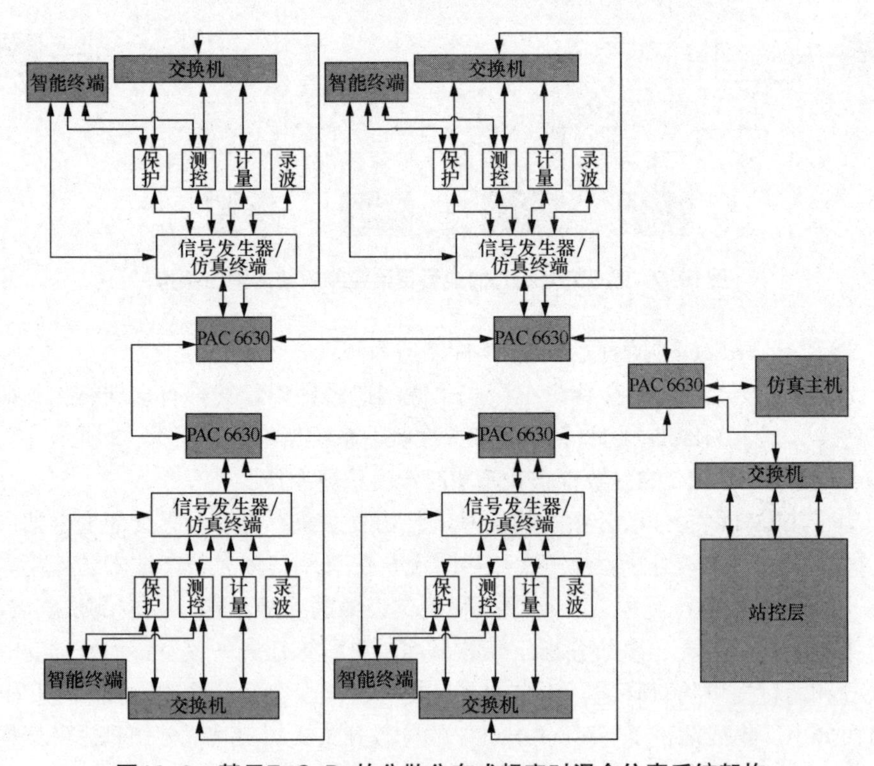

图10-9　基于FrtScDc的分散分布式超实时混合仿真系统架构

10.3 北京未来科技城智能配用电项目的建设内容和目标

10.3.1 智能配电系统

联研院的智能配电系统主要实现基于 GIS 的配网自动化、配电管理、设备管理等功能。该系统可对配用电设备和线路等运行参数和状态进行在线检测，及时发现故障并处理；该系统还能分析实时负荷数据或历史负荷数据，实现科学的负荷控制和管理，电网安全得到保障、经济运行水平得到提高；该系统对电能质量进行实时分析并采取相应的调控策略，提高供电质量，降低网损。系统建设目标如下。

① 构建基于智能一次设备的灵活、可靠、高效的智慧配电网网架结构，实现高级馈线自动化功能，通过集中控制实现保护与网络结构的自适应，通过配电网闭环运行，实现重要负荷 $n-1$ 方式不间断供电，一般负荷 $n-1$ 方式停电范围不扩大。

② 实现智能配电网网架结构自愈控制功能，将馈线自动化的故障诊断、定位、隔离以及恢复供电的基本功能升级为适应分布式发电的双向能量流下的馈线自动化功能。我们利用灵活的网架及自愈控制技术，保证供电可靠性达 99.999%；

③ 建立自动化监控、配电管理、设备管理等功能，可对配用电设备和线路等运行参数和状态进行在线检测，及时发现故障并处理。

④ 实现智能配电网即插即用分布式电源接入运行管理，可以此为基础深入研究微电网与配电网的能量交换与协调控制技术、含有微电网的配电网新型控制保护技术，实现微电网与上级配电网的协调运行。

⑤ 基于统一的标准接口规范实现配电运行数据和用电采集数据的信息共享，构建配用信息一体化监控业务应用。

10.3.2 智能用电系统

联研院的智能用电系统可实现 380V 低压配电系统的测量、保护与自动控制，实现园区用电信息采集、用电管理、电能质量分析、负荷控制和运行管理，提高用电的安全性、可靠性和管理水平。通过配用电信息的实时采集以及整合分析，进行用电方式调整，联研院的智能用电系统可实现电力资源优化配置。系统建设目标如下。

① 构建 380V 环网用电结构，实现 380V 负荷转供，以提高 380V 供电可靠性，降低线损。

② 构建基于网络计量和光纤通信的高级量测体系，实现 380V 低压配电系统实时监控、智能用电管理、用电设备在线监测与智能控制、自动需求响应及能效管理，实现微网运行信息采集与监控、电动汽车有序充放电，提高配用电管理水平，提高设备利用率，降低用电成本，实现智能用电。

③ 构建基于物联网的家庭能源管理及智能家居系统，作为智能用电的末端环节设计，实现用户与电网实时双向互动，支持微型分布式电源接入，支持智能家用电器及传统智能家居的全面集成，并提供能效诊断及节能管理。

④ 构建基于全采集信息的 380V 电能质量检测治理系统，实现电能质量在线实时检测、分析与治理。

北京未来科技城构建智能用电互动服务平台，为用户提供个性化、多样化、便捷化、互动化的用电服务，实现电网与用户之间的良性互动，优化园区用电行为。

10.3.3 智能配用电综合系统

联研院的智能配用电综合系统，在集成相对发展成熟的各个专业系统的基础上，利用各种可视化工具和模型来提升配用电生产运行的安全运营能力、业务协作效率和业务决策能力，并分析实现不同层面的配用电生产运行可视化。系统建设目标如下。

（1）园区中央展示系统

以文字、图表、视频、动画、互动体验等形式，进行集中、动态、实时、交互展现，建设集中展示整个联研院研究、开发、园区建设、智慧电网新技术应用等方面取得成果的平台。

（2）实现配用电生产运行的综合可视化

在各个专业系统建立对各自业务领域的专业监控的基础上，通过集成这些业务系统的信息和界面并结合决策分析信息，利用多种可视化效果，建立从全局到局部的多层面配用电生产运行信息的全面可视化。

10.3.4 优质电力园区示范系统

以进一步提高配电网供电可靠性和供电质量以及建设坚强配电电网发展为总体目标，提出建立联研院优质电力供应的优化方案和步骤，完成优质电力园区示范系统，系统建设目标如下。

① 在智能配用电网络配置优质电力园区综合监测终端，组建由电能质量治理设备及监测终端组成的监控网络，建立优质电力园区电能质量监测及综合控制网络平台。

② 根据用户的不同需求，完成智能有源无功及谐波补偿装置、低压智能滤波器、智能高速切换开关（SSTS）等电能质量治理设备在不同电压等级和不同负荷情况下的配置，并提供优质电力，满足用户对不同电能质量的要求。

③ 完成电能质量治理设备的组合策略研究，完成园区内电能质量综合控制策略研究，达到园区内定制电力设备协调运行，实现园区电能质量治理设备间的优化配置方案设计。

④ 优质电力园区的示范和演示。

10.4 北京未来科技城智慧能量自治管理方案

10.4.1 信桥智慧能量自治管理系统的功能与特点

① 无损自愈同步数据总线实现了全网能量流和信息流的时空统一。

② 支持系统能量实时管理，能量路由控制轻易实现。

③ 支持各种基于实时数据与实时控制的新理论、新算法、新模型、新应用。

④ 基于 IEC 61850 标准和 IEC 61968 标准的模型映射和多系统信息交互轻易实现。

⑤ 支持云存储 / 云计算 / 云服务为特征的云平台建设和后续大数据分析。

⑥ 系统能效管理与需求侧响应有了同步数据支撑和落地平台。

⑦ 实现一二次设备融合与智能化，制造、设计、施工、调试、维护大大简化。

⑧ 提供基于真实系统的试验室平台，支持各种仿真交互应用。

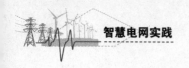

10.4.2 基于主动配电网的智慧能量自治管理系统的架构

在新形势下，配电网的发展方向为主动配电网，主动配电网以能量自治微电网为基本单元，以微电网群为系统特征，以接纳新能源为系统特点，以环网结构为主网架支撑，以能量路由器为交互纽带，以配电自动化为监控基础，以分布式储能为功率调节，以网络保护为稳定保证，以统一信息云平台为业务中心，以售电公司为经营主体。任意构成智能微电网或主动配电网的结构如图 10-10 所示，主动配电网的拓扑如图 10-11 所示。

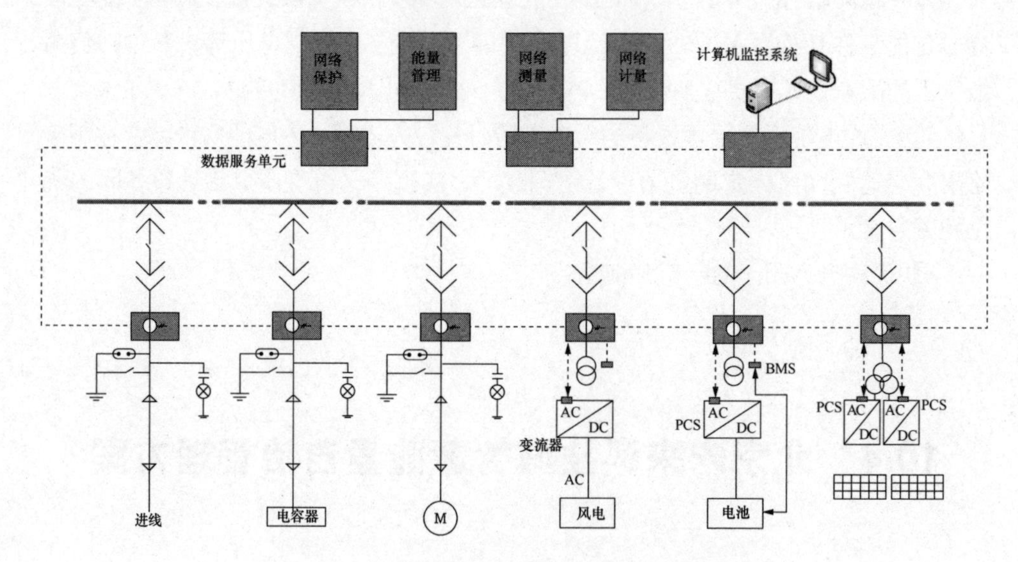

图10-10 任意构成智能微电网或主动配电网结构

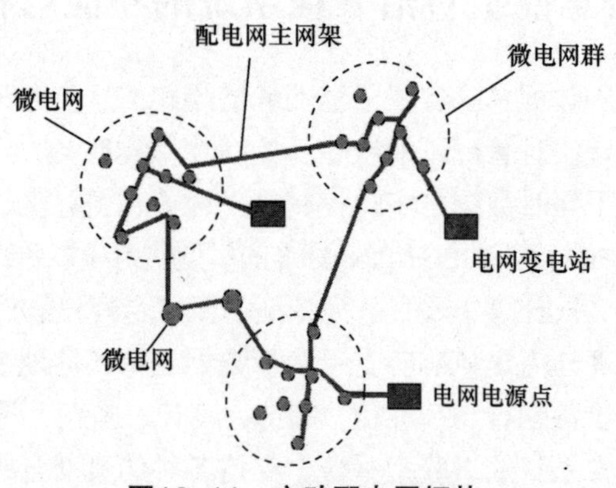

图10-11 主动配电网拓扑

10.4.3 北京未来科技城主动配国家级电网示范工程

1. 项目的总体架构

北京未来科技城主动配国家级电网示范工程的主动配电网的网络主要由PAC 8500与PAC 6640构成。其中，PAC 6600提供同步、通信和SV/GOOSE能力，与第三方传统DTU结合，提供同步采样，采样周期为250μs；而PAC 8500主要用于形成环网，为SV/GOOSE/MMS提供总线通信功能、集中保护实现母线差动、线路差动保护等功能。北京未来科技城主动配国家级电网网络结构如图10-12所示。

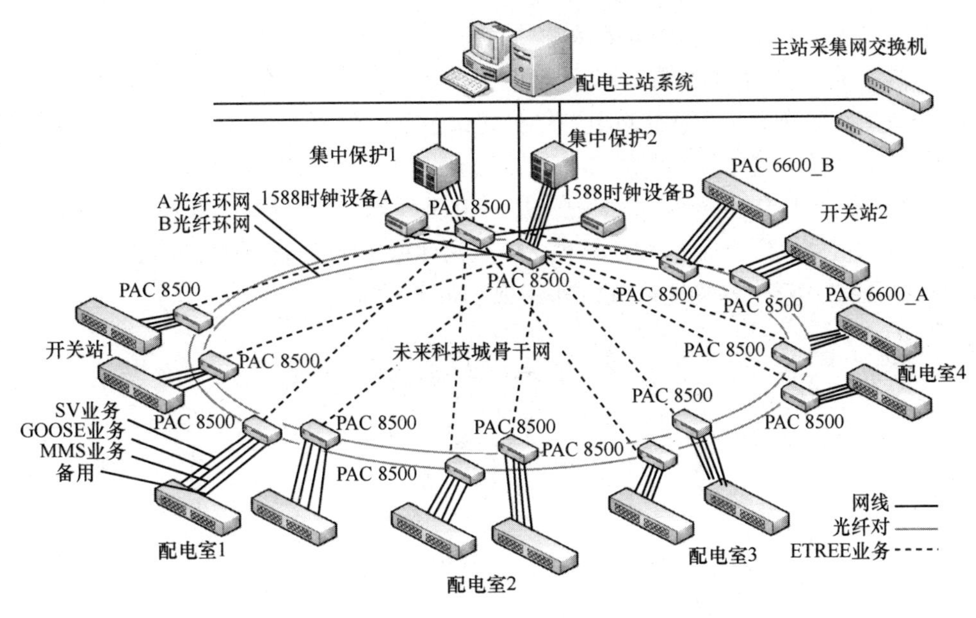

图10-12 北京未来科技城主动配国家级电网网络结构

2. 该智慧电网项目功能

（1）微网能量管理功能

① DG与负载实时功率同步采集；

② 多控制器并行同步实时平衡控制；

③ 发电功率预测负荷功率预测；

④ 储能SOC与SOP估算、储能充放电优化管理；

⑤ 新能源功率平滑控制；

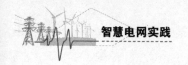

⑥ 大扰动下暂态稳定控制；

⑦ 微网能量分时段管理与控制；

⑧ 电能质量保障；

⑨ 与配电网交换功率管理。

（2）微网保护功能

① 基于 SV 总线的保护数据同步采集；

② 基于 GOOSE 总线的保护动作控制；

③ 保护信息无损自愈传输；

④ 分区差动保护计算与故障监测；

⑤ 虚拟端子的保护接线配置。

3. 项目中信桥公司智能微网技术

（1）基于 FrtScDc 技术的微电网

基于 FrtScDc 技术的微电网要有一个能量自治的实时管控单元或系统 EMM 来保障系统稳定运行；微电网中的光伏发电 PCS、风电变流器、储能双向 PCS、光储一体机和控制负载的变频器必须与 EMM 共同使用同一个高速同步采样、数据无损传输且共享的网络；必须包含功率预测；必须包含储能电池充电管理与优化策略。总之，只有采用 IEC 61850 标准构建微电网才能满足上述要求。基于 FrtScDc 的典型微电网物理结构如图 10-13 所示。

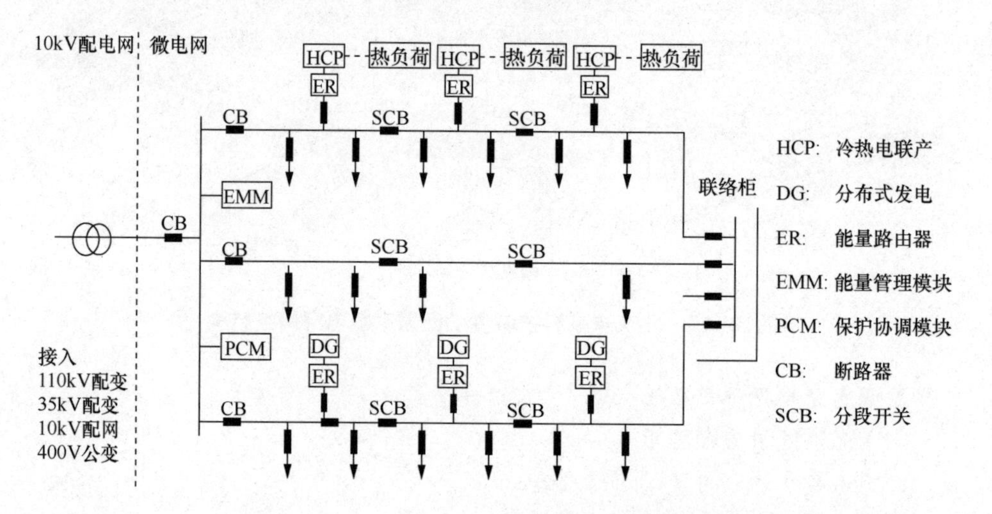

图10-13 基于FrtScDc的典型微电网物理结构

通信节点和通信设备的组合，采用光纤方式连接到 10kV 复合光缆，可以提供网络、电话、电视、互联网接入服务，其中对配电自动化通信提供的网络接入服务，应按照 IEC 61850 的要求进行。

联研院通信骨干网由连接于 5 个组团的配电室和 2 个开闭站的 10kV 电缆复合的光缆组成物理的传输介质，由各个节点处的各种通信设备满足接入需求。在各个组团的配电室，我们把光纤引入通信室的光纤配线架，再接入不同的通信设备中，组成对应的通信环路，联研院通信骨干网如图 10-14 所示。

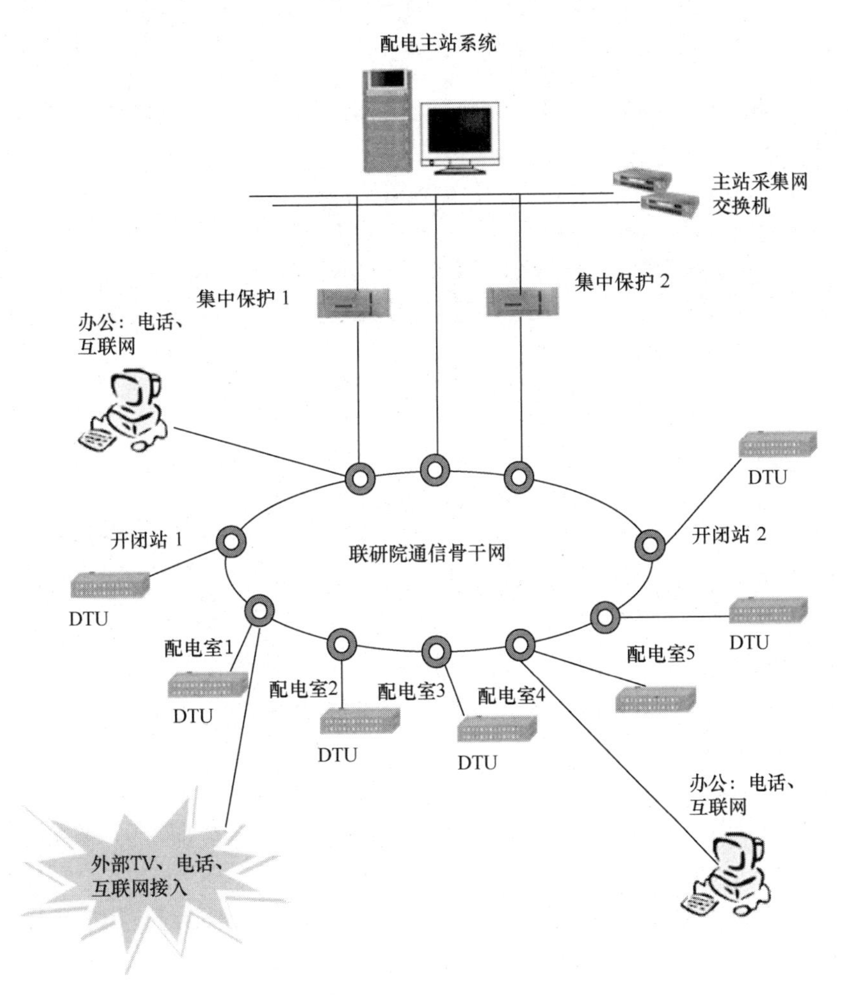

图10-14　联研院通信骨干网

复合光缆采用 48 芯光缆，接入需求不同可采用的光纤也不同，但要留有一定的余量来满足未来扩展需求。电话、互联网、TV 的接入服务，采用 EPON 通信设备组网，配电通信采用支持 IEC 61850 的工业 PTN 交换机组网。

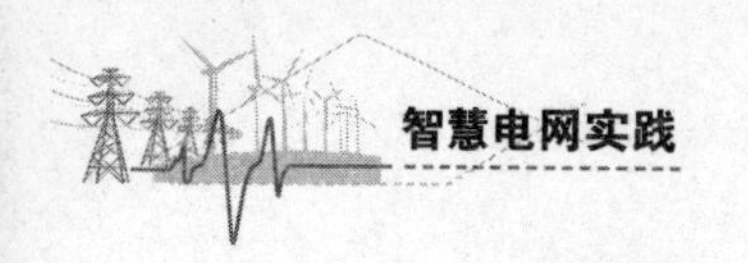

（2）配电通信网络及配电

配电通信网络在结构上划分为站控层和间隔层，并通过分层、分布、开放式网络系统实现连接。各层次内部之间采用高速通信网络，配电自动化通信网架如图 10–15 所示。

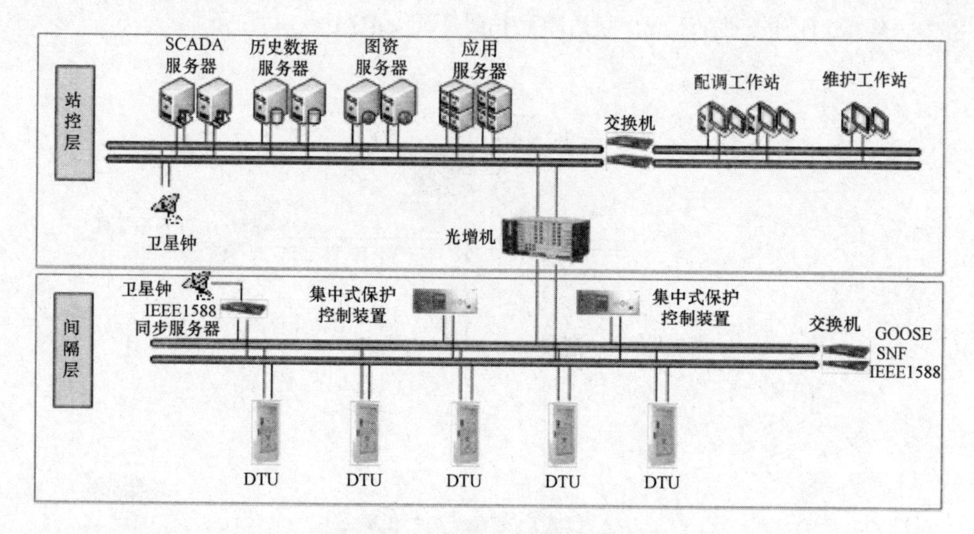

图10–15　配电自动化通信网架

（3）基于地理背景的配电 SCADA 功能

在地理信息背景的基础上，实时监视整个配电网系统的运行工况，实现对配电网设备的遥信、遥测、遥控，通过多种报警手段，向调度人员提示配电网系统的运行异常状态、线路过负荷、线路检修、线路故障等状况。

（4）分布式电源与微网接入

分布式电源与微网接入控制功能，可以把分布式电源 / 储能装置 / 微网集成接入配电网，实现对分布式电源 / 储能装置 / 微网接入的管理与调度。系统通过系统广域保护控制以及标准化的接口，支持分布式电源 / 储能装置 / 微网的“即插即用”。

配电自动化主站系统可监视分布式电源的遥测和遥信信号，执行遥控 / 遥调命令；可实时监视接入点运行状况，发现异常运行情况进行报警。该系统还可以提供稳定性分析、安全与自动保护功能，且具备对分布式电源接入、运行、退出的互动管理功能，并提供相应的控制策略。

（5）基于 FrtScDc 系统的主动配电网中低压差动保护方案

图 10–16 为基于 PAC 6600/6800 中低压差动保护，该方案具有以下特点：

① 由采集装置 PAC 6600 和集中保护控制器 PAC 6820 构成的超实时精密协同分布控制系统，实现 IEC 62439 无损自愈环网、自主同步、采集、控制功能；

② PAC 6600 可以提供 2 个多端保护组，15 个出线的差动保护，每周波 32 点，控制闭环时间优于 250 μs；支持 SV/GOOSE、支持 SCD 虚端子配置；

③ 6800 集中保护器，可以提供 12 个保护组，最多 50 个出线的差动保护，每周波 32 点，控制闭环时间优于 250 μs；支持 SV/GOOSE、支持 SCD 虚端子配置。

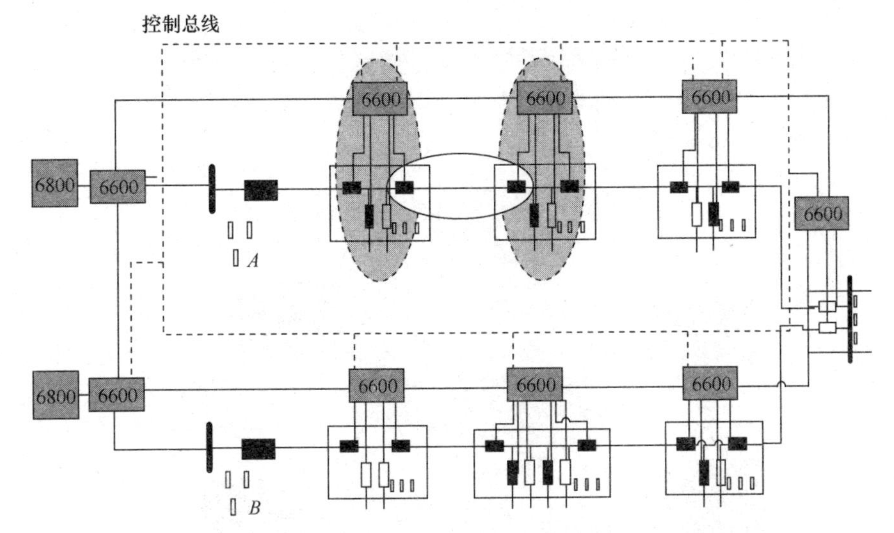

图10-16 基于PAC 6600/6800中低压差动保护方案

图 10-17 为基于 FrtScDc 系统的主动配电网中低压差动保护方案，该方案具有如下特点：

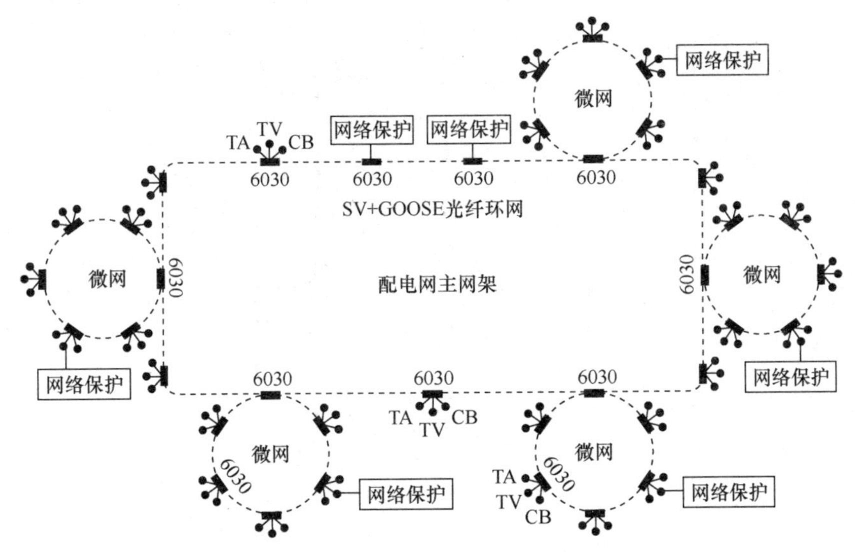

图10-17 基于FrtScDc系统的主动配电网中低压差动保护方案

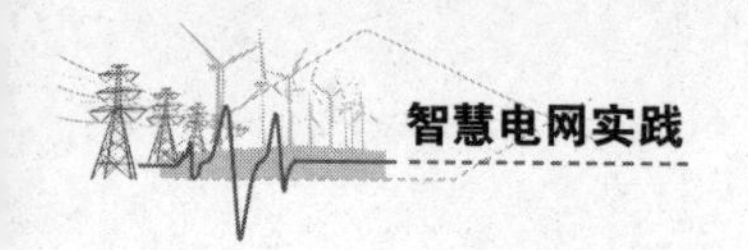

① 网络保护采用分区差动原理，以纯软件形式存在，便于升级和备份，可安装在网络任意节点；

② 分布式动态平衡和能量管理；

③ PMU 与稳定；

④ 单相接地的故障定位。

（6）基于 UFSCDC 系统的微网集群的新能源集中协同——虚拟电厂 VPP

基于 UFSCDC 系统的微网集群的新能源集中协同架构如图 10–18 所示，虚拟电厂可视化如图 10–19 所示。

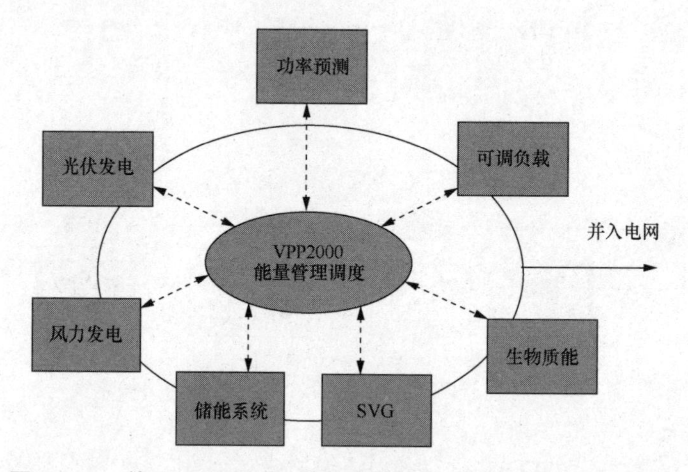

图10–18　基于UFSCDC系统的微网集群的新能源集中协同架构

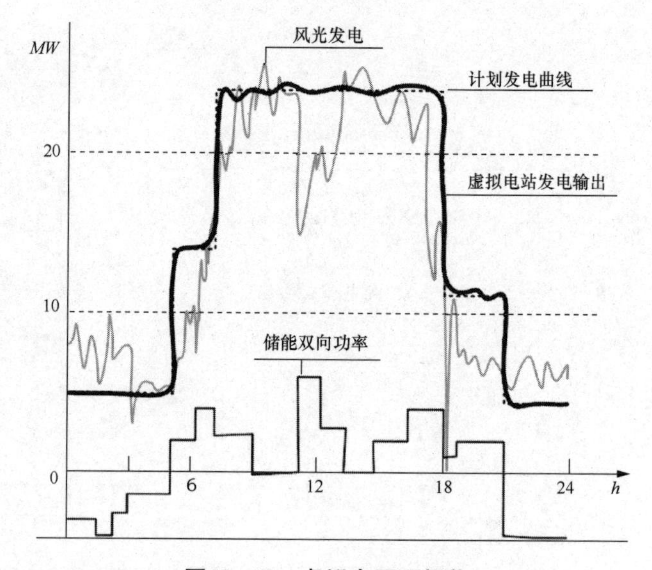

图10–19　虚拟电厂可视化

4. 智慧电网大数据应用

未来科技城的总体建设思路是通过运检一体化、营销一体化及生产管理系统为网控一体化系统提供决策支持，实现智能网控、智能运行检修和智能用电的总体目标。

未来科技城将建设分布式数据中心及信息交互总线，未来科技城智慧电网各个子项及应用系统之间通过信息交互总线和数据中心实现综合控制和统一规划，实现跨业务、跨部门之间的数据共享与应用集成。未来城“数据中心”建成后会与北京市电力公司大“数据中心”进行有效集成，实现信息有效流转和利用，具体如图 10-20 所示。

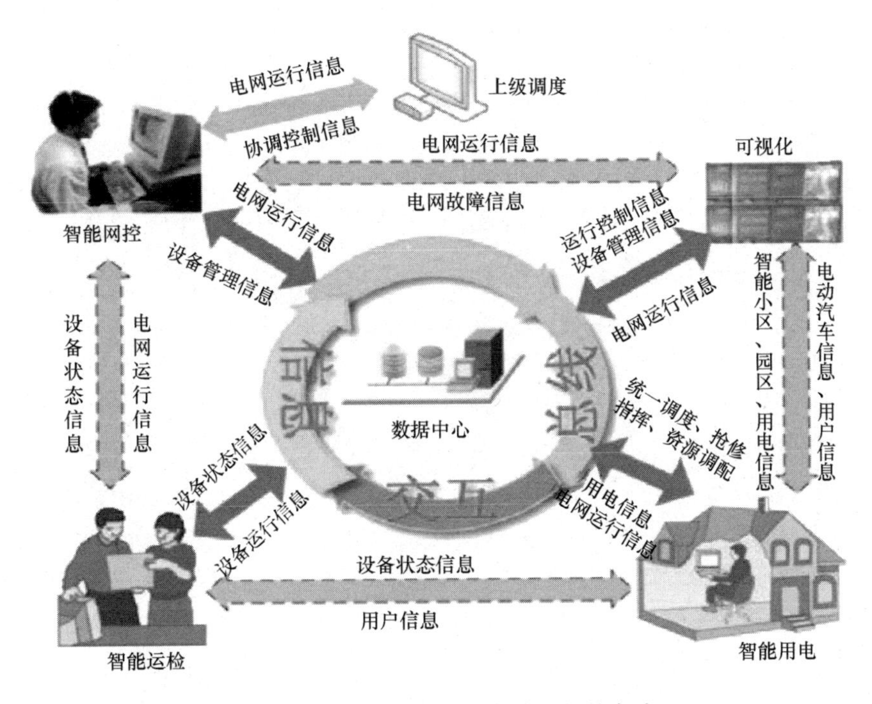

图10-20　基于大数据的各应用间信息流

（1）大数据与智能网控一体化系统

未来科技城智能网控一体化系统建设方案如图 10-21 所示，其主要包括智能网控技术支持系统、智能变电站、中低压配电自动化、电网自愈、应急指挥、微电网及储能接入等方面，实现调度运行由人工经验型向智能分析型、由被动分析型向主动决策型的转变，为低碳智慧城市电网安全、高效和可靠运行提供坚强支撑。

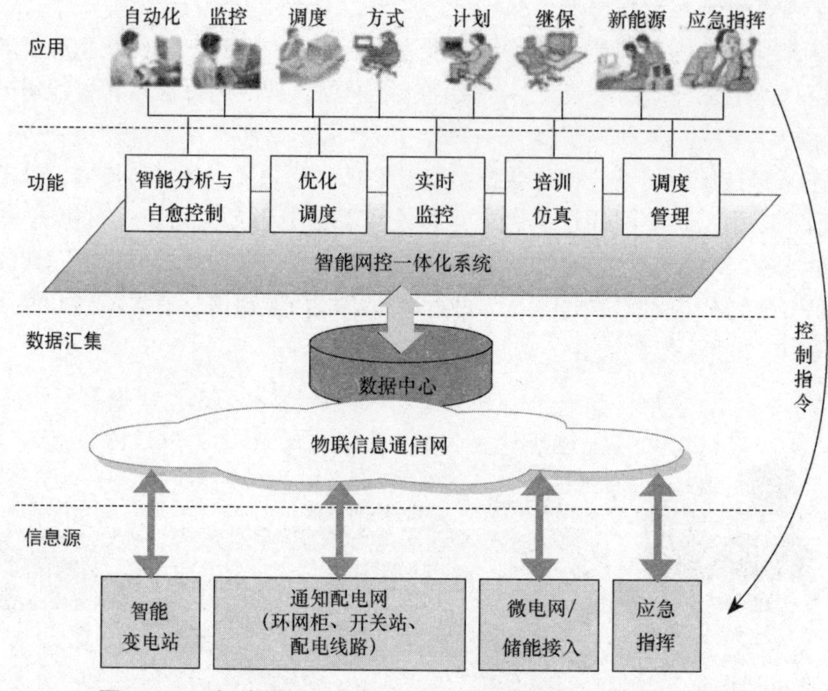

图10-21　智能网控一体化系统中大数据汇集、分析与应用

（2）大数据与智能配用电综合系统

电力企业配用电业务经过多年的研究和建设，已经逐步建立起相对成熟的业务模式和专业系统，包括配电自动化系统、用电信息采集系统、营销管理系统等，而针对电网结构及用电消费管理的最新发展趋势，电力企业和消费者也开始尝试建立和应用一些新技术，例如分布式能源和微网管理、智能楼宇、智能家居等创新应用。

但电力企业的生产运行是建立在多个专业部门相互协作的基础上，各种典型业务模式，如生产计划编制与审核、用户停电 / 故障分析与修复等，都需要多个业务部门分工协作才能达到工作目标。而电力企业中的各种业务系统，尚没有充分实现业务系统之间的信息交互和应用集成。并且，即便是底层建立起集成交互能力，也由于缺乏全局直观监测和洞察手段，电力企业不能可视化地掌控信息交互、业务协作的进展和效率。

因此，针对电力企业创新和发展的业务需求，电力企业需要在建立业务系统间信息和应用的深度集成基础上，以可视化的手段实现多维度监测与分析，对配用电生产运行状态、跨部门业务协作状态、生产运行数据分析进行综合展现和智能分析，具体如图 10-22 所示。

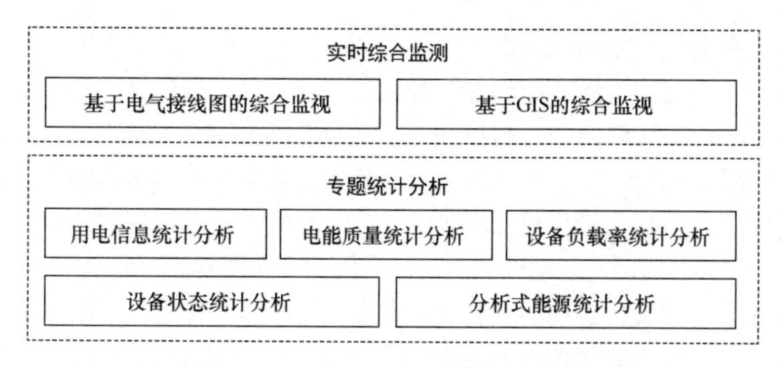

图10-22 基于大数据的配用电综合监视与分析

（3）大数据与智能运检一体化系统

智能运行检修一体化系统按照集约化、标准化、自动化和互动化的原则，通过建设区域电网设备运行检修一体化系统、规模化应用在线监测装置，统一监视、评估设备的运行状态，并将状态信息转换为可供网控一体化、生产管理及资质寿命管理直接调用的业务信息，支撑各类高级应用，实现更高级的状态检修模式，改变电网被动防御、事后处理的状态，提高网控一体化对电网的驾驭能力，提高设备管理水平。

智能运行检修一体化系统主要包括运行检修一体化系统、巡检车 / 人员、输电设备在线监测和配电设备在线监测等方面的内容，具体如图 10-23 所示。

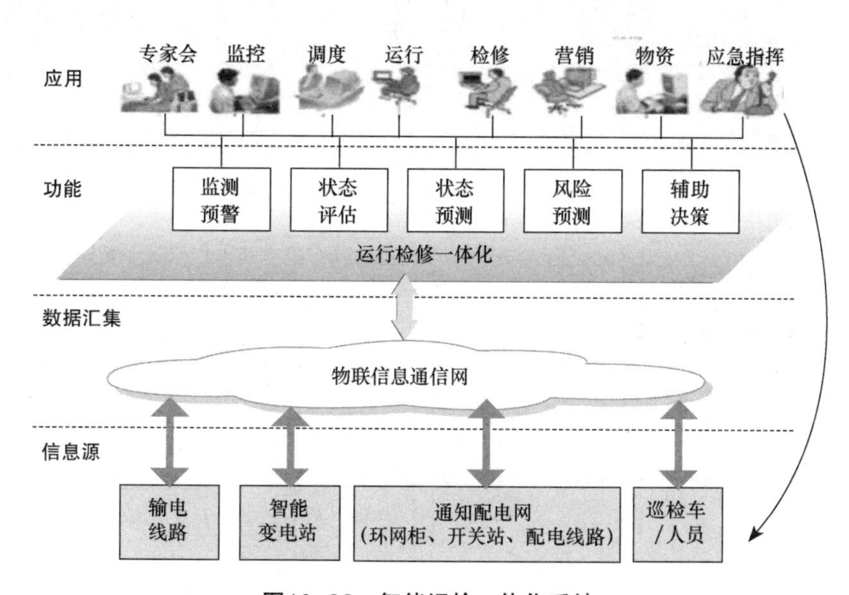

图10-23 智能运检一体化系统

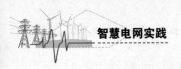

（4）大数据与智能用电系统

大数据与智能用电系统应构建互动能源管理平台，提供智能用电双向互动服务，包括互动能源管理门户、自助用电服务终端等智能用电互动服务相关设备，实现电网与用户之间信息透明共享、用户随时随地参与电网运行调节、远程控制及能源管理等，为用户和电网互动提供便捷广泛的智慧电网用户入口，使智慧电网与客户之间的双向信息互动向互联网方向延伸，实现客户互联网操控。

互动能源管理平台实现园区各类能源数据的采集、统计、分析以及用能设备过程监控，同时实现智能用电双向互动服务，并提供用能信息查询、业务办理、自助缴费、远程控制与管理、能效诊断、用能策略以及其他增值服务。

互动能源管理平台实现园区能源管理和用能服务。在主楼中心机房搭建用能采集服务器、数据库服务器和数据分析服务器，建立云计算平台，配置相关接口软件，通过与高级量测系统、用能服务系统的接口，获取用电耗能数据，该数据包括智能楼宇能效数据和值班宿舍家庭能效数据。通过与用水量监测设备（或系统）、空调冷热监测设备（或系统）的接口，获取用水量、用气量数据，在统一的平台上对各类能源进行分类统计、集中管理、智能调度和控制。

互动能源管理平台系统结构如图 10-24 所示。

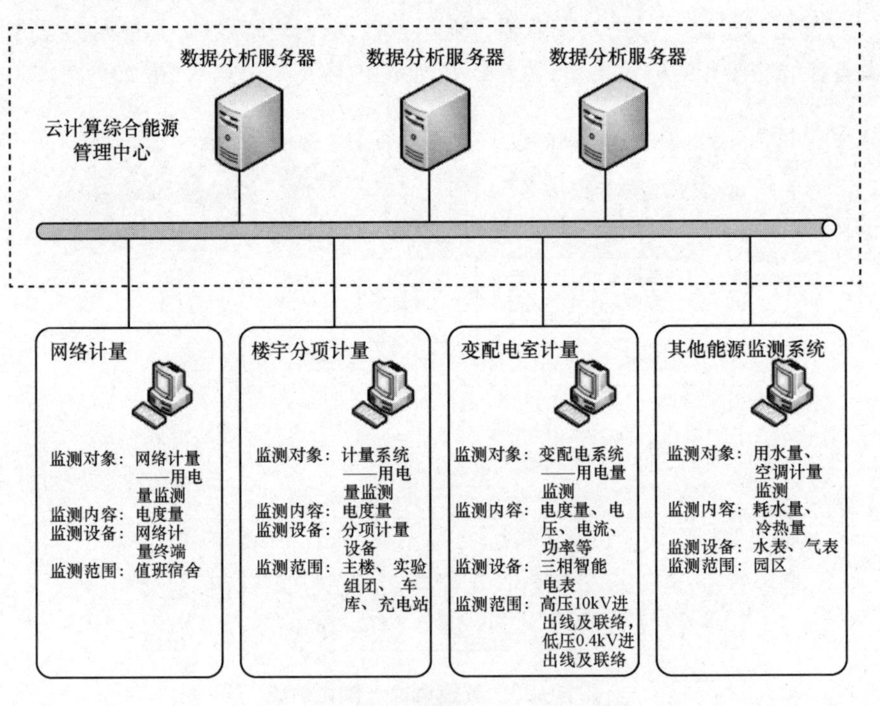

图10-24　互动能源管理平台系统结构

10.5 北京未来科技城分散分布式超实时混合仿真系统方案

10.5.1 基于 FrtScDc 的实时混合仿真系统的构成

基于 FrtScDc 的实时混合仿真系统为分散分布仿真，主要由仿真主机、分散分布式信号终端、采集执行终端和真实二次设备构成。

图 10–25 为基于 FrtScDc 的实时混合仿真系统，该系统的主要性能指标包括以下几点：

① 最小仿真步长小于 10μs；

② 同步精度 5ns；

③ 仿真 500 个模拟量、3000 个数字量。

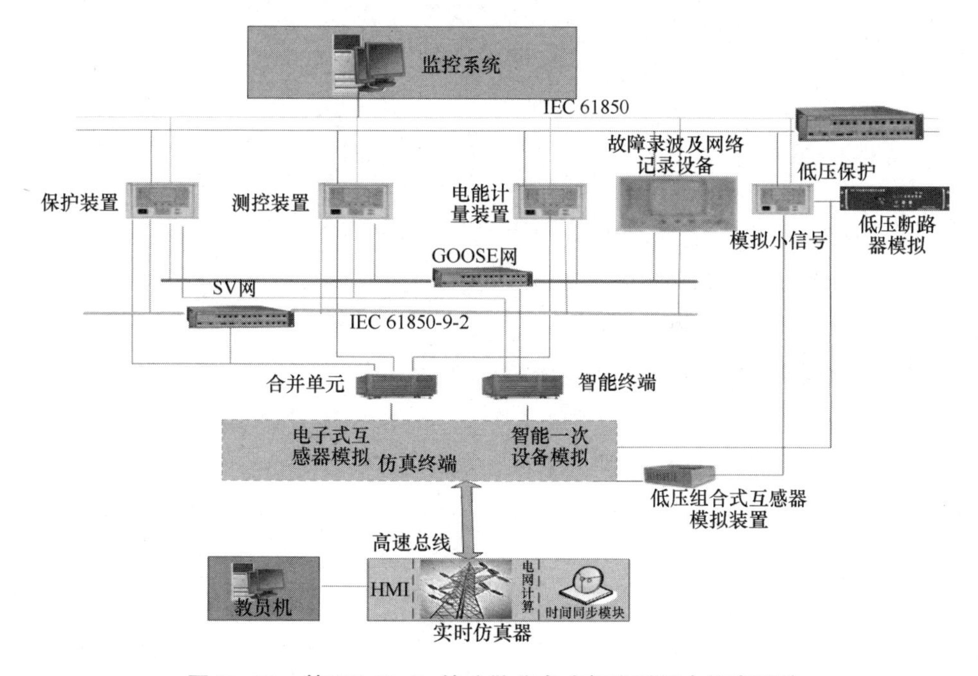

图10–25 基于FrtScDc的分散分布式超实时混合仿真系统

10.5.2 基于 FrtScDc 的实时混合仿真系统的特点和优势

基于 FrtScDc 的实时混合仿真系统的特点和优势包括以下几点：

① 虚拟和真实无缝结合；

② 采集和仿真结合；

③ 支持闭环和在线实时仿真；

④ 替代昂贵的真实设备；

⑤ 仿真真实系统不易出现的场景；

⑥ 真实和虚拟无缝结合，用于在线闭环检测；

⑦ 超实时状态估计提供智能。

10.5.3 基于 FrtScDc 的实时混合仿真系统的功能

1. 基本操作指令仿真

① 开关分 / 合操作；

② 刀闸投 / 切操作；

③ 电容器、电抗器的投切；

④ 变压器中性点接地方式的调整；

⑤ 线路投停；

⑥ 负荷的调节；

⑦ 故障后的复原操作。

2. 误操作的仿真

① 带负荷拉开线路或变压器侧隔离刀闸；

② 带负荷拉开母线侧隔离刀闸；

③ 带负荷推上线路或变压器侧隔离刀闸；

④ 带负荷推上母线侧隔离刀闸；

⑤ 用刀闸充空载线路或变压器；

⑥ 带空载线路或变压器拉刀闸；

⑦ 带电压合地刀；

⑧ 带地刀合开关；

⑨ 在系统接地时拉合变压器的中性点刀闸；

⑩ 强送电至永久故障上。

3. 故障的模拟

（1）线路故障

根据故障发生的位置，可设置线路任意位置的故障；根据故障的性质，可设置线路单相接地、两相接地、三相接地、相间短路、三相短路等故障。根据故障持续时间可分为瞬时故障或永久故障。考虑单相、两相、三相经弧光电阻接地或短路的影响，过渡电阻电抗可由用户自由设置。

（2）变压器故障

可设置变压器内部及外部故障：外部故障包括变压器各侧出口处单相接地、两相接地、三相接地、相间短路、三相短路等；内部故障包括单相接地、两相接地、三相接地、相间短路、三相短路、单点接地、两点接地等。

（3）母线故障

可设置母线单相接地、两相接地、三相接地、相间短路、三相短路等瞬时故障或永久故障。

10.5.4 基于 FrtScDc 的实时混合仿真系统的应用

1. 保护测试

① 闭环测试、整组测试：实现智能变电站典型间隔的通流通压、整组传动、整站二次系统实时闭环仿真等功能。

② 集成测试：虚拟动态仿真物理接线，实现测试全自动化。

2. 暂态仿真

建立面向智能变电站整体测试的电磁暂态模型，满足实时闭环仿真所需的软、硬件配置要求。

3. 带电在线仿真测试

利用采集与仿真相结合的机制，对于变电站扩建等场景，实现带电在线仿真。

4. 全景信息集成及可视化技术

① 一次接线图与二次回路配置文件结合，生成全景连接关。

② 为调度提供源端可维护的图元信息。

③ 一、二次回路全景式可视化展示变电站结构。

5. 配置自动化及其一致性与可信性的检测

① SCD 文件和变电站模型一致性自动比对。

② 六统一。

第11章

地下电网精益化管理

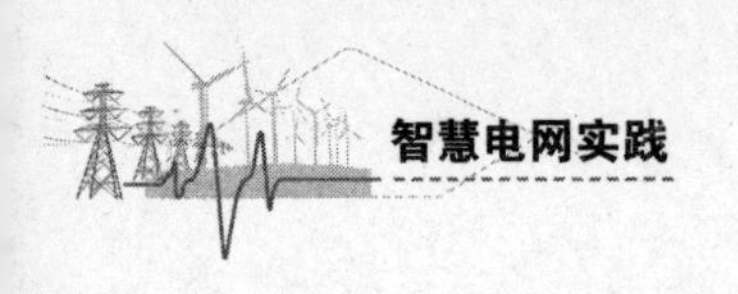

11.1 公司简介

11.1.1 取得资质

1. 专业资质

· 测绘资质甲级

· 信息系统集成及服务资质二级

· CMMI 软件成熟度五级

· ITSS 运维能力成熟度三级

· ISO 9001 质量管理体系

· ISO 14001 环境管理体系

· OHSAS 18001 职业健康管理体系

· ISO 20000IT 服务管理体系

· ISO 27001 信息安全管理体系

· 信息安全服务资质（安全工程类一级）

· 信息安全应急处理服务资质二级

· 信息系统安全集成服务资质二级

2. 企业认证

· 软件企业

· 高新技术企业

· 国家规划布局内重点软件企业

· 国家火炬计划高新技术企业

· 中国地理信息百强企业

· 厦门市企业技术中心

11.1.2 国内及国际领先程度

厦门亿力吉奥信息科技有限公司成立于 2012 年 12 月 27 日，始终坚持“技术创新引领转型，市场拓展驱动跨越”的发展思路，专注于地理信息平台软件、数据服务、行业解决方案及智能终端产品等业务领域，逐步发展成为行业地理信息定制化整体解决方案的提供商及地图资源数据服务商。

公司重点服务电力行业，充分将地信技术和大数据、云计算、物联网、移动互联等信息通信新技术相结合，开发了涵盖发电、输电、变电、配电、用电、调度各环节的电力信息化管理软件产品，并提供数据服务、实施推广、系统集成、人才培训及认证、运维服务等全方位技术服务。

11.2 技术简介

11.2.1 系统架构

地下管网精益化管理系统架构如图 11-1 所示。

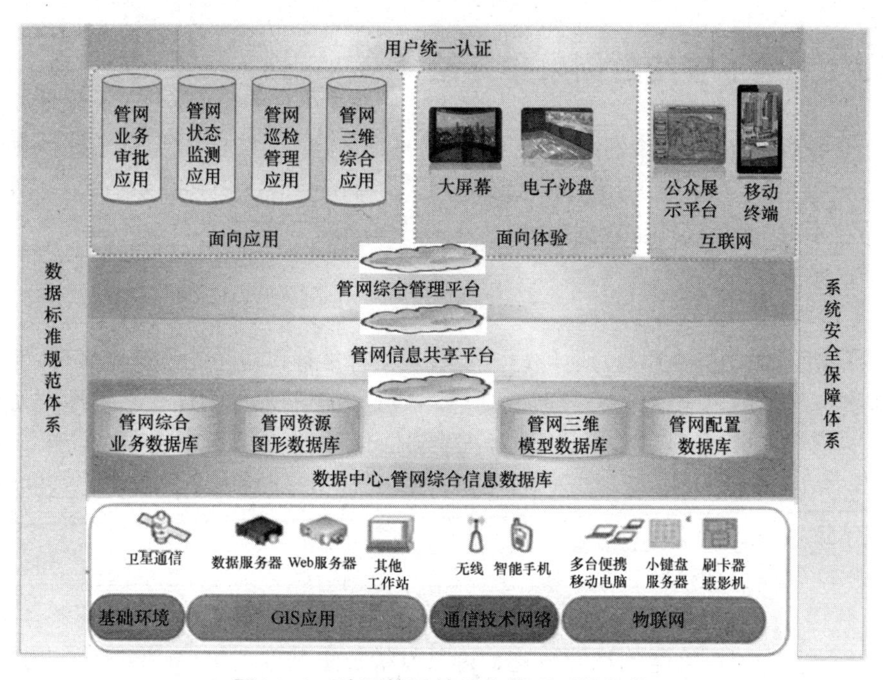

图11-1 地下管网精益化管理系统架构

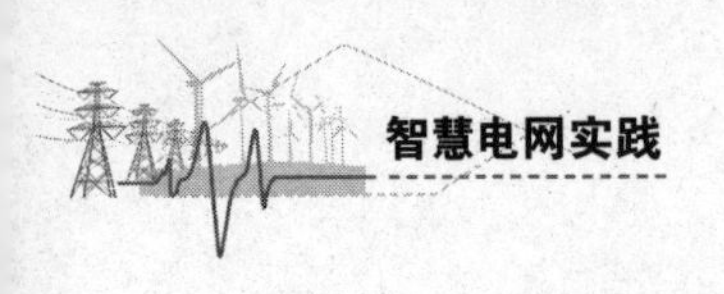

11.2.2 系统具备的技术特点

① 基于国家电网有限公司电网资源图形管理系统开发；

② 满足用户对电缆及通道精益化管理的需求；

③ 数据维护源端唯一；

④ 业务应用专业协同；

⑤ 设备设施“图数一体化”；

⑥ 图形与监控动 / 静相结合；

⑦ 生产全过程闭环管理；

⑧ 经营决策智能分析。

11.3 应用场景

11.3.1 地下管线数据采集标绘

地下管线数据采集标绘实现地下管线的数据核查，采集地下管线的路径走向、相关属性信息，核查每一隧道、电缆沟、工作井的断面占用和剩余情况，为管道及电缆网精细化管理提供数据支撑。

1. 功能应用

（1）移动 GIS 图形应用

利用移动 GIS 技术，为现场地下管线采集标绘提供电子图形基本操作、图形资源管理和 GPS 位置定位、导航等功能。产品结合电子地图加载基础地理切片、影像数据和存量的设备图形数据，并提供电子图形缩放、漫游、距离量测、设备图形标绘、GPS 定位、位置导航等基础功能，为现场采集作业提供更直观的空间操作体验。

（2）地下管线探测

利用专业测绘仪器，结合物探技术、测绘技术和电磁感应技术，探测地下的每一条电缆。根据实际的探测轨迹，进行电缆位置精确定位；根据探测的电缆属性信息，进行电缆沟内电缆唯一性检测，核查电缆的穿孔情况，并对电缆、工作井进行 RFID 电子标牌标识，明确电缆走向，避免盲目开挖作业。

（3）管线路径走向标绘

该模块的主要功能是：根据探测的地下管线数据，结合移动 GIS 功能，实现在电子地图中直接标绘管线路径走向及采录设备相关属性、连接关系等功能，提高现场作业的工作效率。

（4）工作井立视图标绘

该模块的主要功能是：根据探测的地下管线数据，实现工作井立视图现场标绘功能，核查每一隧道、电缆沟、工作井的断面占用和剩余情况，为工程规划设计、现场抢修、施工提供详尽的基础数据支撑。

（5）综合管控运维

该模块的主要功能是：通过建立有效的数据综合管控运维体系，实现工程项目任务分配、来源和进度管理、冲突甄别、质量核查、校验跟踪、源头追溯和统计分析等功能，进一步保障成果数据质量，为管道及电缆网精细化管理提供基础数据支撑。

2. 优势特点

① 完全自主知识产权的移动 GIS 平台。

② 节约成本：传统数据采集运维需要图纸打印，消耗大量耗材，且打印成本高。产品搭载高分辨率的电子切片图和影像图，其作业范围不受限制，操作简便，节约成本。

③ 提高工作效率：产品便携，操作简单，标准化的现场数据采集运维作业及质量管控体系，能提高现场工作效率，保障成果质量。

④ 成果无缝对接：与电网 GIS 平台集成，实现数据无缝对接，大大减轻人工数据整理及图形建模等工作负担，提高效率。

11.3.2 地下管网三维 GIS 应用

地下管网三维 GIS 应用是三维地下管线应用系统通过整合多源（包括影像数据、DEM、三维模型数据、业务数据）海量数据进行的三维综合展示，并集成 PMS、SCADA、FLASHGIS 系统、高压电缆运行状态综合监控等系统，实现电网资料管理、电缆运行巡检、电缆状态监测、电缆故障抢修、规划设计、运行管理等业务场景应用，系统能够实时、直观地了解地下管网的各类信息，辅助工作人员进行业务管理和决策，从而实现对电网科学、有效的管理。

1. 功能应用

（1）电缆数据管理

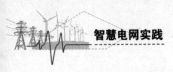

该模块的主要功能是：对电缆相关设备信息、图纸、文档等进行有效组织和管理，方便进行查询、统计、输出，以提高工作效率和信息化水平。

（2）电缆线路巡检

对地下电缆进行线路、危险区域、重点区域巡检，以了解这些地区电缆的动态监测信息和其他信息，为电缆检修提供辅助支持。

（3）电缆状态监测

对电缆运行状态进行实时监测，并进行警告提醒，同时实时连接现场的视频监控信息，指导相关人员了解现场真实情况并提出应对办法，以保证电缆安全运行。

（4）故障抢修

该模块的主要功能是：实现故障分析、模拟故障点定位、最短路径分析和抢修车辆实时监控等，以便快速有效地指导电缆故障抢修。

（5）规划设计

为电缆规划设计提供辅助支持。

2. 优势特点

① 实现地下管网二、三维一体化展示信息，展示更直观更详尽。

② 实现地下管网监测预警、应急减灾、生产管理、辅助决策、运行状态可视化，电网管理更直观、可靠。

③ 实现地下管网数据展示方式多样化，给用户更好的体验。

11.4　应用实例

11.4.1　北京市综合管线及地下基础设施综合管理系统

1. 实施背景

城市地下管线包括给水、排水（雨水、污水）、燃气（煤气、天然气、液化石油气）、电信、电力、热力、工业管道等几大类，它就像人体内的“神经”和“血管”，是城市赖以生存和发展的物质基础，被称为城市的“生命线”。地下管线种类多、分布广、管线敷设时间跨度大，需要被不断更新和维护，并且地下管线伴随着城市规划建设的发展而日益增多。因此，加速建设城市地下综合管网信息系统，实现管线数据即时可视化，进行动态综合规划管理，是在城市规划中实现现代化运行管理的重要组成部分。

一个城市的可持续发展，必须有安全保障，特别是面对突发事件和灾害，能够快速做出正确的决策和有效的救援响应。因此，应从城市发展战略高度来认识地下管线在城市规划和建设管理中的作用与地位，掌握和摸清城市地下管网现状，建设城市综合地下管网信息系统，是城市自身经济、社会发展的需要，是城市规划、建设、管理的需要，是抗震、防灾和应付突发性重大事故的需要。对维护城市“生命线”的正常运行，保证人民的正常生产、生活和社会发展都具有重大的历史与现实意义。近年来，随着计算机软件技术、网络技术、数据库技术、虚拟现实技术与地理信息系统（GIS）技术的快速发展以及在各领域的应用，为城市地下管网的信息化管理提供了技术基础。但在各城市地下管网的建设与管理中，仍存在着一些问题，其主要问题如下。

① 城市地下管网资料以图纸、图表等纸介质保存和管理，造成资料不全、查询不便、更新速度慢，致使信息与现状不符，影响城市建设中规划、管理、施工和服务的质量与水平。

② 地下管线分由不同的管线权属部门规划、建设、管理及保管资料，致使管线资料分散。

2. 系统构成

（1）模型动态加载技术

模型动态加载技术是一种高效处理大规模三维模型可视化加载的手段，根据当前三维场景范围确定并加载指定模型。场景范围改变时则自动卸载该模型，从而减少内存占用量，提高渲染效率。

（2）信息安全传输技术

该技术可支持客户端缓存或者非缓存模式，缓存文件经过安全加密；该技术应用服务请求 URL，经过安全加密，实时破解困难；客户端临时缓存文件在系统，退出时自动清除，不留下任何操作数据痕迹。

（3）高效三维引擎渲染技术

多线程包括并行渲染技术、可编程渲染电缆技术、动态四叉树、八叉树混合场景管理技术、基于 PhysX 物理引擎的动态仿真。

（4）面向服务的三维发布架构

系统注册到企业服务总线，由企业服务总线统一管理交互的所有服务，并进行消息分发，实现系统与不同业务应用系统之间的集成。

（5）三维数据共享

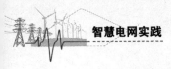

全面考虑效率、高并发、稳定、安全、开发等因素，为城市电力部门和规划部门统一搭建三维空间数据共享服务平台，为城市电力部门和规划部门提供高效、安全、可靠的三维空间数据应用服务。

（6）物联网监测技术

应用先进的物联网监测技术开展配网电缆终端头温度实时监测及井盖防盗监测，为设备故障预判提供实时数据支撑，同时基于RFID、GPS和无线射频等技术，结合智能移动终端为现场智能、标准化作业提供一体化解决方案。

3. 实施效果

建设单位通过项目建设，形成地下管网数据中心和系统产品，通过产品销售、定制开发获得软件产品收入，通过提供数据服务和维护服务获取其他全市相关使用单位的使用费，通过开展大屏、移动终端、电子沙盘等多种展示终端和多种交互方式，提高用户体验，并获得相应的项目，从形成上、中、下游一条链的商业销售模型。

通过系统的建设，为市政管理部门对地下管网事故发生的地段制定应急抢险预案时提供了详细的城市三维景观信息、综合市政管网信息，从而提高了预案制定的效率和准确性，提高了应急救援的速度。

通过系统建设，可对地下管网资料直观更新维护，实现地下管网网管理的智能化、科学化，以适应城市建设发展的需要，从而进一步提高和推进整个城市地下管网的管理水平。

11.4.2　浙江省地下管线普查

1. 实施背景

随着城市道路的改造，基础设施建设速度加快，但对地下电缆的安全运行造成了隐患，要防患于未然就必须提供给施工方详细、精准的地下电缆分布资料。

地下管线数据采集标绘在对地下电缆及走廊数据重新现场采集的基础上，建立标准化的现场数据采集模式及质量管控体系，以数据质量为核心，以过程管理为手段，实现技术标准化、成果规范化，为地下电缆精细化管理提供高质量的数据支撑。

2. 系统构成

地下管线数据采集标绘借助智能终端，并结合移动GIS、GPS、RFID等先进技术，按照地下管线数据管理和维护的要求，实现对现场数据的高效采录，同时建立地下管线数据拓扑关系及数据核查、纠错和变更流程管理机制，应用多种智能化技术手段实现采集作业的全过程管控，最终保障采集成果质量，为业务系统提供基础数据支撑。

地下管线数据采集标绘实现地下管线的数据核查，并采集地下管线的路径走向、相关属性信息，核查每一隧道、电缆沟、工作井的断面占用和剩余情况，为管道及电缆网精细化管理提供数据支撑。

（1）移动 GIS 图形应用

利用移动 GIS 技术，为现场地下管线采集标绘提供电子图形基本操作、图形资源管理和 GPS 位置定位、导航等功能。产品结合电子地图加载基础地理切片、影像数据和存量的设备图形数据，并提供电子图形缩放、漫游、距离量测、设备图形标绘、GPS 定位、位置导航等基础功能，为现场采集作业提供直观的空间操作体验。

（2）地下管线探测

利用专业测绘仪器，结合物探技术、测绘技术和电磁感应技术，对地下的每一条电缆进行探测。根据实际的探测轨迹，进行电缆位置精确定位；根据探测的电缆属性信息，进行电缆沟内电缆唯一性检测，核查电缆的穿孔情况，并对电缆、工作井进行 RFID 电子标牌标识，明确电缆走向，避免在施工时，相关人员盲目开挖作业。

（3）管线路径走向标绘

根据探测的地下管线数据，结合移动 GIS 功能，实现在电子地图直接标绘管线路径走向及采录设备相关属性、连接关系等功能，提高现场作业工作效率。

（4）工作井立视图标绘

根据探测的地下管线数据，实现工作井立视图现场标绘功能，核查每一隧道、电缆沟、工作井的断面占用和剩余情况，为工程规划设计、现场抢修、施工提供详尽的基础数据支撑。

（5）综合管控运维

通过建立有效的数据综合管控运维体系，实现工程项目任务分配、来源和进度管理、冲突甄别、质量核查、校验跟踪、源头追溯和统计分析等功能，进一步保障成果数据质量，为管道及电缆网精细化管理提供基础数据支撑。

3. 实施效果

系统根据工作计划制定地下管线数据采集任务、数据运维主站下载采集任务，同时从电网 GIS 平台获取相关设备空间信息供现场采集参考。地下管线采集终端经主站授权认证通过后，从主站下载采集子任务，并现场开展电缆路径走向和相关属性信息采集，核查每一隧道、电缆沟、工作井的断面占用和剩余情况。现场

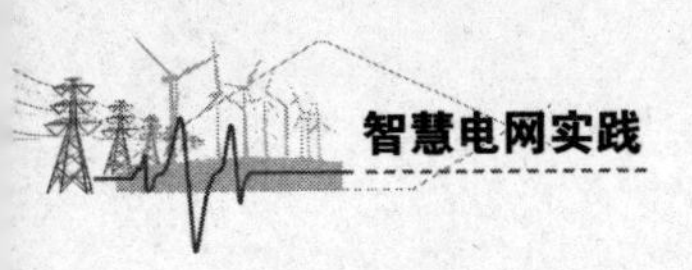

采集完成后，将数据成果提交至主站开展数据综合管控，如成果经主站校核未通过，则将任务重新分配到现场，进行数据整治，直至校核通过，通过后将成果提至业务系统，完成采集任务验收。

系统搭载高分辨率的电子切片图和影像图，使作业范围不受限制，操作更简便，也节约了成本，不但提高了相关人员的现场工作效率，而且大大减轻人工数据整理及图形建模等工作量。

第12章

电网统一地图服务

12.1　公司简介

第 11 章中已对厦门亿力吉奥信息科技有限公司进行了介绍，此处不再赘述。

12.2　技术简介

12.2.1　系统架构

电网统一地图系统架构如图 12-1 所示。

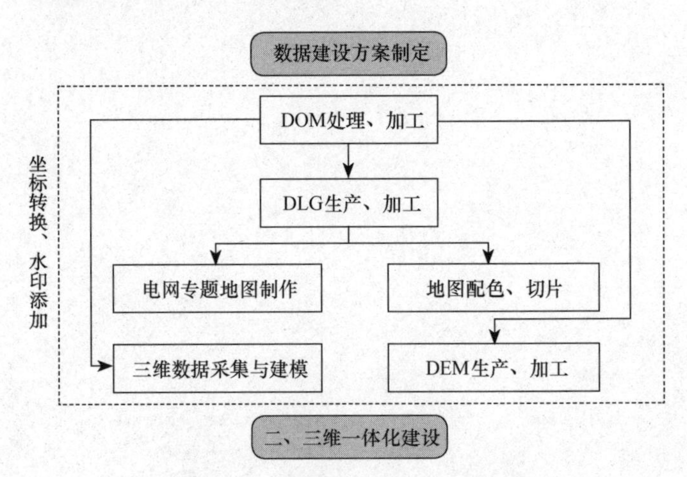

图12-1　电网统一地图系统架构

12.2.2　系统具备的技术特点

① 遥感高分影像数据服务可持续为能源（范围涵盖国内、国际电力，煤炭行

业）、铁路及物流等行业提供稳定可靠的地图数据一站式专业技术服务，全面支持GIS行业深化应用和新兴物联网业务发展。

② 电网专题图根据用户需求、表达主题、表达形式的不同进行量身定制，该专题图可被应用于任何需要结合地理信息进行可视化表达的领域，包括生产、运检、营销等。可制作的专题图多种多样，例如：电网地理接线图、营销网点分布图、电网污区分布图、电网舞动分布图、雷电密度分布图、覆冰厚度分布图、供电可靠性特征分区图、供电局负荷密度分布图、鸟害分布图、树木生长趋势影响图等。

③ 电网4D一站式服务以基础地理数据服务为核心，为各单位提供遥感影像采购、加工、大比例尺矢量数据生产、坐标转换、专题地图编制、数据更新与运维、数据统一归口管理、各种基础地理数据相关方案编制、三维数据采集与建模等一系列专业技术服务。一站式专业技术服务以福建为起点，逐步推广至全国电网公司，极大地支持了各电网公司GIS平台的发展、推广和运行效果。

12.3 应用场景

12.3.1 配网生产抢修GIS应用

1. 配网生产抢修指挥平台

配网生产抢修指挥平台以生产和抢修指挥为应用核心，以充分利用现有各信息系统的数据为原则，融合调度自动化、配电自动化信息、PMS、中压专网（含专变）低压信息管理子系统、GIS、95598、CIS、用电信息采集信息、视频信息，实现计划管理、故障管理、图形化辅助决策支持、抢修指挥、风险预警与管控等功能，充分发挥配网抢修指挥机构信息汇集、统筹指挥、统一调配的作用，全面提升配网抢修专业化管理水平，提高供电可靠性以及提升优质服务质量。

2. 配网调度专题图

配网调度专题图以电网GIS平台电网资源数据为基础，采用一定的布局算法自动布局并根据需要美化调整所生成的应用于调度的电气接线图，主要包括站间联络图、系统图、单线图等。专题图管理包括专题图客户端、专题图高级计算应用系统和专题图图模共享集成，提供专题图成图、编辑，潮流计算、线损分析等高级计算，以及停电范围分析、转供电分析、故障分析等调度业务应用功能，满足调度日常不同应用需求。

12.3.2 营销 GIS 应用

营销 GIS 应用系统基于统一的数字化电网模型，为故障抢修辅助管理、业扩报装方案辅助设计、线损可视化管理、停电区域可视化管理、现场抄表管理、营销资源图形管理等业务提供空间信息服务支撑。通过对供电服务中心 GIS 的建设，丰富了营销管理手段；通过基于实际线变关系的线损管理，实现台区精细化管理，并加强了营配之间的信息交互，实现抢修的全过程管理。

营销 GIS 应用系统的功能应用包括以下几点：

① 营销 GIS 业务应用；

② 移动智能终端应用；

③ 实时在线监控；

④ 营销设备管理；

⑤ 95598 服务中心 GIS 应用。

12.3.3 电网防灾减灾 GIS 应用

电网综合防灾减灾系统的建设，可以有效地提高电网生产运行和电网防灾减灾的信息化管理水平，实现及时预警灾害，实时报告灾情和分析决策，及时调配资源，建立指挥中心与现场的联系，指挥现场科学应对。

1. 功能应用

（1）电网信息

电网信息模块包含不同电压等级各种类型的电网设备台账及运行信息，可实现对任意一个在线设备的运行、故障信息的查看。其功能包括设备综合查询、电网故障信息、实时运行信息、状态评估、在线监测、视频监控。

（2）环境信息

环境信息模块主要包含气象信息、台风信息、水电站水情信息、雷电信息、火情信息、冰情信息等，通过对外部系统信息的接入，实现电网资源信息、电网运行信息、自然环境监测信息和地理信息的有机结合，为各种电网应急管理应用提供辅助决策支撑能力。

2. 优势特点

① 依托数据中心，建立了全省共享的电网综合防灾减灾信息应用平台。

② 覆盖电网防灾减灾全过程，包括监测分析、预防预警、应急抢修、决策指挥、评估及治理等。

③ 实现电网信息、环境信息、资源信息及基础地理信息的有机集成。

④ 集成了相关业务系统，全方位地为电网防灾减灾提供辅助决策支持。

⑤ 实现部分电网灾害（台风、雷电）的预警和图形化预案应用。

12.4 应用实例

12.4.1 国家电网公司统一地图服务

1. 实施背景

随着国家“高分二号”卫星的成功发射和应用，标志着我国遥感卫星进入了亚米级“高分时代”。我国卫星影像数据相对于同等级国外卫星影像数据，在采购成本、安全保密风险隐患、更新周期保障、获取途径等方面均已显现明显优势。同时，该公司与我国国产陆地观测卫星影像数据的唯一提供方中国资源卫星应用中心签署了战略合作协议，该公司获得在能源行业（范围涵盖国内外电力、煤炭行业）及铁路、物流行业唯一代理权，在石油、天然气及其他行业战略合作代理权。从数据源头保障了电网各业务应用需要，完善了电网 GIS 应用产业链，开拓了公司新的业务发展方向。

随着 GIS 技术的日益成熟，作为地理分析结果重要表现形式的专题地图，也不断发展、创新和应用。原来电力企业各部门积累的信息资料，大部分仅以表格或文字的形式存在于数据库中，不够直观，而且可能将一些重要的信息隐藏在文字背后，无法及时发现。如果采用地图表现的形式，可将各个部门中的数据与地图上的空间对象关联起来，从空间上来观测和分析这些数据之间的关系，能很快地得出数据之间存在的规律和表现形式。

地图数据和空间数据是地理信息系统产业发展的基础，是 GIS 平台进行综合分析、服务的前提。目前 GIS 产业正进入高速发展的关键时期，厦门亿力吉奥公

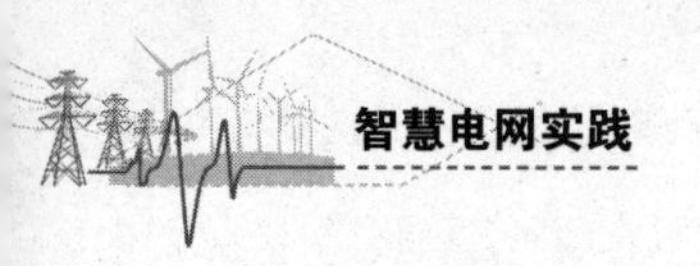

司花费十余年的时间去聚焦电力 GIS，在数据服务方面，公司主要提供遥感影像数据处理、矢量数据生产及加工、坐标转换、电网专题地图生产、地图配色与切片、数据建设方案制定、三维数据采集与建模等方面的“一站式”专业技术服务。

2. 系统构成

（1）遥感影像数据处理服务

对影像进行几何纠正、正射纠正、多源数据融合、影像镶嵌、匀光匀色等方面服务，在保证数据精度的同时，优化影像色彩色调，消除拼接缝，提高影像的视觉显示效果。

（2）矢量数据生产及加工服务

依据国家、行业、企业相关数据加工标准，统一地图数据加工，生产满足精度和拓扑关系要求的 DLG 和 DEM 数据，并统一归口管理，添加隐形数字水印，全方位保障数据安全。

（3）坐标转换服务

该公司研发的坐标转换软件可进行多种坐标系统间高效、高精度的转换工作，并与国家测绘局大地测量数据处理中心合作，由其提供格网坐标转换技术支持；可进行全国数据的坐标转换工作，实现全国各省数据坐标转换后无缝拼接成一张图。

（4）地图配色与切片服务

遵循专题性、重点性、协调统一性、清晰易读性设计原则，将可见或者不可见的基础空间分布或时态变化的对象信息属性通过符号系统表现出来，形成一套色彩和谐、层次分明、美观易读的符号化配置方案。再利用 ArcGIS、GeoStar 等切片工具，将每个级别的矢量地图切成规则的栅格地图，然后以静态方式通过 Web 显示出来，既减轻了服务器压力，又提高了效率。

（5）电网专题地图生产服务

融合多源信息，通过利用颜色渲染、图案填充、直方或饼状形式将某种能够直观地反映制图对象的空间分布特征、结构、规律、发展趋势、数量等主题内容以数据的形式在地图上表现出来，为决策者提供依据。

（6）数据建设方案制定服务

依托强大的专业技术服务团队力量，为客户量身定制基于 3S 技术的全套数据解决方案，提供 4D 产品的一站式专业技术服务。

（7）三维数据采集与建模

基于激光点云、立体像对、图纸等信息活动设备空间几何信息，并结合建模工具和参数化模型构建平台，实现输电线路、变电站、地下管网及设备周围场景等全方位的三维立体化展现，为电网三维 GIS 平台的建设及设备运行、检修、信息化提供重要的辅助支撑。

3. 实施效果

基础地理数据专业技术服务项目组成立于2011年12月7日，主要负责国家电网公司第一批推广5省、第二批推广7省及浙江省统一采购数据的审查、加工处理等专业技术服务工作，并涉及13个省的基础地理数据。数据内容包括13个省的导航数据、12个省的2.5米影像、约560个城市建成区的亚米级影像和1：2000矢量数据。

基础地理数据是电网GIS地理信息服务平台（简称“电网GIS平台”）的重要支撑。基础地理数据专业技术服务项目组肩负着数据审查、把控数据质量、提供专业技术服务、保障电网GIS平台顺利上线的坚强使命。项目组通过合理安排审查任务、加派审查人员、加强培训等途径，确保了数据审查加工工作的进度与质量。

已完成的成果数据被投入电网GIS平台使用。整体上线运行是通过与相关业务应用集成的，并为生产、营销、规划、建设、调度、通信、应急、车辆等相关业务应用提供图形化展示、电网分析服务及应用支撑；通过地理信息平台、生产管理系统和配电自动化系统的应用集成，很好地实现了三者的一体化应用，极大地提高了配电设备维护的工作效率。

12.4.2 宁夏电力公司电网三维GIS平台试点服务

1. 实施背景

宁夏电力公司电网三维GIS平台建设作为国家电网公司首个三维试点工程，具有重要的历史意义。变电站模型数据作为该平台的基础，其质量直接关系到模型视觉效果的展示和平台功能的应用，从源头把握数据质量，规范三维模型数据采集要求，实现标准化数据建模流程，严格控制模型数据质量，保证模型在平台中的场景演示和功能分析。

2. 系统构成

（1）电网三维实景可视化

分析栅格数据、矢量数据和电网模型数据的组织方式和逻辑特点，综合利用LOD、消隐裁剪、光照阴影、纹理映射、动画等技术，研究海量多源信息的快速整合和近实景可视化技术，实现智能电网应用多源信息的实时三维可视化。利用光能传递和光影跟踪技术，研究三维环境下电网模型的全息渲染技术，实现电网模型在三维虚拟环境中的精确表达，以获得光照真实、阴影柔和、效果细腻的三

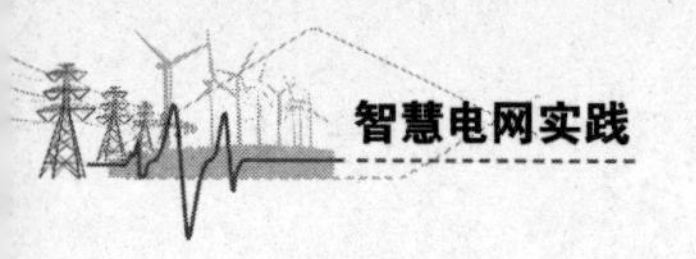

维电网表现效果。

（2）变电站实时三维智能监测及安防

将监控技术、物联网技术、三维 GIS 技术整合起来，使得变电站监控人员、安防人员能够在一个与现实世界一样的虚拟环境中进行设备的可视化监视、可视化安全防范。利用物联网 RFID、二维码、摄像头、传感器、传感器网络等感知技术手段实时对变电站内设备进行信息采集和获取。利用视频监控技术实现现场真实展示，如有异常情况会报警提示；利用三维技术、虚拟现实技术将物联网传感信息、视频监控信息等在虚拟现实场景中整合展现。

（3）变电站三维巡检仿真培训

利用三维 GIS 虚拟现实技术直观展示变电站内场景，将变电站三维巡检模拟及培训与三维场景结合起来。实现在虚拟变电站的巡检路径制定、巡检过程模拟、巡检教学培训、巡检过程监视；利用 GPS 定位技术、RFID 射频读写技术、PDA 技术将巡检信息利用物联网实时传送给三维 GIS 平台并展示。

3. 实施效果

从 2012 年 9 月 25 日至 2012 年 11 月 1 日，仅用不到 1 个月的时间就完成了宁夏 15 座 330kV 变电站模型数据采集工作，并于 2013 年 4 月陆续完成变电站建模、检查及修订工作。通过参与宁夏三维 GIS 平台建设工作，我们秉承“在战斗中学习战斗、在实践中掌握真理”思想，逐渐完善电力三维模型数据采集操作规范、电力三维模型建模规范与检查规范等指导材料，并将三维虚拟电网和物联网融合应用，实现三维地球环境下的多源电网信息集成，从而实现电网实景可视化，为用户提供近似于真实世界的三维数字电网。

第13章

电网应急管理

13.1 公司简介

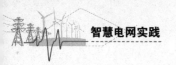

第 11 章中已对厦门亿力吉奥信息科技有限公司进行了介绍，此处不再赘述。

13.2 技术简介

13.2.1 系统架构

电网应急管理系统架构如图 13-1 所示。

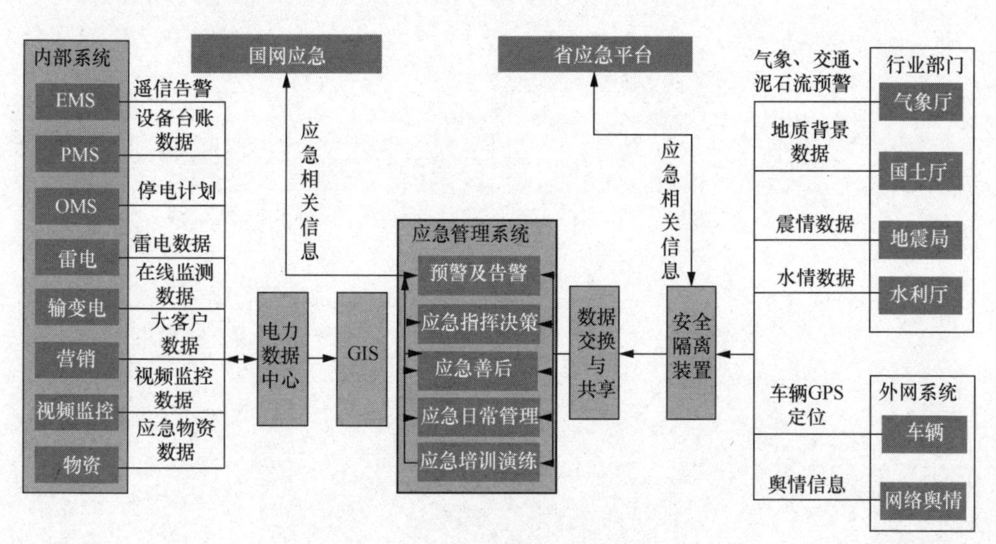

图13-1 电网应急管理系统架构

13.2.2 系统具备的技术特点

电网应急管理系统技术特点，如图 13-2 所示。

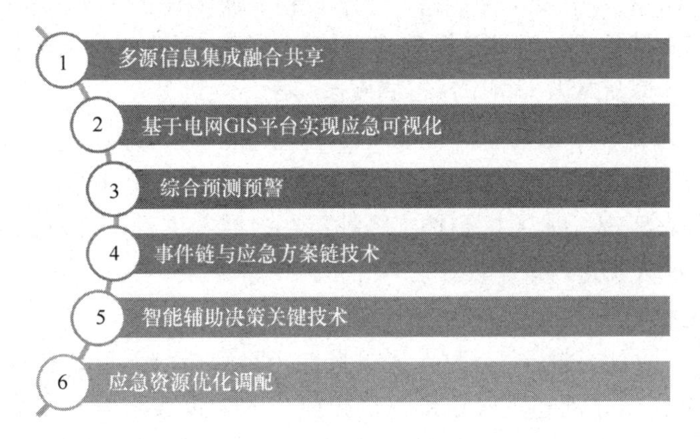

图13-2 电网应急管理系统技术特点

13.3 应用场景

13.3.1 无人机巡检控制系统

无人飞行器具有不受地形环境限制的优势，其搭载的可见光、红外热成像设备具有对运行电网准确的隐患发现能力。在灾情发生时或有灾情预警时，无人飞行器能够迅速地赶往现场实施灾情监测。在无灾情时能够实现高效电网巡视、监控管理一体化的模式，变故障处置为隐患控制，极大地降低电网故障率，有效降低电网运营成本，提高电网维护工作效率。

1. 功能应用

（1）航线规划

针对各种机型进行精细化三维航线规划，包括两种模式：线路巡视模式；防

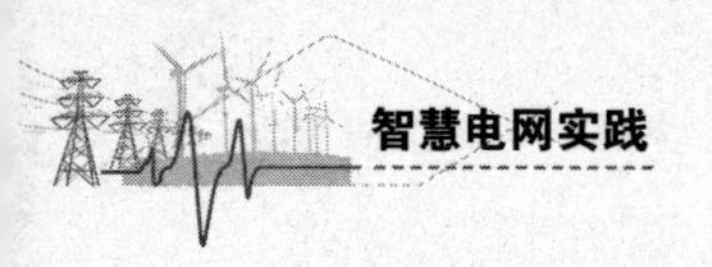

灾减灾模式。其中线路巡视模式是根据线路的三维坐标、水平缓冲半径、竖直缓冲半径来生成三维航线，主要应用于线路巡检业务；防灾减灾模式是根据应用需求在地图上选择几个点来进行防灾减灾业务线路规划的。

（2）参数展示

解析并展示无人机及携带设备（中继设备、避障设备等）的实时参数信息，有仪表盘展示和数据表盘动态展示等多种表现形式，无人机控制人员可实时了解无人机姿态，并据此对无人机下达正确操作指令。

（3）智能预警

对用户关心的参数（发动机转速、油位、向前速度、电压值、横滚与俯仰值、无人机逼近线路距离、无人机测控半径等重要参数）进行全程监控和临界预警，提醒无人机控制人员进行安全操作。

（4）航迹绘制

无人机在飞行的过程中，对无人机报文实时解析与保存，并在三维 GIS 地图上绘制无人机飞行轨迹，操作人员在操控车内即可实时观察无人机与电网相对位置，确保无人机安全，又可随时调取已保存的无人机报文，进行无人机航迹回放。

（5）图像自动匹配

图像自动匹配功能是指将电网数据、无人机航迹数据与航拍图像数据结合并进行智能匹配，快速分拣属于杆塔对应的图像。“图像自动匹配”功能简化了内业后期处理工作，把作业人员从繁重的杆塔与图像匹配工作中解放出来，提高了工作效率。

2. 优势特点

① 三维 GIS 平台与巡检平台结合技术。

② 采用三维 GIS 作为展示平台，可以再现巡检周边的场景。减少整个巡检工作前期与后期的工作量，提高航线规划精度，减轻无人机飞行的风险。无人机在飞行时，可真实直观地展示整个飞行过程，加强无人机的飞行安全指数。

③ 杆塔与航拍照片自动匹配技术。

④ 单靠人工进行筛选难度大、容易出现误差。经过自动匹配后再进行人工识别可以轻易匹配杆塔对应的照片。

13.3.2 电网运行监测应用

建设输电设备及线路状态监测系统是提高电网安全监控能力，推进状态检修工作的客观要求。国家电网公司十分重视输、变、配电设备状态监测技术的研究，根据智慧电网整体规划建设需要，选择辽宁省和宁夏回族自治区作为试点，并陆续出台了相关标准规范，为输电设备及线路状态监测系统的顺利开展提供理论及实践依据，另外，随着物联网技术的发展，全面开展输变电设备的在线监测与诊断所需的技术条件已经具备，成熟的在线监测技术、高效的有线/无线数据传输网络以及电力专用网的建成都为输电设备及线路状态监测系统的建设提供了技术保证。

1. 功能应用

（1）图像监控

图像监控的功能是基于构建的通信通道，实现现场高清（720P）图像的采集、编码和传送、语音交互。以视频监控为主，传感器告警为辅，对铁塔进行全方位的监控，并兼顾线路巡检功能。工作人员在监控中心利用电脑，或在野外利用3G上网笔记本即可随时随地查看铁塔及线路的状态，这样不仅能提高线路巡检到位质量，还能减轻巡检人员的工作量。图像监控功能可以对一些常见破坏行为和安全隐患实行监控，如监视人为偷盗塔基角钢对塔基造成破坏的行为，监视林区高树成长对高压输变电线路的威胁等。

（2）微气象监测

输电线路微气象在线监测系统可及时了解线路微气象区的气象数据，在紧急状况下制订应对措施，也可长期积累大量的气象数据，为线路的规划设计及状态检修的实施提供依据。

输电线路微气象监测系统是一套针对输电线路监测而设计的多要素微气象监测系统。该系统可监测环境温度、湿度、风速、风向、雨量、气压、日照强度等气象参数，并将采集到的各种气象参数及其变化状况，通过专用无线传感网或TD-SCDMA网络实时地传送到专家分析系统中，专家分析系统可对采集到的数据进行存储、统计与分析，并将所有数据通过各种报表、统计图、曲线等方式显示给用户。当出现异常情况时，系统会以多种方式发出预报警信息，提示管理人员应对报警点予以重视或采取必要的预防措施。微气象监测可为灾害提供必要的诊断信息，为线路动态增容提供必要的诊断信息；还可为降低输电设计裕度提供设计依据。通过对输电线路导线温度、接点温度实时监测，对导线超温度等故障进行及时的预警和报警，从而有效提高输电线路运行的安全性。输电线路微气象检测系统可代替人工定期测温，作为单独的在线测温系统使用。

（3）绝缘子泄漏电流在线监测

输电线路绝缘子在线监测系统，实现了对输电线路运行绝缘子串的泄露电流、闪络脉冲、环境温湿度、风速、风向以及雨量等进行定时（20分钟、40分钟等，

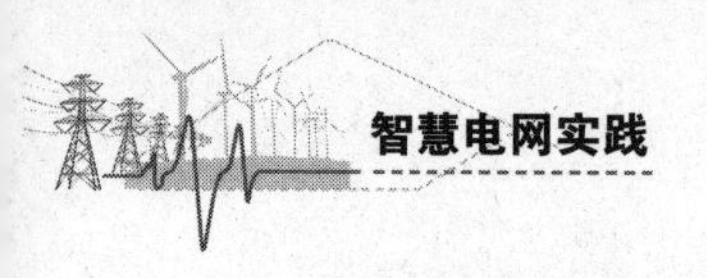

用户可自行设定）监测，可随时提供线路绝缘子表面污湿状况和预报警服务。显著提高线路安全运行及信息化管理水平。

（4）导线覆冰在线监测

输电线路覆冰在线监测系统是借助现有的 GPRS/GSM 通信网络进行实时数据传输的，其本身集成了气象条件监测（温湿度、风速、风向等），利用线路导线覆冰后的重量变化以及绝缘子串的倾斜、风偏角，结合前人研究成果进行覆冰载荷计算、覆冰生长机理、导线舞动、杆塔和金具强度校验以及绝缘子冰闪方面的理论研究，结合专家知识库和各种修正理论模型给出冰情预报、除冰信息，有效预防冰害事故。

（5）防盗报警

杆塔大多是在野外，缺乏专人看护，给一些不法分子可乘之机。每年由于杆塔被盗和由此而造成的电力系统故障给电力部门造成巨大的经济损失。杆塔人为损坏和盗窃报警功能是各个电力设备所需要的实用功能，特别在一些偏僻地区。相关技术人员对各种传感器的特点进行了分析，确定了 4 种传感器作为防盗报警的传感器，即振动传感器、红外传感器、超声波（射频）传感器和微型麦克风传感器。

系统一旦报警，将自动打开现场语音系统和视频系统。我们通过视频系统可以清楚地看到现场的基本情况，必要时可以进行远程录像和拍摄现场照片，为公安机关破案提供有力的证据；现场语音系统可以播放预先录制的语音，对偷盗者起到震慑作用。

（6）杆塔倾斜监测

输电心路杆塔倾斜在线监测对于处在采空区的线路杆塔可以进行全天候监测，极大地减少了工人的巡视次数。倾角传感器也可以用于杆塔倾斜度的监测，将倾角传感器安装在杆塔上，数据处理单元通过信号调理及滤波等处理后将采集到的杆塔倾斜度等信息通过无线传输网络发送到监测中心，监测中心对倾斜度等状态参数进行数据存储、显示、统计报表并结合杆塔自身设计参数进行分析，完成杆塔倾斜的多参数预警功能。

（7）导线风偏在线监测

当地气象台提供对某一个地区的定时定点监测记录并不能完全准确地反映特定输电线路走廊的微气象环境，给输电线路故障判断、预防及研究带来了一定的困难。采用输电线路气象环境在线监测，便于运行部门的相关人员在紧急状况下制定应对措施，同时也可长期积累大量的气象数据，为线路的规划设计及状态检修提供可靠依据。

（8）导线微风振动在线监测

微风振动是造成高压架空输电线路疲劳断股的主要原因。微风振动对架空线路造成的破坏是长期积累的，具有较强的隐蔽性，因此对其进行测量既能消除微风振动产生的隐患，又能为防振设计提供科学的依据。通过轻质的MEMS加速度（陀螺仪）传感器节点检测导线振动情况，分析记录导线的震动频率、振幅，并结合线路周围的风速、风向、气温、湿度等气象环境参数与导线本身力学性能参数，在线分析判断线路微风振动的水平和导线的疲劳寿命。

（9）导线舞动在线监测

由于导线舞动受各种参量的影响，且其产生机理、数学模型还不够完善，在实际系统中，导线舞动监测要融合其他信息，如微气象、高度计、塔架视频等，并与设计合理的多源信息融合模型，给出可靠的舞动状态监测结果。导线舞动在线监测结合微气象信息，并通过监测导线的微气象信息，积累舞动产生条件的气象数据和舞动参数等数据，为舞动抑制提供数据支持，保障输电线路的安全运行。

2. 优势特点

该系统采用在输电线路特殊环境下的无线传感网络，解决了自组网、可靠传输、电磁兼容等问题，并开发出了实用化的、能够应用于我国绝大多数地区的智慧电网输电线路在线监测系统以及一体化智能管理平台，为保障输电线路的安全、健康以及高效运行提供支撑。

通过在整条输电线路的线路上部署多功能骨干节点、MEMS加速度（陀螺仪）传感器节点，并在高压杆塔上布设泄漏电流传感器节点、通信骨干节点来构成一个传感器簇，多个这样的簇构成线状网络并通过通信骨干节点构成整个智慧电网输电线路在线监测系统。

13.4 应用实例

13.4.1 国家电网公司应急管理系统

1. 实施背景

近几年来，国家和公司越来越重视应急管理工作，并出台了一系列文件和要求。《国务院关于坚持科学发展安全发展促进安全生产形势持续稳定好转的意见》明确指出：各级单位应建设更加高效的应急指挥体系，健全省、市、县及中央企业安全生产应急管理体系，加快建设应急平台，完善应急救援协调联动机制。建立健全灾害预报预警联合处置机制，建立健全安全生产应急预案体系，定期开展应急演练，切实提高事故救援能力。

2. 系统构成

（1）功能应用

1）应急日常管理

应急日常管理主要实现应急中心日常应急业务管理职能，包括信息报送、新闻发布、值班排班、文档管理、应急警情、应急资源、工作计划、应急预案管理、应急宣传汇报管理等功能。

2）应急指挥

应急指挥功能的研发是以 GIS 为基础，主要用于省公司、安全生产相关部门在应急过程中，针对不同的事件的发展态势和指挥方案进行标绘并与各级有关部门进行在线协同应急会商的工作。基于地理信息和事件信息，进行资源、装备、队伍的有效资源配置。提高应急事件处置能力，为电网安全运行提供保障。

3）应急培训演练

应急演练应以预案为指导，实现对预案的过程推演；以脚本为核心，提供演练调整改善的能力；以评估为手段，不断完善预案以提升应急能力。通过模拟演练，使应急人员切身体验应急处置过程，可在突发事件发生时，做到有序、规范、准确地进行应急抢险救灾。

4）移动应急平台

移动应急平台是利用智能客户端，为电网企业现场应急指挥提供应急数据下载、无线数据采集与上报、即时通信、语音通信、电网设备查询与地图定位、台账详细查询、灾情统计图表功能。

（2）优势特点

① 多源信息集成融合共享技术。

② 基于 GIS 平台的应急资源优化调配。

③ 智能生成辅助决策指挥方案。

④ 基于物联网技术的移动应急客户端应用。

3. 实施效果

（1）实现台风及其造成电网损失可视化

基于公司 GIS 平台及统一视频监控平台，建立集台风、降雨等为一体的台风可视化平台，实现台风全过程、全要素的可视化；实现台风影响的线路、变电站、供电用户、重要用户的可视化；实现应急物资、应急队伍、应急车辆等资源的可视化。

（2）实现信息获取实时化

建立地面自动气象监测点，实现台风信息、降雨量、洼地积水等数据的实时获取；实现调度、营销、电能质量等系统的集成；实现停电线路和变电站、停电用户、重要用户等信息实时获取；实现应急物资、应急队伍、应急车辆等信息实时获取。

（3）实现数据统计自动化

改变灾损数据收集自动化程度低、人工统计为主的现状，实现停运线路、停运变电站、停电用户、重要用户及恢复情况等数据的自动统计；实现抢修人员、抢修车辆、大型机械等投入应急资源的自动统计；实现应急物资仓库物资缺失等数据自动统计。

应急管理系统在国家电网系统中进行了推广应用，系统覆盖了国家电网总部、5个分部、27个省、市公司，系统运行期间，实现了“平战结合”，让应急管理的日常工作和突发事件的应急处置工作能够很好地结合起来。

13.4.2 福建省基于公网和防灾减灾平台的应急集群通信与图形化指挥系统

1. 实施背景

目前，福建电网公司已建设了统一的应急管理系统，并在各地市县推广应用，实现应急信息管理、应急资源管理、应急值守、预测预警、应急指挥、应急演练的上下贯通、综合统一，在一定程度上提高了电网应急信息采集、处理、交换的效率和水平，使应急管理更加科学化、规范化、制度化、流程化。

应急指挥中心的建设提高了电网应急信息采集、处理、交换的效率和水平，提高了应急处置的效率，在福建电网公司历次突发事件处置及重要活动保电中发挥了巨大作用。应急指挥中心经过多年运转也暴露了一些问题，尤其在近几年的台风处置中还存在如下不足。

① 台风及应急资源可视化不足。应急指挥中心尚未接入台风等级、中心最大风力、移动路径、移动速度、移动方向等台风信息，只能通过气象云图和天气预报信息反映台风发展过程，缺少台风生成、登陆、消失全过程可视化展现。此外台风造成的损失数据及应急物资和队伍也仅是通过表格展示，可视化效果不好。

② 受损变线路、变电站和停电用户等信息统计自动化程度不高，分类统计标准不统一。现有系统中，灾损数据来自多个系统或部门，依靠人工收集并填报缺乏灾损分类及统计标准，数据及时性和准确性难以保证。一方面是由于缺少与调度、营销等信息系统的集成，停电设备和停电用户等信息只能通过下级单位上报获取，

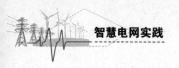

往往由于灾害损失统计效率不高，导致信息准确性和及时性不足；另一方面是缺乏台风对造成电网损失的预测分析，无法在台风登陆前进行影响范围分析。

③ 缺乏直观的图形化应急指挥看板与态势图。当前系统中未实现应急救灾过程中各类数据的集中呈现，无法根据时间点在图形化指挥看板上进行回溯展示，难以支撑指挥中心直观掌握总体进度及有效组织开展应急队伍、物资、装备的调配工作。

④ 缺乏有效的隐患管理。未建立事前危险点监控和隐患排查治理机制，未能运用信息化等技术手段对隐患点、薄弱环节及重点用户进行巡检、排查和治理。

⑤ 应急救灾历史数据未得到有效分析和利用，难以为后续发生类似灾害的应急指挥提供有价值的经验支撑。

2. 系统构成

本系统主要是针对电网的防汛抗击台风图形化指挥，其所搭建的系统框架、集成范围、开发深度和广度，在国内外电力行业中处于领先水平。该系统的建立为国内电网防汛抗击台风系统的开发提供了示范。该系统设置合理，功能丰富。运行结果表明，该系统运行稳定、安全，界面友好、操作便捷、响应迅速，系统具备对灾害的监测、台风预警、应急响应与图形化指挥功能，满足了福建电网防汛抗击台风工作的需要。

（1）台风影响电网建模

台风影响电网预测模型：系统梳理历年登陆台风数据，并进行空间矢量化；汇总历次台风造成的电网损失数据，形成台风影响电网损失历史数据库，并基于模糊评价理论建立电网台风灾害评估模型，分析预测台风对电网造成的损失。

台风造成损失自动统计模型：根据调度系统中停运的变电站、线路，将线路上所带专变、公变、低压客户数等累加起来，按照“站—线—变—户”计算模型计算受影响用户数据，并对比营销系统中停电用户数据，若两者数据一致（误差 5%）则使用该数据，如两者相差较大，则进行数据对比分析，找出数据差别较大的台区，人工进行核对数据。

（2）抗击台风信息可视化模块

台风信息展示：根据采集的台风信息，在地图上直观地显示台风的实际路径、不同站点的预测路径、台风气压、风速、风向、风力、七级风圈半径、十级风圈半径、十二级风圈半径等信息，用不同颜色显示风力等级。

台风路径的可视化：根据气象部门或自建气象自动监测点提供的台风位置、风速等信息，基于 GIS 地图展示台风完整路径以及当前位置点台风的最大风速、风级、中心气压、移动方向、移动速度、7 级风圈、10 级风圈、12 级风圈等信息。同时，绘制出当前时间点的台风预报路径。

台风云图监测：根据气象卫星云图、可见光云图、红外云图等气象信息，以及相应的地理位置信息，可通过定位技术，在电网 GIS 平台中的电网数据叠加显示。气象云图可实现最快 15 分钟时间间隔显示。

台风风场可视化：气象云图能够直接反映台风演变趋势，但是对于局部地区风速、风向还不够精细；风场图更能反映局部地区风的变化，对抗击台风工作更具有实际意义。项目接入气象局风场图，经矢量化后在 GIS 上进行展示，实现地面风向风速可视化。

台风影响区域的可视化：基于统一 GIS 平台绘制台风的七级、十级、十二级风圈，并统计展示出风圈下的 110kV 以上电网设备。同时，平台对台风实际经过路径实现台风包络线分析，并在 GIS 平台上绘制，实现台风影响区域的可视化。

历史类似路径台风匹配：对历次台风的实况路径、风速、中心气压等参数进行分析，匹配与当前台风类似的历史台风，并进行可视化展示。

（3）电网受损实况分析模块

获取调度、营销和电能质量等系统停电设备和停电用户数据，在 GIS 图上进行地图上自动检索，标识出停电区域内相关电力设施和停电用户的分布情况，并对图层进行分层管理。

在 GIS 上显示当前停电重要用户位置、基本信息，并按照停电重用用户等级进行颜色差异化显示。

（4）防汛信息可视化模块

中长期降雨数据可视化：根据气象部门提供的涵盖各地市、县、区的标准气象站的降雨量监测数据，以各站点柱状图比对、降雨过程曲线图、GIS 地图等值线、色斑图等方式多维展示，使应急人员直观地掌握台风期间的降雨量变化及趋势。同时对等值线、色斑图重危区域下的电力设备进行空间分析，汇总预警设备进行告警。

短时降雨动态监测：多普勒天气雷达能够详尽反映强对流天气的发生、发展和演变过程，能够监测和预报雷电大风、短时强降水等强对流天气。项目接入多普勒天气雷达，实现对各省时间分辨率为 6~15 分钟，空间分辨率约 1km 的强对流天气监测，提供多普勒雷达拼图数据及相应定位信息，以实现雷达专题图的显示。

电网受损预测分析可视化：根据台风灾害电网受损情况评估模型，预测下一时刻受损变电站、线路和用户情况，使用色斑图进行展示。

（5）态势图与应急指挥看板模块

对现有的应急资源（应急物资、应急装备、应急队伍）分布状况进行查询和统计分析，在事故发生时可根据应急资源的统计分析功能实时地显示现有的应急资源信息状态，包括空闲资源、正在进行任务中的资源、事故周边范围内可调度的空闲资源等多种状态统计。

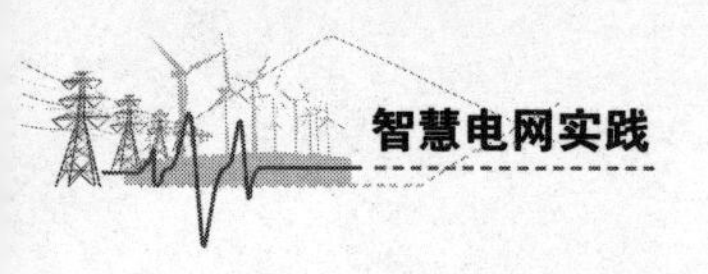

通过 GIS 平台实现对灾害点附近的车辆、物资、队伍进行空间查询等功能，并对调配情况进行态势图展示。通过与国家电网统一车辆管理系统集成，获取车辆的调配信息，进而了解物资配送过程及时掌握物资调配状况。

抢修进展看板：同时采用图表法监控方式，对停运的线路单线地理图进行查看，并在图上标注各抢修点故障情况、抢修力量、抢修资源及进度信息，确保指挥人员快速掌握相关信息。

（6）协同会商模块

在应急处置过程中，协同会商模块对事件的发展态势和指挥方案进行标绘，为装备、物资、队伍的有效配置提供有效的手段，可实现与各有关单位进行在线协同应急会商，科学分析事件发展态势。

建立应急标识管理功能：按照国家应急资源分类和编码规范，建立电力系统各种资源分类和编码规范，实现对突发事件、重要目标、应急资源等标识的维护和管理。

协同标绘：实现对多个远程客户端进行协同标绘，同步显示所有标绘内容，并提供对各参与会商单位标绘信息的控制管理功能。

标绘内容同步：实现对会商内容的分级管理功能，满足参与会商单位按需提取相关会商内容。

信息共享：实现突发事件现场视频、图像、发展态势等信息的共享。辅助参加会商各单位对现场情况分析、决策。

文字、语音、视频通信：参加协同的各客户端用户之间实现文字、语音、视频通信，便于实时掌握事故现场的发展动态。

（7）抗击台风辅助决策

预警生成：系统根据气象部门的数据，自动把台风动向（进入 48、24 警戒线，登陆时间）以短信的形式通知相关人员，同时把 12 级风圈下的电力设备进行空间分析汇总，提醒各单位关注台风动向及走势。

应急队伍、物资、装备需求预测：研究建立基于相似案例推理的应急队伍、物资和装备物资需求预测方法，基于电网损失情况、应急资源（应急队伍、物资、装备）现状和抢修时间的要求，提出当前台风应急资源的定量需求，并对资源调配提出建议。

防御策略：基于应急预案、台风专项预案和现场处置方案，建立面向不同层级、不同类别人员的台风应对策略数据库。用户登录后，能够根据该用户所在单位、部门和岗位提出针对本次抗击台风工作的原则要求和应对措施。

3. 实施效果

系统从 2014 年 12 月试运行以来，应用覆盖福建省电力公司系统本部及各地市、县公司，主要的应用有以下几方面。

① 在 2015 年 1 月进行的福建省电网重大故障应急演练过程中，电网综合防汛抗击台风系统作为重要信息平台，提供了故障地理位置、基本情况、故障线路、停电范围等重要信息，为演练的正常进行提供了支持。

② 2015 年 8 月 2 日，超强台风“苏迪罗”侵袭福建，最大风力 15 级。本系统作为在抗击台风过程中的主要指挥平台，发挥了以下功能。

a. 作为监测台风的主要平台，实时跟踪台风轨迹以及台风风力、移动方向、移动速度等关键信息。

b. 实时显示卫星云图信息。

c. 提供台风、雷电的简单预警功能。

d. 提供包括短信、邮件、OA 的信息发布方式，为信息传递提供便利。

e. 为抢险救灾工作提供关键后勤保障信息，为资源优化配置提供重要依据。

f. 系统所提供的配网故障抢修子系统，为福州电力局提供故障受理反馈及故障抢修信息的管理，特别在抗击台风期间，为配网故障抢修管理提供有效支持。

g. 系统为判断倒杆故障点，查找分析抢修路径、统计受灾电网设备信息、及时调配人力物资信息等，节省了大量的人力、抢得了宝贵的时间，为抗击台风工作提供了强有力的支持。

h. 系统为山东、河北、河南、湖北等地的电力公司的图形化应急指挥系统建设提供重要的技术支持。

参 考 文 献

[1] 李锋，谢俊，兰金波，等. 智能变电站继电保护配置的展望和探讨 [J]. 电力自动化设备，2012，32（2）：122–126.

[2] 江苏瑞中数据股份有限公司. 海迅实时数据库助力智能电网建设 [EB/OL]. 2011–05.

[3] 张广斌，束洪春，于继来. 利用广义电流模量的行波实测数据半监督聚类筛选 [J]. 中国电机工程学报，2012，32（10）：150–158.

[4] 金澈清，钱卫宁，周傲英. 流数据分析与管理综述 [J]. 软件学报，2004，5（8）：1172–1181.

[5] 刘振亚. 智能电网技术 [M]. 北京：中国电力出版社，2016.

[6] 李德伟. 同构关系：大数据的数理哲学基础 [N]. 光明日报，2012–25–12.

[7] 李国杰. 大数据研究的科学价值 [J]. 中国计算机学会通讯，2012，8（9）：8–15.

[8] 赵国栋，易欢欢，糜万军，等. 大数据时代的历史机遇 [M]. 北京：清华大学出版社，2013.

[9] 李国杰，程学旗. 大数据研究：未来科技及经济社会发展的重大战略领域——大数据的研究现状与科学思考 [J]. 中国科学院院刊，2012，27（6）：647–657.

[10] 顾卓远. 基于响应的电力系统暂态稳定控制技术研究 [D]. 北京：中国电力科学研究院，2014.

[11] 张文亮，汤广福，查鲲鹏，等. 先进电力电子技术在智能电网中的应用 [J]. 中国电机工程学报，2010，30（4）：1–7.

[12] 李国杰. 大数据研究的科学价值 [J]. 中国计算机学会通讯，2012，8（9）：8–15.

[13] 张广斌，束洪春，于继来. 利用广义电流模量的行波实测数据半监督聚类筛选 [J]. 中国电机工程学报，2012，32（10）：150–158.

[14] 朱征，顾中坚，吴金龙，等. 云计算在电力系统数据灾备业务中的应用研究 [J]. 电网技术，2012，36（9）：43–50.

[15] 袁晓如，张昕，肖何，等. 可视化研究前沿及展望 [J]. 科研信息化技术与应用，2011，2（4）：3–13.

[16] 鲁莽，胡丹晖，吴伯华，等 . 关于坚强智能电网的认识与思考 [J]. 华中电力，

2010，23（6）.

[17] 吴疆 . 对智能电网若干基础性问题的思考 [J]. 中国能源，2010（2）.

[18] 张东霞，苗新，刘丽平，等 . 智能电网大数据技术发展研究 [J]. 中国电机工程学报，2015，35（1）.

[19] 刘俊勇，沈晓东，田立峰，等 . 智能电网下可视化技术的展望 [J]. 电力自动化设备，2010，30（1）.

[20] 蒋荣安，阎平 . 三维数字化电网技术辅助特高压工程施工管理 [J]. 电力勘测设计，2007（5）.

[21] 任培祥，朱中耀，李 鑫，等 . 三维全景智能电网支撑平台的关键技术研究与应用 [J]. 电力勘测设计，2009（4）.

[22] 程艳萍，张永彬，马国亮，等 . 电力 GIS 数据入库 [J]. 矿山测量，2010（5）.

[23] 吴晓辉，王瑞来 . 三维地理信息系统在电力系统应用中的关键技术研究 [J]. 河南电力，2013（4）.